新型职业农民创业致富技能宝典

规模化养殖场生产经营全程关键技术丛书

规模化肉兔养殖场
生产经营全程关键技术

王永康　主编

U0380633

中国农业出版社

北　京

规模化养殖场生产经营全程关键技术丛书
编委会

本书编写人员

主　　编：王永康

副 主 编：景开旺　胡　源

编写人员（按姓名笔画排序）：

　　　　　马富勤　王永康　王孝友　刘德洪　杨　柳

　　　　　杨　睿　何兴胜　何道领　沈代福　张清才

　　　　　张　晶　荆战星　胡　源　梅宗香　景开旺

　　　　　彭　刚　鲁必均　谭宏伟

本书有关用药的声明

随着兽医科学研究的发展、临床经验的积累及知识的不断更新，治疗方法及用药也必须或有必要做相应的调整。建议读者在使用每一种药物之前，参阅厂家提供的产品说明书以确认推荐的药物用量、用药方法、所需用药的时间及禁忌等，并遵守用药安全注意事项。执业兽医有责任根据经验和对患病动物的了解决定用药量及选择最佳治疗方案。出版社和作者对动物治疗中所发生的损失或损害，不承担任何责任。

中国农业出版社

PREFACE 序

　　改革开放以来，我国畜牧业经过近40年的高速发展，已经进入了一个新的时代。据统计，2017年，全年猪牛羊禽肉产量8 431万吨，比上年增长0.8%。其中，猪肉产量5 340万吨，增长0.8%；牛肉产量726万吨，增长1.3%；羊肉产量468万吨，增长1.8%；禽肉产量1 897万吨，增长0.5%。禽蛋产量3 070万吨，下降0.8%。牛奶产量3 545万吨，下降1.6%。年末生猪存栏43 325万头，下降0.4%；生猪出栏68 861万头，增长0.5%。从畜禽饲养量和肉蛋奶产量看，我国已然是养殖大国，但距养殖强国差距巨大，主要表现在：一是技术水平和机械化程度低下导致生产效率较低，如每头母猪每年提供的上市肥猪比国际先进水平少8～10头，畜禽饲料转化率比发达国家低10%以上；二是畜牧业发展所面临的污染问题和环境保护压力日益突出，作为企业，在发展的同时应该如何最大限度地减少环境污染；三是随着畜牧业的快速发展，一些传染病也在逐渐增多，疫病防控难度大，给人畜都带来了严重危害。如何实现"自动化硬件设施、畜禽遗传改良、生产方式、科学系统防疫、生态环境保护、肉品安全管理"等全方位提升，促进我国畜牧业从数量型向质量效益型转变，是我国畜牧科研、教学、技术推广和生产工作者必须高度重视的问题。

党的十九大提出实施乡村振兴战略，2018年中央农村工作会议提出以实施乡村振兴战略为总抓手，以推进农业供给侧结构性改革为主线，以优化农业产能和增加农民收入为目标，坚持质量兴农、绿色兴农、效益优先，加快转变农业生产方式，推进改革创新、科技创新、工作创新，大力构建现代农业产业体系、生产体系、经营体系，大力发展新主体、新产业、新业态，大力推进质量变革、效率变革、动力变革，加快农业农村现代化步伐，朝着决胜全面建成小康社会的目标继续前进，这些要求对畜牧业发展既是重要任务，也是重大机遇。推动畜牧业在农业中率先实现现代化，是畜牧业助力"农业强"的重大责任；带动亿万农户养殖增收，是畜牧业助力"农民富"的重要使命；开展养殖环境治理，是畜牧业助力"农村美"的历史担当。农业农村部部长韩长赋在全国农业工作会议上的讲话中已明确指出，我国农业科技进步贡献率达到57.5%，畜禽养殖规模化率已达到56%。今后，随着农业供给侧结构性调整的不断深入，畜禽养殖规模化率将进一步提高。如何推广畜禽规模化养殖现代技术，解决规模化养殖生产、经营和管理中的问题，对进一步促进畜牧业可持续健康发展至关重要。

为此，重庆市畜牧科学院联合西南大学、重庆市畜牧技术推广总站、重庆市水产技术推广站和畜禽养殖企业的专家学者及生产实践的一线人员，针对养殖业中存在的问题，系统地编撰了《规模化养殖场生产经营全程关键技术丛书》，按不同畜种独立成册，包括生猪、蜜蜂、肉兔、肉鸡、蛋鸡、水禽、肉羊、肉牛、水产品共9个分册。内容紧扣生产实际，以问题为导向，针对从建场规划到生产出畜产品全过程、各环节遇到的常见问题和热点、难点问题，提出问题，解决问题。提问具体、明确，解答详细、充实，图文并茂，可操作强。我们真诚地希望这套丛书能够为规模化养殖场饲养员、技术员及相关管理人员提供最为实用的技术帮助，为新型职业农民、家庭农场、农民合作社、农业企业及社会化服务组织等新型农业生产经营主体在产业选择和生产经营中提供指导。

刘作华

2018年6月20日

FOREWORD 前言

　　兔产业是一个新兴的有发展前景的朝阳产业，是现代畜牧业的重要组成部分。肉兔养殖在我国起步最早，群众基础也最为广泛。尤其是在西南的四川省和重庆市，肉兔生产及消费约占全国50%，已成为一些地区，特别是一些贫困地区的特色效益产业，成为农民脱贫致富的重要途径之一；亦是当地经济发展的一个新的增长点，受到各级政府及群众团体的高度重视，深受农民的欢迎。大力发展肉兔产业，适合我国国情，其潜力巨大，意义深远。

　　为适应我国畜牧业转型升级，肉兔养殖正由过去依靠千家万户庭院散养向区域化、规模化和产业化方向发展，推广肉兔规模养殖场生产经营全程关键技术已迫在眉睫。为此，我们组织有关专家编写了《规模化肉兔养殖场生产经营全程关键技术》，希望本书对推进肉兔产业链建设，对肉兔规模养殖场及技术人员起到增长知识、指导实践的作用。

　　《规模化肉兔养殖场生产经营全程关键技术》对肉兔规

模化生产过程中所涉及的兔场建设、品种繁殖、饲料营养、饲养管理、疫病防控、废弃物处理、供应销售、兔场管理及生产数据等内容进行系统性分类解答。在编写过程中一方面借鉴国内相关经验与成果，另一方面结合肉兔生产实际，力求深入浅出，通俗易懂，技术先进，内容实用。

本书在重庆市草食性畜产业技术体系资助下，由重庆市畜牧技术推广总站组织编写，重庆市畜牧技术推广总站副站长、推广研究员王永康任主编，参加编写人员有景开旺、胡源、王孝友、荆战星、何兴胜、何道领、沈代福、张清才、张晶、刘德洪、杨柳、杨锐、梅宗香、谭宏伟、鲁必均等同志。在此，对支持本书编写的人员，以及提供有关图片资料的相关企业表示真诚感谢。

由于水平有限，编写时间仓促，书中不足之处在所难免，真诚希望广大读者批评指正。

编著者

2018年10月

CONTENTS 目录

序
前言

第三章　饲料与营养 ……………………………75

第四章 饲养管理 ……………… 121

第一节 饲养管理的基本要求 …………………… 121

第二节 种兔的饲养管理 ……………………… 134

第九章　生产数据 …………………………………………… 303

第一章　兔场建设

第一节　调研决策

1.我国兔出栏、存栏和兔肉产量如何？

（1）**养殖总量**　根据国家兔产业技术体系产业经济岗位综合多种方法估计，2014年中国兔出栏量、年存栏和兔肉产量分别达到5.043亿只、2.234亿只和82.4万吨，分别比2013年上涨0.15%、−0.01%和5.02%。而2015年出栏、年存栏和兔肉产量分别达到5.202亿只、2.245亿只和87.4万吨，分别比上年增长3.31%、0.50%和6.04%。

（2）**结构和分布**

①从兔养殖的品种结构来看：肉兔占据举足轻重的地位，其次是獭兔。根据兔产业技术体系2012年的调研，兔出栏量中，肉兔、獭兔和毛兔分别占73.3%、26.5%和0.19%。年末存栏中，肉兔、獭兔和毛兔分别占63.27%、28.31%和8.4%。2013年以来，受行情影响，獭兔养殖一直下滑，毛兔快速增加，肉兔一直稳中趋升。初步估计，目前在出栏量中肉兔、獭兔和毛兔分别约占80%、15%和5%。

②从区域结构来看：我国肉兔养殖依然主要集中在四川、重庆等西南地区以及山东和河南等地，獭兔则主要在山东、河北、河南和山西等地，毛兔主要在山东、浙江、江苏、安徽等地。近年来

陕西、甘肃和内蒙古等地的家兔养殖也得到较快发展。2013年我国家兔出栏排前五位的是四川（39.53%）、山东（12.40%）、重庆（8.90%）、河南（8.22%）和江苏（8.02%），其出栏量合计占全国家兔出栏量的70.07%，前十位的省份出栏占到91.57%。可以看到我国兔产业的集中度还是比较高的，特别是四川和山东两省合计占到全国出栏量的51.93%。

③从品种的地区分布来看：肉兔的养殖主要分布在四川、重庆和山东，其肉兔出栏量合计约占全国肉兔出栏量的65%以上，其次为福建、江苏、河南和河北等地；獭兔的养殖相对分散一些，但主要分布在河南、河北和山东等地。2013年排在前三位的山东、河南和河北，其出栏量合计约占全国獭兔出栏量的60%以上，其次为四川和我国东北、东南地区；毛兔的养殖一直比较集中，山东、河南、江苏和安徽，四省毛兔存栏合计约占全国毛兔存栏的80%以上，其次为重庆和浙江等省。

2. 四川、重庆肉兔养殖规模如何？

1997年重庆直辖时，全市肉兔存栏452.5万只，肉兔出栏634.84万只；2014年全市肉兔出栏达4 800万只，是直辖前的7.6倍，年均增加245万只；2015年全市肉兔出栏突破5 000万只。

四川肉兔出栏约2亿只，占全国39%，排名第一位，重庆排名第三位。川、渝两地兔肉消费约占全国50%，其中，四川人均消费兔肉3.99千克，重庆2.18千克。

3. 兔肉的人均消费水平如何？

中国年人均兔肉占有量为615克，超过世界年人均兔肉占有量350克的水平，但和欧美一些国家相比还有很大差距，如意大利年人均兔肉占有量5.3千克、西班牙3千克、法国2.9千克、比利时2.6千克等。

4. 国家对兔产业的优惠政策有哪些?

我国幅员辽阔,各地的自然条件和经济水平差异很大。发展肉兔生产,应以市场为导向,结合当地实际情况,采取适宜的发展模式,以期获得最佳的经济效益。在重点产区,地方政府整合资金,支持兔产业等草食牲畜发展。

(1)**提倡规模饲养** 养兔业是一个系统工程。养兔业发达国家,大多采用集约化、工厂化饲养。我国的养兔生产主要由农家副业养兔、集体养兔场和国营种兔场等多种模式组成。就目前我国养兔现状而言,发展肉兔生产的适宜规模,农户一般以饲养种兔50 ~ 100只为宜,专业性小型养兔场规模以饲养种兔100 ~ 499只为宜,中型养兔场以饲养种兔500 ~ 999只为宜,大型养兔场以饲养种兔1 000 ~ 3 000只为宜。饲养规模过小,经济效益不高;饲养规模过大,如果资金、人力、物力条件达不到要求,饲养管理水平粗放,良好的生产潜力不能充分发挥,不仅效益低,而且容易诱发多种疾病,造成巨大经济损失。

(2)**普及养兔知识** 我国虽是养兔大国,近年来发展速度很快,但长期以来仍处在副业生产的定位上。特别是农户小型养兔场多缺乏先进的科学意识和技术措施,大多处于"广种薄收"阶段。因此,要提高肉兔的生产水平,必须普及科学养兔知识,采用科学手段和先进技术,尤其是肉兔良种选育、杂交组合、饲料搭配、饲养管理和疾病防治等科技知识,实行标准化、科学化饲养,以达到优质、高产、高效的目的。

(3)**推广颗粒饲料** 目前,我国肉兔的饲养水平与先进国家相比,还处于"有啥吃啥"的落后状态,不仅饲养期长,饲料报酬低,而且单产低,产品质量差。近年来,广大农村由于粮食丰收有余,不少养兔户利用原粮(稻米、玉米、小麦等)饲喂兔子,不仅浪费了粮食,兔子也没养好,甚至导致多种疾病。据试验,兔子有喜吃颗粒饲料的习惯,而且饲料利用率高,浪费少。因此,应该根据肉兔的营养需要和饲养标准，生产全价颗粒饲料，以满足肉兔的不同生产类型和生理阶段的需要。

（4）**树立商品意识** 近年来，我国的养兔业已经经历了市场经济的洗礼，商品观念和风险意识有所增强。过去，我国的肉兔市场主要在国外，多以初级产品形式出现，一旦国际市场疲软，国内生产必然滑坡，使养兔生产永远处于高峰—低谷—高峰—低谷的循环怪圈。养小兔子可以成为大产业，养兔不仅需要先进的科学技术，而且还要树立商品生产意识。如果不能很好地解决肉兔产品的加工、销售和市场开发问题，产前、产后矛盾突出，就难以实现增值增效的目的。

（5）**开展综合利用** 肉兔的主要产品有兔肉、兔皮、兔粪和各种内脏。为了巩固和发展我国的养兔业，有关部门应注意兔产品的综合开发利用，以适应市场经济的需要。兔肉除用于满足传统的外贸出口需要之外，必须立足于国内市场的开发和综合加工利用。对兔皮、兔粪和兔的各种内脏要进行深度加工，综合利用，增值增效。如四川省广汉市、彭山县等地已有160多家中、小型兔肉加工厂和近千家兔肉加工专业户，加工品种多达20余种，既提高了兔产品加工企业的经济效益，也解决了养兔户卖兔难的问题。

5. 肉兔养殖市场竞争力如何？

发展肉兔养殖对调整农业产业结构、改变人们的食物结构等方面都有着重大意义。尤其对贫困地区，养殖肉兔是农民脱贫致富、振兴农村经济的好项目。肉兔养殖前景广阔主要基于以下几点：

（1）**肉兔日粮以草为主，是典型的节粮型草食家畜** 家兔属于单胃草食家畜，在家兔的家族中，肉兔的耐粗饲能力最强。据统计，肉兔饲料配方中原粮的比例平均为30% ～ 40%，猪和禽约为60% ～ 70%。试验表明，用相同数量的饲料饲喂肉兔和肉牛，所获得的兔肉重量是牛肉的5倍。也就是说，肉兔把草转化为产品的效率高于牛和羊等复胃草食家畜。这对于粮食相对紧张，饲草资源丰富的我国，大力发展肉兔饲养业，具有重要的现实意义。

（2）**肉兔多胎高产，饲养周期短，产肉率高**　肉兔性成熟早，一般3～4个月性成熟，6个月初配，妊娠期1个月，胎均产仔7～8只，产后可发情配种，一年可产仔6胎以上。仔兔生长速度快，1个月断奶，断奶后再养35～40天即可达到2.5千克出栏。1只母兔1年可获得后代40～60只，相当于母兔自身重量的20～25倍。而牛、羊仅为0.35～0.63倍，目前所饲养的其他家畜，很难能与肉兔相比。因此，大力发展肉兔产业，是解决人们肉食来源、丰富人们菜篮子的重要途径。

（3）**肉兔养殖投资小，见效快，收益大**　与饲养其他动物相比，肉兔的投资较小，投入产出比高。对于农村家庭来说，养肉兔的投资大体可分为种兔费、饲料费、防疫费、笼舍费等。发展肉兔生产具有投资成本少、周期短、效益高的特点，是大力促进发展的养殖业之一。

6. 肉兔产业优势有哪些?

肉兔产业在畜牧产业中，具有特殊的产业优势，主要体现在：

（1）**接受程度广泛**　目前，世界上还没有主流的宗教抵制或排斥兔肉，被多数国家和各民族所接受。并且还没有发现兔与人有共患的传染性疾病，发展肉兔产业有利于人类的身体健康，并被绝大多数人们所接受。

（2）**卫生安全形象好**　近年来，世界上肉牛、生猪、家禽产业麻烦不断，如疯牛病、猪链球菌病、口蹄疫、禽流感等疾病严重困扰着养牛业、养猪业和家禽业的发展。目前，兔业还没有发生严重影响产业的恶性传染病。

（3）**家兔产业是节粮型畜牧业**　肉兔是草食动物，所以与家禽、生猪相比，肉兔产业是"节粮型"畜牧业，大力发展肉兔产业，能缓解人畜争粮的矛盾，特别值得在我们这样的人口大国及缺粮的发展中国家推广。

（4）**兔肉品质高** 兔肉与猪肉、牛肉、羊肉、鸡肉从质上相比，其具有"三高"（蛋白质、赖氨酸含量和消化率高）和"三低"（低脂肪、低能量、低胆固醇）的营养特点，兔肉被人们赋予"健康肉"美誉，特别适应人们生活水平提高后对优质动物食品的需求。

（5）**投资少、周期短、产量高** 比较效益高。肉兔的繁殖能力强，饲养1只母兔年可向社会提供商品肉兔45只以上，商品肉兔从出生到出栏时间在70天内，体重可达到2.5千克以上，饲养肉兔具有投资小、成本低、周期短、见效快、家家户户都能搞的特点，在农业产业结构调整中，已受到世界各国的重视。

（6）**系环境友好型畜牧业** 肉兔养殖与生猪养殖、家禽养殖和牛羊相比，具有耗能少、排污量小、环境破坏少的特点，所以肉兔产业也是"环境友好型"畜牧业。发展肉兔产业符合国家"节能减排"的产业政策导向。

（7）**发展潜力大** 符合国家产业发展政策。属节粮型与特色效益型畜牧业，在我国畜牧业"十三五"规划中已经被列为重点发展产业之一，在我国绝大多数地区都具有自然条件和资源优势，特别适宜西部不发达地区畜牧产业的发展。

7. 肉兔生产中存在的主要问题有哪些?

目前肉兔生产主要存在以下几个方面的问题：

（1）**产业观念淡薄** 目前，肉兔养殖在国内许多地区还是以家庭养殖为主，形成小规模分散经营的生产格局，专业化、集约化与组织化程度不高，难以适应千变万化大市场，抵御市场风险能力弱。主要原因是很大一部分从业者对产业发展认识不足，投资能力不强，在一定程度上制约产业化发展进程。

（2）**市场开发乏力** 尽管兔肉具有营养丰富、味道鲜美，特别适应人们生活水平提高后对优质动物食品的需求。但目前我国居民对此认识不足，尤其是消费习惯上吃兔肉较少，市场潜力没有发掘，市场开发不力，严重制约产业的发展。

（3）**龙头企业带动力不强**　兔产业龙头企业经过多年的培育虽然有所壮大，并在产业化进程中发挥着重要的作用，但从整体上看发展速度不快，龙头牵引力和辐射带动力发挥不够。主要体现在：①很大程度上没有与分散的养殖从业者形成利益共同体，相互的关联性不大；②龙头企业产品、市场开发不力，加工与精深加工能力弱，品牌打造与市场营销作为不够，导致产业链条短，产品附加值低，产业效益不高，制约了产业快速发展。

（4）**利益分配机制不完善**　畜牧业产业化的实质是使中介组织（包括龙头企业、专业合作社）与养殖从业者之间建立一个比较稳定局势的利益关系，这种关系关联着产业能否持续、健康、有序地发展。但目前我国兔产业中，企业、中介组织还没有与养殖业业主之间形成"利益均沾，风险共担"的机制。

（5）**投入严重不足**　资金投入不足和融资难是制约肉兔产业规模化、标准化和产业化发展的重要瓶颈。

8. 肉兔生产的发展趋势怎样？

（1）**兔肉消费量将维持增长的势头**　随着人们生活水平提高，食品安全问题已经是关系到国计民生的重大问题，消费者对肉类的需求逐步转向优质、安全肉食产品，兔肉逐渐脱颖而出，走进消费者视线。

（2）**兔养殖标准化和产业化程度将不断提高**　兔产业在传统畜牧业中是"小产业"，但兔产品却是出口创汇率最高的畜产品。近年来，因劳动力、饲料及环保等因素导致生产成本增加，经营压力加大，小规模养兔户很难经受生产效率低和市场价格波动的冲击。适度规模养殖、标准化、集约化生产，才能提高生产性能，增强市场竞争力。

（3）**资源整合打造兔业品牌是兔产业发展必由之路**　资源整合

就是根据企业的发展战略和市场需求对有关资源进行重新配置，以突显企业的核心竞争力，并寻求资源与客户的最佳结合点。

优化产业结构、实现产业链上下游企业资源的整合，努力打造兔业品牌。

9. 肉兔养殖有什么风险?

肉兔养殖与其他养殖业一样，是一个高投入、高产出、收效快，但也伴随着高风险的行业。养殖业风险主要在于:

（1）投入产出比小 投入产出比小，一般不到1∶1.5，饲料成本可占出售总收入的50%～70%，再加上其他成本，一般养殖业利润不足投入的50%。

（2）疫病威胁 肉兔养殖的主要疾病是最严重的威胁，处理不好可能全军覆没，由于投入又高，可能一次疫病就会赔掉几个养殖周期赚的钱。

（3）市场风险 养殖业行情经常浮动，而成本又高，如果市场价格稍微降低，可能就会亏本。如果不出手而积压，每天的饲料成本可能造成更大亏损。另外，肉兔长到一定大小，生长速率就会显著降低，此时光吃饲料不长肉，积压的话只能亏损。

10. 怎样确定兔场的产品方案?

根据经济用途，兔分为肉兔、毛兔、皮兔和观赏兔四种类型。养兔场针对市场需求和自身优势，可选择性饲养，并以此为主产品。如果引进祖代以上种兔，且取得《种畜禽生产经营许可证》，可向外提供种兔。

11. 怎样确定兔场的技术方案?

依托技术支撑单位，采用种兔选育、繁殖、饲料、防疫及粪污处理等技术，保障生产技术水平达到预期目标。

（1）选种技术 优化繁殖兔群结构。保持基础群规模。引种时要从无特定病原区内或无公害标准种兔场内引进，引进时要按照《畜禽产地检疫规范》进行产地检疫。引进后要在观察舍观察15～20天，确认为健康合格后方可进入标准化兔舍进行饲养。有遗传性缺陷和传染性疾病的种兔不进入基础群，年龄在3年以上的种兔也不进入基础群。

（2）**繁殖技术**　采取人工授精技术，每只种母兔每年繁殖7胎以上，每胎保持仔兔8～9只。2年以上的种兔原则上不再用于繁殖。在配种方法上，采用同期发情及人工授精技术。及时淘汰性能较差的个体，使兔群保持总体高繁优势。同时，建立健全生产技术档案，包括种兔个体档案、生产记录，作为配种繁殖及生产考核的依据。

（3）**饲料饲养技术**　采用全价颗粒饲料饲喂，按生产（生理）阶段设计饲料的配方。种母兔自由采食，仔兔从16～18天开始补饲。育肥商品兔定时定量饲喂全价颗粒料。

（4）**防疫技术**　疫病防治是成功养殖最重要的技术保证。按照"预防为主、防重于治"的原则，对引进的种兔必须进行隔离检疫，种兔进入新建兔舍前，要在隔离兔舍内进行观察，确定无重大疫情后，才可进入新兔舍；制定严格的免疫程序，定期对种兔进行各类传染病的预防接种，定期投药驱虫；定期对各类传染病进行检疫，对寄生虫病进行流行病学调查。在场区建设消毒灭病设施，办公区、生活区与生产区分开，并保持适当距离；进入场区的人员、车辆等进行彻底消毒灭菌。

（5）**粪污无害化处理技术**　兔粪堆积发酵作有机肥就近或异地还田；尿液及少量兔粪管道输入沼气池发酵处理后再管道输出就近还田消纳，实现种养结合，循环利用。

12. 创办肉兔规模养殖场需要办理哪些手续？

创办肉兔规模养殖场需要办理设施农用地备案手续、环评手续、工商营业执照、动物防疫合格证，如果还有种兔生产，则同时需要办理相应的生产经营许可证。一般肉兔规模养殖场可以办理个体工商户。

13. 怎样办理设施农业用地备案手续?

为进一步完善和规范设施农业用地管理,支持设施农业健康有序发展,加快推进农业现代化。根据《国土资源部 农业部关于进一步支持设施农业健康发展的通知》(国土资发〔2014〕127号)要求,规模养殖场需办理设施农业备案手续。具体程序如下:

(1)经营者拟定农业设施建设方案 经营者根据设施农业拟建设情况、承包地流转情况以及与土地所有权人达成的意向性约定等,拟定农业设施建设方案,内容包括:项目名称、建设地点、项目用地规模,拟建设施类型、用途、数量、标准,以及附属设施和配套设施用地规模、平面布置示意图,标注项目用地位置的土地利用现状图。

(2)协商土地使用条件 经营者持农业设施建设方案与乡镇人民政府(街道办事处)和农村集体经济组织协商土地使用年限、土地用途、土地复垦要求及时限、土地交还和违约责任等有关土地使用条件。拟定乡镇人民政府(街道办事处)、农村集体经济组织和经营者三方用地协议草案。乡镇人民政府(街道办事处)同时对农业设施建设方案、土地使用条件等内容进行初审。涉及土地承包经营权流转的,经营者应依法先行与承包农户签订流转合同,征得承包农户同意。

(3)公告和签订用地协议 土地使用条件协商一致后,通过乡镇、村组政务公开等形式将农业设施建设方案、土地使用条件和三方用地协议草案向社会予以公告,时间不少于10天。公告期结束无异议的,乡镇人民政府(街道办事处)、农村集体经济组织和经营者三方签订用地协议。

(4)编制土地复垦方案报告表 经营者按照土地复垦有关规定,编制土地复垦方案报告表,内容包括:项目基本情况、土地损毁及占地面积、复垦工程措施及工程量统计、工作计划及保障措施、投资估算等。

（5）**土地复垦方案审查和用地协议备案**　用地协议签订后，经营者持农业设施建设方案、用地协议、土地复垦方案报告表和设施农用地备案表向区县（自治县）国土资源部门提出备案申请，区县（自治县）国土资源部门受理申请后，会同农业部门对土地复垦方案报告表和用地协议进行一并审查、核实，符合条件的予以备案。土地复垦方案报告表未通过审查，用地协议未备案的，经营者不得动工建设。

14. 建设项目的环境影响评价是怎样分类的?

国家根据建设项目对环境的影响程度，对建设项目的环境影响评价实行分类管理。建设单位应当按照下列规定组织编制环境影响报告书、环境影响报告表或者填报环境影响登记表（以下统称环境影响评价文件）。

（1）**可能造成重大环境影响的**　应当编制环境影响报告书，对产生的环境影响进行全面评价。

（2）**可能造成轻度环境影响的**　应当编制环境影响报告表，对产生的环境影响进行分析或者专项评价。

（3）**对环境影响很小，不需要进行环境影响评价的**　应当填报环境影响登记表。

15. 怎样进行环境影响评价?

在进行养殖之前我们需要选定养殖场的场址，而在选定养殖地址之后并不能马上建设，而是要走一道程序，这道程序我们称为养殖场申请环评操作程序，通过这道流程后才能开始养殖场的建设。具体的流程与操作方法列举如下：

（1）**申请条件**　选址符合城市总体规划或者村镇建设规划，符合环境功能规划、土地利用总体规划要求；符合国家农业政策；符合清洁生产要求；排放污染物不超过国家和省规定的污染物排放标准；重点污染物符合问题控制的要求；委托有资质的单位编制项目环境影响评价文件。

（2）需要提交的资料

1）编制环境影响评价报告书　单个养殖场年出栏5 000头生猪当量（30只兔的排污量相当于1头生猪当量）以上，即年出栏15万只以上肉兔的养殖场需提供环境影响评价报告书。具体要求如下：

①项目环保审批的申请报告。

②发改或经信部门出具的立项备案证明。

③项目环境影响报告书。

④环境技术中心对项目出具的评估意见。

⑤基建项目需提供规划许可证、红线图。

⑥涉及水土保持的，出具水利行政主管部门意见；涉及农田保护区的项目，出具农业、国土行政主管部门的意见；涉及水生动物保护的，出具渔政主管部门意见；涉及自然保护区的，出具林业主管部门意见。

⑦环保部门要求提交的其他材料。

2）编制环境影响评价报告（登记）表　年出栏5 000头生猪当量以下（即年出栏15万只以下肉兔）的养殖场，需提供环境影响评价登记表。具体要求如下：

①项目环保审批的申请报告。

②项目环境影响报告（登记）表(一式三份)。

③发改或经信部门出具的立项备案证明。

④基建项目需提供规划许可、红线图。

⑤环境技术中心对项目出具的评估意见（需公众参与的项目）。

⑥涉及水土保持的，出具水利行政主管部门意见；涉及农田保护区的项目，出具农业、国土行政主管部门的意见；涉及水生动物保护的，出具渔政主管部门意见；涉及自然保护区的，出具林业主管部门意见。

（3）办理程序

①申请单位(个人)按照项目环境影响评价等级，到县级环保局环审股提交申请材料。

②对项目进行材料审核、现场核查。

③经环保局专题审批会，对项目作出审批或审查意见。

（4）办理时限

①申报材料不齐全的，当场告知，由其补齐后再受理。

②申请材料齐全的，编制环境影响报告书的建设项目自受理之日起60日，编制环境影响报告表的建设项目自受理之日起30日，填报环境影响登记表的建设项目自受理之日起15日。

16. 怎样申请个体工商户营业执照手续?

（1）**办理依据**　《个体工商户条例》《个体工商户登记管理办法》。

（2）**提交材料**

①经营者签署的《个体工商户开业登记申请书》。

②经营者的身份证复印件（正、反面复印件）。

③经营场所使用证明：个体工商户以自有场所作为经营场所的，应当提交自有场所的产权证明复印件；租用他人场所的，应当提交租赁协议和场所的产权证明复印件；无法提交经营场所产权证明的，可以提交市场主办方、政府批准设立的各类开发区管委会、村居委会出具的同意在该场所从事经营活动的相关证明；使用军队房产作为住所的，提交《军队房地产租赁许可证》复印件。将住宅改变为经营性用房的，属城镇房屋的，还应提交《登记附表－住所（经营场所）登记表》及所在地居民委员会（或业主委员会）出具的有利害关系的业主同意将住宅改变为经营性用房的证明文件；属非城镇房屋的，提交当地政府规定的相关证明。

④申请登记的经营范围中有法律、行政法规和国务院决定规定必须在登记前报经批准的项目，应当提交有关许可证书或者批准文件复印件。

⑤《个体工商户名称预先核准通知书》（无字号名称的或经营范围不涉及前置许可项目的可无需提交《个体工商户名称预先核准申请书》）。

⑥委托代理人办理的，还应当提交经营者签署的《委托代理人证明》及委托代理人身份证复印件。

（3）**办理程序**　申请—受理—审核—决定。

（4）**办理期限**　对申请材料齐全，符合法定形式的，自收到《受理通知书》之日起2个工作日领取营业执照。

（5）**收费**　免收费。

17. 怎样申请核发《动物防疫条件合格证》?

（1）**依据**　《中华人民共和国动物防疫法》第二十条：兴办动物饲养场（养殖小区）和隔离场所，动物屠宰加工场所，以及动物和动物产品无害化处理场所，应当向县级以上地方人民政府兽医主管部门提出申请，并附具相关材料。受理申请的兽医主管部门应当依照本法和《中华人民共和国行政许可法》的规定进行审查。经审查合格的，发给动物防疫条件合格证；不合格的，应当通知申请人并说明理由。动物防疫条件合格证应当载明申请人的名称、场（厂）址等事项。经营动物、动物产品的集贸市场应当具备国务院兽医主管部门规定的动物防疫条件，并接受动物卫生监督机构的监督检查。

（2）**核发机构**　《动物防疫条件审查办法》第三条农业部主管全国动物防疫条件审查和监督管理工作。县级以上地方人民政府兽医主管部门主管本行政区域内的动物防疫条件审查和监督管理工作。县级以上地方人民政府设立的动物卫生监督机构负责本行政区域内的动物防疫条件监督执法工作。

（3）**许可证条件**

①选址、布局符合动物防疫要求，生产区与生活区分开。

②兔舍设计、建筑符合动物防疫要求，采光、通风和污物、污

水排放设施齐全，生产区清洁道和污染道分设。

③有患病动物隔离舍和病死动物、污水、污物无害化处理设施、设备。

④有专职防治人员。

⑤出入口设有隔离和消毒设施、设备。

⑥饲养、防疫、诊疗等人员无人畜共患病。

⑦防疫制度健全。

⑧许可审批期限：法定期限：20个工作日。承诺期限：4个工作日。

18. 肉兔规模养殖场建设可行性如何评价？

肉兔规模养殖场建设可行性分析是在投资决策前，用科学方法对拟建项目进行全面技术经济分析论证。以重庆市为例，可从以下几个方面进行分析。

（1）**政府及相关部门扶持政策措施** 国家层面，主要是西部开发，草食牲畜产业发展及一二三产业融合发展等政策措施；市级层面，主要是特色效益农业和草食牲畜产业链政策。

（2）**资源优势条件** 肉兔出栏突破5 000万只，在全国排名前列的优势；草资源十分丰富的优势以及劳动力相对较多的优势。

（3）**产业基础** 主要从良繁体系、基地建设及加工营销等方面分析是否完善。

（4）**技术优势** 是否有技术力量为建设提供强有力的技术支撑服务。

（5）**市场优势** 生产出的产品是否能顺利销售出去，以获得预期效益。

19. 怎样确定肉兔养殖场的规模？

肉兔养殖场的规模大体分为两类：一是适度规模的家庭农场，种兔规模300～500只，年供商品兔1万～2万只；二是肉兔规模化养殖场，种兔规模 1 000 ~ 5 000 只，年供商品兔 4 万~ 20 万只，体现规模效益。

20. 怎样概算肉兔规模养殖场投资?

（1）**家庭农场** 以 300 只母兔为例，正常繁殖，需配热镀锌兔笼 60 组，1 200 个笼位；公兔笼 1 组，20 个笼位。需建开放式或半开放式兔舍两栋共 500 米^2。无偿投入半劳动力 1 ~ 2 人。投资概算如下：

①种兔：种兔繁殖快，实行自繁自养，可节省种兔投资。饲养 300 只母兔（配公兔 20 只），1 个劳动力可饲养，每只体重 2.0 千克，120 元/只计算，共 3.84 万元。

②彩钢结构兔舍 500 米^2，造价 140 元/米^2，共 7.00 万元。

③兔笼：热镀锌兔笼 61 组，每组 2 000 元，共 12.20 万元。

④水电、工具、防疫和消毒药品共 1.00 万元。

⑤饲料周转金 6.00 万元。

⑥牧草种苗费 0.20 万元。

⑦不可预测的开支（以上 1 ~ 6 项的总和 ×15%）共 4.54 万元。

上述①~⑦项合计 34.78 万元，投资概算取 35.00 万元。

（2）**规模化养殖场** 以 1 000 只母兔为例，正常繁殖，需配锌铝合金兔笼 168 组，4 032 个笼位；公兔笼 10 组，80 个笼位。需建封闭式母兔舍两栋共 2 000 米^2，公兔舍 1 栋，120 米^2，看护房 180 米^2。配饲养管理人员 4 人。投资概算如下：

①种兔：饲养 1 000 只母兔（配公兔 80 只），每只体重 2.0 千克，120 元/只计算，共 12.96 万元。

②兔舍及看护房 2 300 米^2，主体及基础造价 270 元/米^2，共 62.10 万元。

③锌铝合金兔笼：热镀锌兔笼 168 组，每组 5 000 元(含自动清粪系统、自动喂料系统、自动饮水系统等)，共 84.00 万元。

④水电、工具、防疫和消毒药品共 4.50 万元。

⑤饲料周转金 20.00 万元。

⑥人工费4人，每人3 000元/月，4个月需支出4.80万元。

⑦不可预测的开支（以上1～6项的总和×15%）共28.24万元。

上述①～⑦项合计216.50万元，投资概算取220.00万元。

21. 怎样测算肉兔规模养殖效益?

这里以1只母兔为例，测算其养殖效益。

（1）年投入

①一只种兔繁殖利用期限2年，种兔成本每只每年60元（种兔淘汰残值不计）。

②一只母兔年耗颗粒饲料73千克，每千克3.0元，共计219元。

③一只仔兔从断奶到出栏需饲料6.0千克，每只母兔每年出栏商品兔40只，商品兔共耗饲料240千克，每千克3.0元，计720元。

④防疫费种兔每只需1元/年，商品兔每只需0.5元/年，共计21元。

⑤每只种兔年需笼具费28元。

⑥劳务费，按每人饲养种兔300只，每月工资2 500元，每年3万元，每只种兔年需劳务费100元。

总计：种兔60元+种兔饲料219元+商品兔饲料720元+防疫费21元+笼具费28元+劳务费100元=1 148元。

（2）年收入　商品兔每只2.5千克，每千克16元，年出栏40只，计1 600元，年产兔粪0.6吨，收入36元。总计1 636元。

（3）年利润　1636元－1148元=488元。即饲养1只种母兔，可获取毛利488元/年。

第二节　　选址与布局

22. 兔场选址的原则有哪些?

（1）适度规模家庭农场场址的选择　小规模养兔，可利用庭院空地或闲房旧舍，以方便管理，减少开支，提高效果。鉴于防疫的要求，最好在一个空闲的宅院里养兔；如无此条件，也应在一个庭院的集中区域，不要太分散，并设置隔离墙。室内养兔，选用偏房或配房，应在房前设置鞋底消毒池或消毒箱。庭院较小的家庭，若为坚固的平顶房，也可考虑在房顶建造兔场。地下室或地窖，可以作为家兔冬季繁殖和夏季避暑的良好场所。

（2）规模化兔场场址的选择　规模化兔场不同于适度规模养殖场户，其标准应按照畜牧场的设计要求，对地形、地势、土质、水源、居民点的配置、交通、电力等因素进行全面考虑。

①地势：家兔喜干燥，厌潮湿。兔场应建造于地势高燥的地方，至少高出当地历史洪水的水线，地下水位应在2米以下。这样有利于家兔的体热调节，减少疾病（特别是寄生虫病）的发生。兔场应背风向阳，以减少冬春风雪侵袭。

②地形：地形要开阔、整齐、紧凑，不宜过于狭长和边角过多，以便缩短道路和管线长度，提高场地的有效利用，节约资金和便于管理。可利用天然地形、地物（如林带、山岭、河川等）作为天然屏障和场界。

③土质：理想的土质为沙壤土，其兼具沙土和黏土的优点，透气透水性好，雨后不会泥泞，易于保持适当的干燥。其导热性差，土壤温度稳定，既利于兔子的健康，又利于兔舍的建造和延长使用寿命。

④水源：兔场的需水量很大，除了人和兔的直接饮用外，粪便的冲刷、笼具的消毒、用具和衣服的洗刷等需用的水更多。因此，应将水源作为一条重要因素去考虑。总的要求是水量足、水质好，便于保护和取用。最理想的水为地下水。水质应符合人饮用水的标准。

⑤环境：兔场的周围环境，主要包括居民区、交通、电力和其他养殖场等。

兔场本身对于居民区，无论是其释放的有害气体对大气，还是排泄物对地下水，都有一定影响。因此，大型兔场应建在居民区之外500米以上，处于居民区的下风头，地势低于居民区。但应避开生活污水的排放口，远离造成污染的环境，如化工厂、屠宰场、制革厂、造纸厂、牲口市场等，并处于它们的平行风向或上风头。

兔子胆小怕惊，因此，兔场应远离噪源，如铁路、石场、打靶场等释放噪音，特别是爆破音的场所。

兔场对外联系较多，其交通应便利。但为了防疫，应距主要道路300米以上（如设隔离墙或有天然屏障，距离可缩短一些），距一般道路100米以上。

集约化兔场对电力条件有很强的依赖性，应靠近输电线路，同时应自备电源。

23. 兔场选址应遵守哪些法律法规?

兔场选址除满足基本原则外，还符合相关法律法规要求。符合各地政府制定颁布的畜禽养殖"三区"规划（即禁养区、限养区和适养区），禁止在禁养区选址建设，限养区控制饲养总量。符合《中华人民共和国环境保护法》(2014年4月新修订，2015年1月施行)、国务院《畜禽规模养殖场污染防治条例》(2014年1月施行)、国务院《水污染防治行动计划》等的规定。

24. 怎样划分和布局兔场功能区?

按照科学分工、合理布局的原则及功能的不同，兔场一般可分为生活管理区、生产区、隔离及粪污处理区等。兔场是一个有机的整体，不同区域之间有着不可分割的联系。因此，在分区规划时，按照兔场兔群的组成和规模，饲养工艺要求，喂料、粪尿处理和兔群周转等生产流程，针对当地的地形、自然环境和交通运输条件等进行兔场的总体布局，合理安排生产区、管理区、粪污处理区及以后的发展规划等。

总体布局是否合理，对兔场基建投资，特别是对以后长期的经营费用影响极大，搞不好还会造成生产管理混乱，兔场环境污染和人力、物力、财力的浪费，而合理的布局可以节省土地面积和建场投资，给管理工作带来方便。

基本原则是：从人和兔保健以及有利于防疫、有利于组织安全生产出发，建立最佳生产联系和卫生防疫条件；根据地势高低和主导风向，合理安排不同功能区的建筑物；分区规划必须遵循人、兔、排污，以人为先、排污为后的排列顺序；风与水，以风向为主的排列顺序。

一座存栏2.4万只种兔，年出栏100万只兔的规模化肉兔养殖场规划布局方案见图1-1。

图1-1　年出栏100万只肉兔示范园区规划布局图

第三节　兔舍建设

25. 兔舍类型有哪些？

兔舍按照结构形式，可以设计多种类型。

（1）按兔舍屋顶形状分　有单坡式、双坡式、联合式、平顶式、拱顶式、钟楼式等。

①单坡式：一般跨度小，结构简单，造价低，光照和通风好，

适合小规模兔场。

②双坡式：一般跨度较大，双列兔舍和多列兔舍常用该形式，一般用小青瓦、红砖瓦、水泥瓦或彩钢瓦（最好不用石棉瓦）。

③平顶式：屋顶用水泥钢筋预混材料建造，屋顶可蓄水隔热，特别利于夏季兔舍防暑降温。

（2）**按墙结构分** 开放式、半开放式和封闭式。

①开放式兔舍：两头山墙设满墙，两侧平墙只设1.0～1.2米高砖墙。其结构简单，通风透光好，造价低，但每年冬季都需在半墙上挂草帘或塑料布以利兔舍保温，较麻烦。

②半开放式兔舍：三面为满墙，一面为半截墙，略优于开放式。

③封闭式兔舍：一种是大面积开窗封闭式兔舍，两边平墙上大面积安装铝合金滑动玻璃窗，窗户的大小、数量和结构应根据当地气候而定；另一种也可设计为无窗封闭式兔舍。

（3）**按兔笼排列分** 单列式、双列式和多列式。

①单列式：兔笼呈一字排列，靠墙设饲喂走道，跨度较小，结构简单，省工省料造价低，但不适于机械化管理。

②双列式：兔笼排成两列，中间设一走道（有的还在两边设清粪道），兔舍建设面积利用率高，保温好，管理方便，便于使用机械工具，大多数规模兔场采用双列式。

③多列式：兔笼排列成三列以上，建设面积利用率高，容纳兔多，保温性好，运输路途短，管理方便；缺点是采光不好，舍内阴暗潮湿，通风不好，必须辅以机械或人工控制舍内的通风、采光、温度和湿度。

26. 封闭式兔笼舍设计理念是什么？

封闭式兔笼舍设计建设是现代兔产业发展方向。在设计理念上，一是科学化、规范化、标准化，达到与发达国家同步水平；二是符合国家或行业标准，绿色环保，符合动物生理特性和动物福利要求；三是运行自动化、程序化、智能化。

27. 封闭式兔舍建筑材料方案怎样选型?

封闭式兔舍适合规模化养殖，其通风、光照、温度等全部为人工控制，也称控制环境兔舍。在兔舍建筑材料选型上：一是建筑材料环保，对动物、空气、水源和环境等无污染；二是兔舍通风透光；三是兔舍冬天保暖、夏天降温；四是防火性能良好；五是组合式，便于拆卸和运输安装。

一种联体式全封闭式兔舍和一种独栋式全封闭式兔舍见图1-2和图1-3。

图1-2　全封闭式兔舍（联体式）　　图1-3　全封闭式兔舍（独栋式）

28. 开放式兔舍有什么优缺点?

开放式兔舍适合中小规模养殖，兔舍建筑材料可因地制宜，如图1-4。

优点：通风，采光好，呼吸道病少；造价较低，管理方便。

缺点：无法进行室内环境控制，不利防兽害。

图1-4　开放式兔舍

29. 养殖场内道路的设计原则是什么?

场内道路设计应符合兔场总体规划或总平面布置的要求,并应根据道路性质和使用要求,合理利用地形,统筹兼顾,合理布设。

兔场道路等级及其主要技术指标的采用,应根据兔场规模、道路性质、使用要求(包括道路服务年限)、交通量(包括行人),车种和车型,并综合考虑将来的利用确定。

兔场内道路设计应为道路建成后的经常性维修、养护和绿化工作创造有利条件,并符合有关标准规范的要求。

30. 兔舍的通风方式有哪些?

(1)**敞开式** 在满足功能及气象因素要求的前提下,应优先采用。

(2)**天窗通风** 根据生产条件,考虑防飘雨、防风沙的设施。

(3)**机械排风** 采用防爆电机,当可燃物质或纤维物质达到一定浓度时,防爆电机自动开启。

(4)**排风帽排风** 适用于比空气轻的可燃气体,且易积聚在顶部的建筑。

31. 影响兔舍通风的因素有哪些?

(1)**通风面积**(门窗大小) 一般兔舍均设有门窗,开窗有利于通风换气。

(2)**室内外温度差** 通风可调节室内温度,冬季应注意通风时间。

(3)**通风时间** 通风时间越长,换气量越大,舍内空气越新鲜。

(4)**室外气流速度** 气流速度越大,换气越快。

32. 影响机械通风的因素有哪些?

影响通风系统设计的因素主要有气温、湿度、一年中气温的均匀度、吹过兔体的风速、悬浮的尘埃与病原体的数量、臭气和有毒气体的浓度等。兔舍中有毒有害气体（主要是氨气、甲烷、硫化氢等）的积聚是一个需要非常重视的问题，要有充分的通风。家兔怕热不怕冷，在养兔中基本不需要再人为地增加温度。

冬天通风有两个目的，一是让新鲜的空气进入兔舍，二是要降低湿度，以免病原微生物孳生。对不同生产阶段的兔只在不同季节所应达到的通风量不同。但实际生产中不能直接由低换到高，必须要有过渡，因此，兔舍最好有大、中、小三种风扇。

33. 兔舍降温措施有哪些?

兔舍夏季降温对夏季兔的繁殖是至关重要，降温包括吸热和隔热遮光，反光，空气隔热，水吸热，空气吸热。主要措施有：

（1）**加厚房顶隔热层** 隔热层越厚，越不容易晒透，隔热力越强；材料的隔热系数越大，隔热效果越好。也可以做内部隔热层。

（2）**增加兔舍高度** 热气一般积累在顶部，兔舍高度增加，可以缓解高温压力。

（3）**舍顶灌水** 对于平顶的兔舍，在做好防渗的前提下，将顶部砌高，里面灌水，利用水吸收阳光而使兔舍晒不透，对于缓解高温有很好的效果。同时盖上毛草吸水，效果会更好。

（4）**舍顶喷水** 对于顶部较薄的兔舍，可以在顶部纵轴上安置一个塑料或金属的水管，两侧打上小孔，在炎热的中午通过水管向舍顶喷水，以达到降温的效果。

（5）**舍顶植绿** 如果兔舍是平顶，而且较坚固，可以上面铺土，种植一些草坪草等植物，隔热效果良好。

（6）**舍前绿化** 兔舍阳面提前种植藤蔓植物，在炎热夏季到来之前，爬上舍顶，具有良好的隔热降温效果。

（7）**面刷白** 不同颜色对光的反射作用不同，颜色越深吸光率越高，白色的反光效果最好。可以在兔舍南面和西面的墙壁上刷上白石灰，具有较好的反光降温效果。

（8）**铺反光膜**　铺反光膜可使兔舍内降低2℃以上。

（9）**拉遮阳网**　其遮光率达到70%，良好的遮阳网寿命可以达5年以上。

（10）**搭建凉棚**　在简易兔舍的上方搭建凉棚，可以有效缓解太阳辐射带来的高温压力。

（11）**舍间植树**　兔舍之间种植高大树冠的树木。

（12）**仿生地窝**　利用地下冬暖夏凉的特点，在底层兔笼的下面仿照兔子在野生条件下打洞的行为，挖建一个防潮的地下洞，与地上的兔笼相连接。实践表明，此种形式的兔舍既可防暑，又可防寒，全年繁殖，存活率很高。南方可以在野外建地窝，但室内温度高，所以不推荐在室内修建地窝。

（13）**湿帘负压通风**　在高热地区，采用负压通风设施，可有效降低兔舍温度，但是由于湿帘增加兔舍湿度，不宜长期使用。成本较高，可以使用水晶空调。

（14）**普通风扇**　利用风扇转动，加速空气流动，是兔子感到凉意，减轻热应激程度，但不能改变兔舍气温情况。

（15）**地下风道正压通风**　利用地下温度恒定的特点，在兔舍与兔舍背面挖一个相通的地下风道，风道尽量深，在兔舍内风道口处设置抽风机，其吹出的风较普通的风温度要低得多。

（16）**冷空调（凉水循环）**　利用地下水温度低的特点，安装水空调，强制凉水在热心较强的冷凝管（一般为铜质）内循环，通过风扇吹风将凉风吹入兔舍，缓解舍内高温。其优点是不仅降温，而且不增加舍内湿度，可以把室内温度控制在28 ~ 30℃。

（17）**风机冰块紧急降温**　当兔舍温度居高不下的时候，可以通过制冰机制造冰块，将冰块放在风机出风口处，通过正压通风，迅速降低吹入的空气温度，达到降温的目的。

（18）**水浸石板砖块降温**　当兔舍整体温度难以迅速下降时，可以通过凉水浸泡石板或砖块，放入兔笼中，让兔子通过与较低的物体直接接触散热，起到立竿见影的效果，然后隔一段时间更换一次，是一种较适用的临时降温措施。

34. 怎样选择兔舍照明灯具？

兔舍照明灯具的品种很多，有吊灯、吸顶灯、壁灯等；照明灯具的颜色也有很多，有无色、纯白、粉红、浅蓝、淡绿、金黄、奶白。选灯具时，不要只考虑灯具的外形和价格，还要考虑亮度，而亮度的定义应该是不刺眼、经过安全处理、清澈柔和的光线。兔舍照明用灯带如图1-5。

图1-5 兔舍照明灯带

LED灯、普通节能灯和普通白炽灯比较

	LED灯	普通节能灯	普通白炽灯
节能效果	消耗1度电需3W，使用333h	消耗1度电需10W，使用100h	消耗1度电白炽灯需要60W，使用17h
使用寿命	5万h	8 000h	1 000h
环保性能	不含汞和氙等有害元素，不会产生电磁辐射和有害射线	含有汞和铅等元素，而且电源经过时产生有害辐射	电子镇流器会产生电磁干扰，不利于健康
光转化率	最高	为LED灯的90%	为LED灯的20%
安全性能	最安全，用途更广泛		

综上，推荐兔场照明灯尽量选择使用LED灯。由于LED灯的工作原理是用高亮度白色发光二极管作为发光源，为冷光源，不产生热量，所以省电；缺点是价格相对较高，但随着科技的进步和大量应用，长期下来不会造成成本的压力。

35. 兔舍内部地面的建造有什么要求?

兔舍地面最好用水泥硬化,而不要直接为土地夯实,避免兔子在地下打洞,并在洞中产下幼兔,无法提高成活率。同时注意地面干燥通风,环境舒适,地面面积要与兔子的数量相匹配,保持每只兔子的平均活动空间不能过小。

36. 兔舍门窗的分类方式有哪些?

(1)**木门窗**　价格低廉,但木材耗量大,且不防火,所以使用受到一定限制。在节约优质木材的前提下开发以用途较少的硬杂木等木材制造门窗,是重要的途径。在国外,经过技术处理的硬杂木是高级门房的主要材料。

(2)**钢门窗**　门窗是用型钢或薄壁空腹型钢在工厂制作而成。它符合工业化、定型化与标准化的要求,在强度、刚度、防火和密闭等性能方面,均优于木门窗,但是在潮湿环境下容易锈蚀。

(3)**铝合金窗**　用料省、自重轻(较钢门窗轻50%左右)。密封性好,气密性、水密性、隔声性、隔热性都较钢、木门窗有显著的提高。铝合金门窗不需要涂涂料,氧化层不褪色、不脱落,表面不需要维修;强度高、刚性好,开闭轻便灵活;型材表面经过氧化着色处理后,既可保持铝材的银白色,又可以制成各种柔和的颜色或带色的花纹,如暗红色.黑色等。制成的铝合金门窗造型新颖大方、表面光洁、外形美观,增加了建筑立面和内部的美观。

(4)**塑料门窗**　近几十年发展起来的新品种,保温效果与木门窗相同,形式类同铝合金门窗,美观精致。

(5)**塑钢门窗**　以改性硬质聚氯乙烯(简称UPVC)为主要原料,加上一定比例的稳定剂、着色剂、填充剂、紫外线吸收剂等辅助剂,经挤出机挤出成型为各种断面的中空异型材。经切割后,在其内腔衬以型钢加强筋,用热熔焊接机焊接成型为门窗框扇,配装上橡胶密封条、压条、五金件等附件而制成的门窗即所谓的塑钢门窗。它较之全塑门窗刚度更好、自重更轻。

37. 兔场绿化有什么作用？设计原则是什么？

兔场绿化是兔场建设的重要组成部分，能使兔场空间体现生命的活力，富于四季的变化。生态兔场建设方向，即要以植物材料为主体进行兔场景观建设，运用乔木、灌木、藤本植物以及草本等素材，通过艺术手法，结合考虑各种生态因子的作用，充分发挥植物本身的形体、线条、色彩等自然美，来创造出与周围环境相适宜、相协调，并表达一定意境或具有一定功能的艺术空间，供人们观赏。如图1-6。

图1-6　环境优美的兔场

兔场设计的一般原则：①以人为本的原则；②科学性原则，以乡土树种为主，因地制宜，师法自然；③艺术性原则，形式美，意境美；④景观生态性原则；⑤历史文化延续性原则；⑥经济性原则。

第四节　设备选型

38. 兔场设备有哪些？选型的原则是什么？

规模化兔场应根据规模及投入，合理配置耐腐蚀兔笼设备、喂料系统、饮水系统、清粪系统、降温设备、清洗消毒设备及人工授精设备等，并根据下列原则进行设备选型。

①有利于提高劳动生产率，设备外观整齐、便于清洗消毒、安全卫生。

②有利于环境控制、观察和管理兔群，优先选用性能可靠的定型产品。

③有利于卫生防疫，满足粪污减量化、无害化处理的技术要求和环保要求。

④有利于节水、节能；宜采用计算机辅助管理、现代通讯及自动监测等设备。

39. 怎样选择兔笼设备？

选用专业厂家生产的质量可靠的热镀锌笼、锌铝合金笼或不锈钢笼。家庭农场选用中低档次，价位在不超 2 000 元/组的兔笼；规模化兔场选用中高档兔笼，自动喂料、饮水、清粪系统配套，价位5 000 元/组左右。

40. 怎样配置养兔的饲喂及饮水设备？

包括喂料系统和饮水系统。喂料系统（图1-7~图1-10）可选用自动加料或人工上料，设置或不设置草架；饮水系统可采用不易漏水的重垂式自动饮水系统。

图1-7　自动加料兔笼　　　　　图1-8　人工加料兔笼

图1-9　圆桶式食槽　　　　　　　图1-10　壁挂式食槽

41. 怎样选择兔场清粪设备？

（1）**传送带式清粪系统**　该系统使兔粪干燥成粒状，兔粪的再用率高；直接可以把兔粪送到舍外的清粪车上；兔粪在兔舍内无发酵，使舍内空气干燥清新；采用特殊PP橡胶，尼龙等抗老化材料，具有防晒、防寒、防酸碱、防腐蚀、耐磨超厚特点，使用寿命延长。如图1-11。

（2）**刮板式清粪系统**　该系统由刮粪槽、刮粪机、牵引绳及电机等组成。优点是相比传送带式清粪系统成本低，但舍内兔粪尿残留发酵，氨浓度较大，需及时通风。

（3）**水冲式清粪**　水冲清粪有自动和手工两种。手工法是工人定时打开水龙头放水冲洗，可将V形粪尿沟里的粪尿冲洗干净；自动冲洗法是在兔舍的一端设一定容积的水箱，用浮球控制存水量，定时放水冲洗尿沟。水冲清粪设备简单、效率高、故障少、工作可靠，有利于兔舍的卫生和疫病控制。如图1-12。

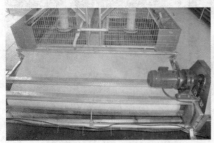

图1-11　传送带清粪系统　　　　　图1-12　水冲式清粪系统

42. 怎样配置兔场的环控设备?

采购合适的由湿帘、风机及智能环境控制器组成的环控设备,如图1-13、图1-14。市场上现在有分体的和一体的,分体的容易维护,一体的价格比较实惠,一般中小型的也可以了。功能方面可以采集温度、湿度、氨气、一氧化碳等数据,最好能有手机控制报警功能,随时可以用手机查看数据,自动接收报警信息,可以控制设备重启,控制输出设备。

图1-13 兔舍配备降温设施——湿帘

图1-14 兔舍配备降温设施——风机

第二章　品种与繁殖

第一节　肉兔主要品种

43. 国外优良肉兔品种有哪些?

目前，世界上饲养的家兔有60多个品种，200多个品系。近年来从国外引进的主要为肉兔品种，包括中型肉用型兔、大型肉用型兔及肉用型配套系兔3种类型。其中中型肉用型兔代表品种有新西兰兔、加利福尼亚兔；大型肉用型兔代表品种有比利时兔；肉用型配套系兔代表品种有齐卡配套系、伊拉配套系、伊普吕配套系、伊高乐配套系4个配套系。

44. 新西兰白兔有什么特点? 生产性能如何?

（1）**来源与分布**　新西兰白兔原产于美国，是近代世界最著名的肉兔品种之一，广泛分布于世界各地。有白色、红色和黑色3个变种，它们之间没有遗传关系，而生产性能以白色最高。我国多次从美国及其他国家引进该品种，均为白色变种，表现良好，深受我国各地养殖者欢迎。

（2）**品种特点**　新西兰白兔适应性和抗病力较强，性情温顺，易于饲养，是工厂化、规模化商品肉兔生产的理想品种。具有早期生长发育快、饲料报酬高、屠宰率高的特点，特别是其耐频密繁殖、抗脚皮炎能力是其他品种难以与之相比的。适于集约化笼养，是良好的杂交亲本，该兔无论是作母本与大型的品种杂交，还是作父本与中型品种杂交，均表现良好。

缺点是被毛稍长，针毛含量低，回弹性差，皮板较薄，皮张质量一般；不耐粗饲，对饲养管理条件要求较高，在粗放的饲料条件下很难发挥其早期生长发育较快的优势。

（3）**外貌特征**　被毛纯白，眼球呈粉红色，头宽圆而粗短，耳朵短小直立，颈肩结合良好，胸部宽深，背部宽平，后躯发达，肋腰丰满，四肢健壮有力，脚毛丰厚，全身结构匀称，具有肉用品种的典型特征。如图2-1。

图2-1　新西兰白兔

（4）**生产性能**　早期生长发育速度快，饲料利用率高，肉质好。在良好的饲养管理条件下，繁殖年产5胎以上，胎均产仔7～9只，初生个体重50克左右，遗传性能稳定。35日龄断奶体重可达到800克，10周龄体重可达2.3千克，成年体重3.5～4.5千克。屠宰率52%～55%，肉质细嫩。

45. 加利福尼亚兔有什么特点？生产性能如何？

（1）**品种来源**　加利福尼亚兔原产于美国加利福尼亚州，是一个专门化的中型肉兔品种。我国多次从美国和其他国家引进，表现良好，2007年青岛康大兔业有限公司从美国引进119只种兔。

（2）**品种特点**　加利福尼亚兔适应性、抗病力较强，易于饲养；母性好，繁殖性能优良，泌乳能力强，有保姆兔之称；早期生长发育较快；毛皮品质较好，其毛短而密、富有光泽、回弹性较好；遗传性稳定，可作为育种素材。

在国外，多用加利福尼亚兔与新西兰兔杂交，其杂交后代56日龄体重1.7～1.8千克。在我国的表现良好，尤其是其早期生长速度快、早熟、抗病、繁殖力高、遗传性稳定等，深受各地养殖者的喜爱。加利福尼亚兔是工厂化、规模化生产的理想品种，与新西兰白兔等进行杂交生产商品兔，具有明显的杂交优势。

该兔适于营养较高的精料型饲料，其缺点是早期生长速度不如新西兰白兔快。

（3）**外貌特征**　体躯被毛短而密，整体为白色，耳、鼻端、四肢下端和尾部为黑褐色，俗称"八点黑"。眼睛红色，颈粗短，耳小直立，体型中等，前躯及后躯发育良好，肌肉丰满。四肢稍短，强壮有力，脚毛粗而浓密。绒毛丰厚，皮肤紧凑，秀丽美观。"八点黑"是该品种的典型特征，其颜色的浓淡程度有以下规律：出生后为白色，1月龄色浅，3月龄特征明显，老龄兔逐渐变淡；冬季色深，夏季色浅，春秋换毛季节出现沙环或沙斑；营养良好色深，营养不良色浅；室内饲养色深，长期室外饲养，日光经常照射变浅；在寒冷的北部地区色深，气温较高的南部省市变浅；有些个体色深，有的个体则浅，而且均可遗传给后代。如图2-2。

图2-2　加利福尼亚兔

（4）**生产性能**　早期生长速度快，35日龄断奶重750克以上，3月龄重2.1～2.5千克，成年母兔体重3.5～4.5千克，公兔3.5～4千克。适应性广，抗病力强，性情温顺。繁殖力强，泌乳力高，母性好，产仔均匀，发育良好。屠宰率50%～52%，肉质鲜嫩。一般胎均产仔7～8只，年可产仔6胎。

46. 比利时兔有什么特点？生产性能如何？

（1）**品种来源**　比利时兔是英国育种家利用原产于比利时贝韦仑一带的野生穴兔改良而成的大型肉兔品种。

（2）**品种特征**　比利时兔属于大型肉兔品种，具有体型大、生长快、耐粗饲、适应性广、抗病力强等特点。该兔引入我国后，适于农家粗放饲养。因此，受到农民的欢迎，尤其是在北方农村的饲养量较大。试验表明，该兔是良好的杂交亲本（主要是杂交父本），与小型兔（如中国本地兔）和中型兔（如太行山兔、新西兰兔等）杂交，有明显的优势。

主要缺点：在笼养条件下易患脚皮炎，耳癣的发病率也较高，产仔数多寡不一，仔兔大小不均，毛色的遗传性不太稳定。

（3）**外貌特征**　被毛为深褐、赤褐或浅褐色，体躯下部毛色灰白色，尾内侧呈黑色，外侧灰白色，眼睛黑色。两耳宽大直立，稍向两侧倾斜。头粗大，颊部突出，脑门宽圆，鼻梁隆起。类似马头，俗称马兔，体躯较长，四肢粗壮，后躯发育良好。如图2-3。

图2-3　比利时兔

（4）**生产性能**

①繁殖性能：窝产仔数高，断奶窝重大，年产4～5胎，胎均产仔7～8只，最高可达16只。繁殖力强，泌乳力很高，仔兔发育快。

②产肉性能：该兔仔兔初生重60～70克，最大可达100克以上，幼兔6周龄体重可达1.2～1.3千克，3月龄体重2.8～3.2千克，产肉性能较高。

③成年体重：公兔5.5～6.0千克，母兔6.0～6.5千克，最高可达7～9千克。

④屠宰性能：全净膛屠宰率为51%～54%，净肉率为80%左右。

47. 国内有哪些优良品种兔?

国内的地方品种资源有很多，有自然选育的，也有人工培育的。

（1）**本地自然选育的品种**　有闽西南黑兔、福建黄兔、四川白兔、九嶷山兔、云南花兔、万载兔、太行山兔、大耳黄兔等。

（2）**中国培育的兔品种**　有浙系长毛兔、皖系长毛兔、西平长毛兔、豫丰黄兔、哈尔滨大白兔、塞北兔、吉戎兔等。

48. 四川白兔有什么特点？生产性能如何？

（1）**品种特点**　四川白兔俗称菜兔，属小型皮肉兼用兔。具有性成熟早、配血窝能力强、繁殖率高、适应性广、容易饲养、体型小、肉质鲜嫩等特点。

　　四川白兔是由古老的中国白兔从中原进入四川后，在优越的自然生态条件和因交通不畅而较封闭的环境下，经过长期风土驯化及产区百姓长时间自繁自养而形成的地方品种。1985年四川省饲养四川白兔约145万只，到2005年减少到3.2万只，目前四川白兔遗传资源已近濒危，仅在交通不便、养兔较少的深丘低山地区零星存在少量个体和杂种群体，从中选择种性较好的个体集中饲养，开展抢救性保种选育十分必要。

（2）**外貌特征**　四川白兔体型小，结构紧凑。头清秀，嘴较尖，无肉髯。眼为红色，两耳较短，厚度中等而直立。要背平直、较窄，腹部紧凑有弹性，臀部欠丰满，四肢肌肉发达。被毛优良，短而紧密。毛色多数纯白，亦有少数黑、黄、麻色个体。如图2-4。

图2-4　四川白兔

（3）**体尺体重**　成年母兔体重为2.35千克，体长为40.4厘米，胸围为26.7厘米，耳长为10.9厘米，耳宽为5.6厘米，耳厚为1.05毫米。

（4）**生产性能**　母兔最早在4月龄即开始配种，公兔一般都在6月龄开配。母兔最多的一年产仔可达7窝，最多的一窝产仔11只，料肉比为3.6∶1，屠宰率为50%左右。

（5）**适应性** 四川白兔适宜小规模农家饲养。采用开放式或封闭式兔舍、单笼饲养，日粮组成宜以青饲料为主，搭配少量精料补充料的饲喂方式。青饲料以野杂草、人工种植牧草为主，粗饲料以干杂草和豆秸、花生秸等农作物蒿秆为主。

49. 大耳黄兔有什么特点？生产性能如何？

（1）**品种特点** 大耳黄兔原产于河北省邢台市的广宗县，是以比利时兔中分化出的黄色个体为育种材料选育而成，属于大型皮肉兼用兔。适应性强，耐粗饲。在华北地区饲养量较大，其生长速度及耐粗饲能力受到人们的喜爱。与其他大型品种一样，该品种易患脚皮炎，不耐频密繁殖，饲养中应引起重视。

（2）**外貌特征** 分2个毛色品系。A系：橘黄色，耳朵和臀部有黑毛尖；B系：全身被毛杏黄色，色淡而较一致。两系腹部均为乳白色。体躯长，胸围大，后躯发达，两耳大而直立，故取名大耳黄兔。

（3）**生产性能** 成年体重4.0～5.0千克，大者可达6千克以上。早期生长速度快，饲料报酬高，A系高于B系，而繁殖性能则B系高于A系。年产4～6胎，胎均产仔8.5只，泌乳力高，遗传性能稳定。由于毛色为黄色，加工裘皮制品的价值较高。

50. 塞北兔有什么特点？生产性能如何？

（1）**品种特点** 塞北兔是河北北方学院（原河北省张家口农业专科学校）以法系公羊兔与比利时兔为亲本杂交选育而成的一个大型皮肉兼用兔，体质较疏松，个头大，生长快，耐粗饲，抗病力强，适应性广，繁殖力较高，受到养殖者的喜爱。

与大多数大型品种一样，塞北兔易患脚皮炎及耳癣，饲养中应予以重视。

（2）**外貌特征** 该品种分3个毛色品系。A系：被毛黄褐色，尾巴边缘枪毛上部为黑色，尾巴腹面、四肢内侧和腹部的毛为浅白色；B系：被毛纯白色；C系：被毛草黄色。

被毛浓密，毛纤维稍长；头中等大小，眼眶突出，眼大而微向内凹陷，下颌宽大，嘴方，鼻梁有一黑线；耳宽大，一耳直立，一耳下垂；颈部粗短，颈下有肉髯；肩宽广，胸宽深，背平直，后躯宽，肌肉丰满，四肢健壮。

（3）**生产性能**　仔兔初生重60～70克，1月龄断奶重可达650～1 000克，90日龄体重2.1千克，育肥期料肉比为3.29：1。成年体重平均5.0～6.5千克，高者可达7.5～8.0千克。年产仔4～6胎，胎均产仔7～8只，断乳成活率平均为81%。

该品种兔由于骨架较大，育肥兔出栏体重最好在2.5千克以上。

51. 哈尔滨大白兔有什么特点？生产性能如何？

（1）**品种特点**　哈尔滨大白兔是中国农业科学院哈尔滨兽医研究所利用比利时兔、德国花巨兔、日本大耳白兔和当地白兔通过复杂杂交培育而成，属于大型皮肉兼用兔。在我国饲养量较大，表现较好。

该品种由于人们不重视选育，加之营养水平跟不上，在一些地方表现出生长速度慢，体型变小，应引起注意。

（2）**外貌特征**　被毛白色，毛纤维比较粗长，眼睛红色，大而有神，头大小适中，耳大直立，四肢健壮，结构匀称。如图2-5。

图2-5　哈尔滨大白兔

（3）**生产性能**　早期生长发育速度快，仔兔初生重平均55.2克，30日龄断奶体重可达650～1 000克，90日龄达2.5千克，成年公兔体重5.5～6.0千克，母兔6.0～6.5千克。繁殖率高，平均窝产活仔数8只以上，21天泌乳力2 786.7克。产肉率高，屠宰率：

半净膛57.6%，全净膛53.5%。饲料转化率3.11：1。

52. 什么叫配套系？肉兔有哪些配套系？

要弄清配套系，需先清楚什么是专门化品系。专门化品系是指既有自己的生产特性，又具有良好的配合力，专门用于配套系配制父本或母本的纯种，可以是品种，也可以是品系。专门化品系是在配套系中承担特定（专门）任务的优秀畜群，不仅其自身有一定的优点，更重要的是与其他特定专门化品系具有最佳的配合效果（或杂交效果）。

配套系指以数组专门化品系（多为3或4个品系为一组）为亲本，通过杂交组合试验筛选出其中的一个组作为"最佳"杂交模式，再依此模式进行配套杂交所产生的商品兔。

目前国内引进的配套系有：齐卡配套系、伊拉配套系、伊普吕配套系、伊高乐配套系。

国内自己培育的有：康大肉兔配套系。

53. 齐卡配套系有什么特点？生产性能如何？

齐卡配套系是由德国育种专家培育出来的具有世界先进水平的专门化品系。我国在1986年由四川省畜牧科学研究院引进一套原种曾祖代，是我国乃至亚种引入的第一个肉兔配套系。

（1）**品系组建** 该配套系由3个品系组成（图2-6）：G系为齐卡巨型白兔，N系为齐卡新西兰白兔，Z系为齐卡白兔。配套模式是用G系公兔与N系母兔交配生产的GN公兔为父本，以Z系公兔与N系母兔交配得到的ZN母兔为母本，父母代交配后得到商

祖代　　　G（♂）×N（♀）　　Z（♂）×N（♀）
　　　　　　　　↓　　　　　　　　↓
父母代　　　GN（♂）　　×　　ZN（♀）
　　　　　　　　　　　↓
商品代　　　　　　GZN（♂♀）

图2-6　齐卡兔配套系生产模式

品代兔。

（2）**外貌特征** 齐卡巨型白兔（G系）全身被毛长、纯白，体型长大，头部粗壮，耳宽长，眼红色，背腰平直，臀部宽圆，前后躯发达。齐卡新西兰白兔（N系）全身被毛纯白，头粗短，耳宽、短，眼红色，背腰宽而平直，腹部紧凑有弹性，臀部宽圆，后躯发达，肌肉丰满。齐卡白兔（Z系）全身被毛纯白、密，头型、体躯清秀，耳宽、中等长，眼红色，背腰宽而平直，腹部紧凑有弹性，前后躯结构紧凑，四肢强健。

（3）**品系特征和生产性能**

①齐卡巨型白兔（G系）：主要特点是成年兔平均体重大、生长发育快、日增重高；不足之处是饲料消耗较大，对饲养管理的要求较高，成熟较晚，受胎率不高；年产4胎左右，主要用作杂交父本，提高杂交后代的生长速度。

②齐卡新西兰白兔（N系）：属于大型肉兔品种，具有早期生长快、繁殖力强，屠宰率高、成活率高等遗传特点。成年体重达到4.5千克左右，平均每胎产仔数6～8只，其体格大小和产仔数高于一般所见的新西兰白兔。齐卡新西兰白兔在齐卡肉兔配套系中是一个特殊而重要的群体，同时参与父系和母系的制种，杂交生产肉兔、商品兔。

③齐卡白兔（Z系）：杂交后合成的一个专门化品系，属于中型兔，抗病力强，体型相对清秀，性情活泼，适应性强，早期生长发育快、繁殖性能好，参与母系兔的育种。

（4）**适应性** 齐卡配套系生产成绩在国内领先，具有生长发育快、繁殖性能好、成活率及饲料转化率高等优点，但因受我国国情（小规模饲养和散养户居多）及生产水平的限制，按标准配套模式生产商品兔的推广应用不广，但在国内肉兔的杂交育种和品种改良及商品肉兔生产中做出了重大贡献，已成为我国肉兔生产最主要的地区——四川及其周边的重庆、云南和贵州主要的种兔来源。

54. 伊拉配套系有什么特点？生产性能如何？

（1）**品系组建**　伊拉兔，又称伊拉配套系肉兔。是法国欧洲兔业公司在20世纪70年代末培育成的杂交配套系，它是由九个原始品种经不同杂交组合选育筛选出的A、B、C、D四个系组成（图2-7），各系独具特点。A系除耳、鼻、肢端和尾是黑色外，全身白色；B系除耳、鼻、肢端和尾是黑色外，全身白色；C系、D系全身白色，眼睛粉红色，头圆而粗短，耳直立，臀部丰满，腰肋部肌肉发达，四肢粗壮有力。见图2-8。

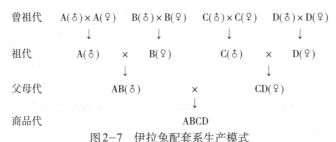

曾祖代　　A(♂)×A(♀)　　B(♂)×B(♀)　　C(♂)×C(♀)　　D(♂)×D(♀)
　　　　　　　↓　　　　　　　↓　　　　　　　↓　　　　　　　↓
祖代　　　　A(♂)　　×　　B(♀)　　　　C(♂)　　×　　D(♀)
　　　　　　　　　　↓　　　　　　　　　　　　　↓
父母代　　　　　　AB(♂)　　　　×　　　　CD(♀)
　　　　　　　　　　　　　　　↓
商品代　　　　　　　　　　ABCD

图2-7　伊拉兔配套系生产模式

伊拉A　　　　　伊拉B　　　　　伊拉C　　　　　伊拉D

图2-8　伊拉配套系四个系(重庆阿兴记提供)

（2）**品系特点**　伊拉配套系兔具有适应性和抗病力较强，性情温顺，易于饲养，早期生长发育快，饲料报酬高，屠宰率高的性能特点，是工厂化、规模化商品肉兔生产的理想品种。

（3）**生产性能**　在良好的饲养条件下，可年繁殖7～8胎，胎产仔数7～9只，初生个体重可达60克以上，28日龄断奶体重700克，70日龄体重可达2.5千克，成年商品兔平均重达4.5千克。肉料比为（2.7 ～ 3.0）：1。

该配套系一个最显著的特点是出肉率高，肉质鲜嫩，伊拉兔出肉率在58% ～ 60%，比一般肉兔的出肉率高8% ～ 10%。

55. 伊普吕配套系有什么特点? 生产性能如何?

伊普吕配套系是由法国克里默兄弟育种公司经过20多年的精心培育而成。该配套系是多品系杂交配套模式，共有8个专门化品系。

（1）主要组合及特点

①标准白：由PS19母本和PS39父本杂交而成（图2-9）。母本白色略带黑色耳边，性成熟期17周龄，胎均活仔9.8 ～ 10.5只，70日龄体重2.25 ～ 2.35千克；父本白色略带黑色耳边，性成熟期20周，胎均产活仔数7.6 ～ 7.8只，70日龄体重2.7 ～ 2.8千克，屠宰率58% ～ 59%；商品代白色略带黑色耳边，70日龄体重2.45 ～ 2.50千克，70日龄屠宰率57% ～ 58%。

标准白母兔（PS19）　　　　　　　标准白公兔（PS39）
图2-9　伊普吕标准白(河南济源阳光提供)

②巨型白：由PS19母本和PS59父本杂交而成。父本白色（图2-10），性成熟22周，胎均产活仔数8 ～ 8.2只，77天体重3 ～ 3.1千克，屠宰率59% ～ 60%；商品代：白色略带黑色耳边，77天体重2.8 ～ 2.9千克，屠宰率57% ～ 58%。标准黑眼：由PS19母本

和PS79父本杂交而成；父本灰毛黑眼，性成熟20周，胎产活仔7～7.5只，70天体重2.45～2.55千克，屠宰率57.5%～58.5%。

③巨型黑眼：由PS19母本和PS119父本杂交而成。父本麻色黑眼（图2-11），性成熟22周，胎产仔8～8.2只，77天体重2.9～3.0千克，屠宰率59%～60%。伊普吕配套系生长速度、繁殖力等方面表现优异。

图2-10 伊普吕巨型白父本（PS59）（河南济源阳光提供）

图2-11 伊普吕巨型黑眼父本（PS119）（河南济源阳光提供）

（2）生产性能 据资料介绍，该兔在法国良好的饲养条件下，平均年产仔8.7胎，胎均产仔9.2只，成活率95%，11周龄体重3.0～3.1千克，屠宰率57.5%～60%。

56. 伊高乐配套系有什么特点？生产性能如何？

（1）品系特点 伊高乐肉兔品种是法国欧洲伊高尔育种公司遗传育种专家经过多年努力精心培育而成的配套系肉兔品种。该品种由GPA、GPL、GPC、GPD四个不同的配套系组成，具有生长速度快、饲料转化率高、抗病力强、屠宰率高、繁殖性能强、产仔效率高等特点。

（2）生产性能 35日龄断奶平均体重为1千克，70日龄出栏平均体重为2.5千克，母兔窝产活仔数10只，乳头5～6对，有"超级奶兔"之称，断奶成活率和生长出栏率均可达95%以上，料肉比为2.8：1，屠宰率为59%，是迄今世界上最优秀的肉兔配套系之一。

57. 康大肉兔配套系有什么特点？生产性能如何？

康大肉兔配套系，分为康大1号肉兔配套系、康大2号肉兔配套系、康大3号肉兔配套系，属于肉用型配套系。是我国肉兔业首个以规模化、集约化生产和肉兔出口为背景，通过产学研结合培育的自主知识产权肉兔配套系。

（1）**品系特点** 康大肉兔配套系商品代，被毛白色，末端黑色，体质结实，四肢健壮，结构匀称，全身肌肉丰满，中后躯发育良好。

（2）**生产性能** 具有出色繁殖性能，父母代平均胎产仔数10.30～10.89只，产活仔数9.76～10.57只，情期受胎率80%以上，断奶成活率92%～95%。10周龄出栏体重2.4～2.6千克，12周出栏体重2.9～3.1千克，肉料比（3.2～3.4）：1，屠宰率53%～55%。

（3）**适应性** 康大肉兔配套系适应性、抗病抗逆性好，对饲料变换产生的应激反应较小，对饲料品质要求较低，生产中发病少，成活率高。

第二节 种兔选育

58. 为什么要选种？

选种就是选择种兔。种兔是指那些个体品质优良，而且又能把这些优良品质很好的遗传给后代的家兔，因此种兔能有效提高兔群的品质。

选种工作对育种是至关重要的，选种的关键是"准"和"早"。

"准"是指按育种目标，准确选出符合要求的种兔，"早"指及早的选出种兔。好的种兔对于后代的品质有着很大的影响，母兔与公兔的品质对于后代的影响都很重要。有些养殖场可能更加侧重对于种公兔的选择，而忽略了母兔的品质，其实这样的做法有着很大的误区。母兔的品质不佳，那么即使公兔的品质再优秀也不一定能够繁育出较好的后代。因此不管是公兔还是母兔，我们在选择时都需要注意。

59. 从哪几方面来选择种兔?

家兔选种主要在家兔生长速度、饲料消耗比、胴体重、屠宰率、胴体品质等方面考虑。

（1）**生长速度** 测定家兔的生长速度有两种方法。一种是累积生长，通常由屠宰前的体重表示，需注明屠宰日龄，以便比较。另一种是平均日增重，通常用断奶到屠宰期间的平均日增重来表示，生长速度一般是指4～10周龄的平均日增重。

（2）**饲料消耗比**（也叫肉料比） 指从断奶到屠宰前每增加1千克体重需要消耗的饲料数量（千克），具有饲养成本的含义。饲料消耗越少，经济效益越高。

（3）**胴体重** 胴体重分为全净膛重和半净膛重。全净膛重是指家兔屠宰后放血，除去头、皮、尾、前脚（腕关节以下）、后脚（跗关节以下）、内脏和腹脂后的胴体重量；半净膛重是在全净膛重的基础上保留心脏、肝脏、肾脏和腹脂的胴体重量。胴体的称重应在胴体尚未完全冷却之前进行，我国通常采用全净膛的胴体重。

（4）**屠宰率** 屠宰率是指胴体重占屠宰前活重的百分率。宰前活重是指宰前停食12小时以上的活重。屠宰率越高，经济效益越大。良好的肉用兔屠宰率在55%以上，胴体净肉率在82%以上，脂肪含量低于3%，后腿比例约占胴体的1/3。

（5）**胴体品质** 胴体品质主要通过两个性状来反映。一个性状是屠宰后24小时股二头肌的pH，pH越低，肉质越差；另一个性状是胴体脂肪含量，胴体脂肪含量越高，兔肉品质越差。

60. 怎样选择种公兔？

种公兔必须要求品种纯正，健康无病、生长发育好、体质健壮、性情活泼、睾丸发育良好、匀称，性欲强；反之，生长受阻、单睾、隐睾或行动迟钝、性欲不强者均不能留作种用。

（1）**体况** 选择公兔头型应该以粗大为主，挑选没有遗传病或其他疾病的兔子，身体也应该是粗大而强壮的，当然强壮不等于胖，不要挑选体型虚胖的兔子。

（2）**体能** 兔子的后肢应该发达，具有攻击性的那种最好，公兔的配种反应要非常好，拒绝迟钝的兔子。种兔的胆子不能太小，当然也不能是近乎愚蠢的那种大胆，要有一定的警惕性。

（3）**睾丸** 表皮不能太粗糙，睾丸小的产生精子数量少，睾丸软的产生的精子质量可能不是很好。在体重上公兔最好比母兔重一些，成年体重最好应该在4千克以上。胸腔要宽阔的公兔比较好。

61. 怎样选留种母兔？

（1）**选种要求** 选留种母兔一般以青年兔最好。应选择受胎率高、产仔多、泌乳力高、仔兔成活率高、母性好的母兔留作种用。

对种母兔选择重点选择其繁殖性能和母性。种母兔要求奶头数在8个以上，发育匀称；如果连续7次拒绝配种或连续空怀2～3次，连续4胎胎产活仔数均低于4只的母兔应淘汰。泌乳力不高、母性不好、甚至有食仔癖的母兔不能留作种用。

（2）**种母兔选择注意事项**

①观察健康：母兔的选择首先就是要无病，绝对没有流鼻液的情况，没有螨虫，有螨虫说明兔场潮湿，而潮湿的话，其他病原菌

就会多。眼睛里没有流眼屎，眼睛明亮而有神，不要那种无精打采的兔子。

尾巴的毛要干净，还可以用手轻轻捏肛门的两边，把粪便捏出来，看看粪便的状态，如果是有拉稀或者粪便有点不成型，最好就不要选择了。

②调查疫情：关注最近兔场里没有发生过疫情，如果发生过，则不建议留种。

③卫生状况：可以看看兔子的脚掌是不是很干净，如果不干净，有可能笼底板的卫生不好，或者说兔子经常跑出来笼外。从这点至少可以看出该场管理有没有漏洞。

④个体检查：可以用手摸摸兔子的腹部，看看有没有比较明显的块状物质，拒绝有不明物体的兔子，最重要的是阴道是否有分泌物流出。

62. 选种方法有哪些？

家兔的选种方法很多，但在实际生产中依据外形和生产性能的表型选择很重要，由于外形和生产性能人们能看得见、摸得着，选择效果易观察，操作方便。在实际生产中，常常是把对性状的选择融入到对个体的选择中，重点确定 1～3 个性状作为选种目标，通过对个体或群体的选留来达到选种的目的。

优良种兔不仅要求其自身优良的表现，而且还要有较高的遗传力。选种方法多种多样，不同性状适用不同的选种方法，用不同的标准和方法选种效果各异。对家兔进行表型选择时，选择的对象如果是性状，性状选择又分为单性状选择和多性状选择。选择的对象如果是家兔个体或群体，选择又分为个体选择、家系选择、家系内选择、系谱选择、同胞选择和后裔选择等。

（1）**个体选择**　就是根据家兔的外形和生产成绩而选留种兔的一种方法。这种选择对质量性状的选择最为有效，对数量性状的选择其可靠性受遗传力大小的影响较大，遗传力越高的性状，选择效果越准确。选择时不考虑窝别,在大群中按性状的优势或高低排队,确定选留个体,这种方法主要用于单性状的性能测定,按某一性状的表型值与群体中同一性状的均值之间的比值大小(性状比)进行排队,比值大的个体就是选留对象。如果选择2～3个性状,则要将这些性状按照遗传力大小、经济重要性等确定一个综合指数,按照指数的大小对所选的种兔进行排队,指数越高的家兔其种用价值越高,高指数的个体就是选留对象。

(2)**家系选择** 就是以整个家系(包括全同胞家系和半同胞家系)作为一个选择单位,根据家系某种生产性能平均值的高低来进行选择。利用这种方法选种时,个体生产水平的高低,除对家系生产性能的平均值有贡献外,不起其他作用,这种方法选留的是一个整体,均值高的家系就是选留对象,那些存在于均值不高的家系中而生产性能较高的个体并不是选留的对象。家系选择多用于遗传力低,受环境影响较大的性状。对于遗传力较低的繁殖性状,如窝产仔数、产活仔数、初生窝重等采用这种方法选择效果较好。

(3)**家系内选择** 就是根据个体表型值与家系均值离差的大小进行选择,从每个家系选留表型值较高的个体留种,也就是每个家系都是选种时关注的对象,但关注的不是家系的全部,而是每个家系内表型值较高的个体,将每个家系挑选最好的个体留种就能获得较好的选择效果。这种选择方法最适合家系成员间表型相关很大而遗传力又低的性状。

(4)**系谱选择** 系谱是记录一只种兔的父母及其各祖先情况的一种系统资料,完整的系谱一般应包括个体的两三代祖先,记载每个祖先的编号、名称、生产成绩、外貌评分以及有无遗传性疾病、外貌缺陷等。根据祖先的成绩来确定当代种兔是否选留的一种方法就是系谱选择,也称系谱鉴定。

系谱一般有3种形式,即竖式系谱、横式系谱和结构式系谱。系谱选择多用于对幼兔和公兔的选择,根据遗传规律,以父母代对子代的影响最大，其次是祖代，再其次是曾祖代。祖代越远对后代的影响越小，通常只比较2～3代就可以了，以比较父母代的资料为最重要。利用这种方法选种时，通常需要两只以上种兔的系谱对比观察，选优良者做种用。

（5）**同胞选择** 就是通过半同胞或全同胞测定，对比半同胞或全同胞或半同胞—全同胞混合家系的成绩，来确定选留种兔的一种选择方法，同胞选择也叫同胞测定。同胞选择是家系选择的一种变化形式，两者不同的是家系选择选留的是整个家系，中选个体的度量值包括在家系均值中，而同胞选择是根据同胞平均成绩选留，中选的个体并不参与同胞均值的计算，有时所选的个体本身甚至没有度量值（如限性性状）。

从选择的效果来看，当家系很大时，两种选择效果几乎相等。由于同胞资料获得较早，根据同胞资料可以达到早期选种的目的，对于繁殖力、泌乳力等公兔不能表现的性状，以及屠宰率、胴体品质等不能活体度量的性状，同胞选择更具有重要意义。对于遗传力低的限性性状，在个体选择的基础上，再结合同胞选择，可以提高选种的准确性。

（6）**后裔选择** 是根据同胞、半同胞或混合家系的成绩选择上一代公母兔的一种选种方法，它是通过对比个体子女的平均表型值的大小从而确定该个体是否选留，这种方法也称为后裔鉴定，常用的方法有母女比较法、公兔指数法、不同后代间比较法和同期同龄女儿比较法。

后裔选择依据的是后代的表现，因而被认为是最可靠的选种方法，但是这种方法所需的时间较长，人力和物力耗费也较大，有时因条件所限，只有少数个体参加后裔鉴定；同时当取得后裔测定结果时，种兔的年龄已大，优秀个体得不到及早利用，延长了世代间隔，因此常用于公兔的选择。后裔选择时应注意同一公兔选配的母兔尽可能相同，饲养条件尽可能一致，母兔产子时间尽可能安排在同一季节，以消除季节差异。

63. 什么叫选配？选配的方式有哪些？

选配就是有意识、有计划地决定公母兔的配对，以达到培育和利用优良品种的目的。选配方式有表型选配（分为同型选配、异型选配）和亲缘选配。

（1）同型选配 性能一致、性状相同的种公母兔之间的选配称同型选配。同型选配增加后代遗传性的同质性，使选育的性状不发生变异，能稳定地传递给后代。同型选配还有增加种群中相同类型数量的作用。

（2）异型选配

①综合优点的并型选配：用具有不同优点的公母兔进行交配，可以获得兼备双亲优点的后代。浙江省的一些地区，用耳毛丰盛但头毛较差的全耳毛兔，与江苏省的头毛丰盛但耳毛较差的全耳毛兔交配，获得了耳毛好、头毛丰盛、生命力强，兼备双亲优点的仔兔。

②以优改劣的异型选配：用高产优质的个体与低产个体交配，以期达到改造低品种、提高后代生产水平的目的。

（3）亲缘选配 相互有亲缘关系的种兔之间的选配称为近亲选配或亲缘选配。

64. 什么叫近交？近交的主要作用有哪些？

一般把交配双方到共同祖先的世代数在6代以内的种兔交配，称为近亲交配，简称近交。

近交的主要作用有：固定优良性状，揭露有害基因，保持优良血统，提高兔群同质性。

近交一般只限于培育新品种或新品系包括（近交系），商品场和繁殖场应尽量避免采用近交。近交只是一种特殊的育种手段，而不应作为育种或生产中的经常性措施。

65. 什么叫杂交？杂交的方式有哪些？

杂交是指不同品种或品系间，通过不同基因型个体之间的交配而取得某些双亲基因重新组合成个体的方法，产生的后代我们称之为杂种。

杂种优势利用中常用的杂交方式有简单经济杂交、三元杂交、轮回杂交、级进杂交、引入杂交、育成杂交、顶交和生产性双杂交。

66. 什么是纯种繁育？

纯种繁育是指在同一家兔品种范围内，通过选种选配、品系繁育、改善培育条件等措施，提高种兔群生产性能的一种方法。其目的在于保持和发展一个种群的优良特性，达到保持种群纯度和提高整个种群质量的目的。

在纯种繁育的过程中，可按品质将兔群分为三类：

①核心群：由整个兔群中个体品质最好、遗传性能优良的种兔所组成。如果兔群很大，在选择种兔时选择的机会就多，兔群中还必须保持一定数量的彼此亲缘关系较远的种公兔，以免发生不必要的近交。

②生产群：凡是经过鉴定后，合格的兔子都进入生产群，一般来讲，它们的后代大都供应繁殖兔场或商品兔场，如果发现有个体性能特别优良的后代，也可以留作后备种兔。

③淘汰群：鉴定为品质差的兔，一律分入淘汰群，这些兔子没有育种价值，可以转入商品兔场。

67. 繁殖性能测定主要指标有哪些？

在生产不同阶段，强调不同的繁殖能力，因此衡量兔繁殖性能的指标不尽相同。一般常用的指标有：

（1）**受胎率** 指一个发情期、或一个批次、或一定时期内母兔配种后12天妊检时判定为妊娠的母兔数占参加配种母兔数的百分率，即受胎率＝（母兔配种后12天妊检时判定为妊娠的母兔数/参加配种母兔数）×100%。

（2）**产仔率** 指一个发情期、或一个批次、或一定时期内母兔配种后最终产仔的母兔数占参与配种的母兔数的百分率，即产仔率＝（母兔配种后最终产仔的母兔数/参加配种母兔数）×100%。

（3）**胎产仔数** 指一只母兔一次分娩的产仔总数（包括死胎、畸胎）。性能测定或品种鉴定时一般以前三胎的平均数为准。

（4）**胎产活仔数** 指一只母兔一次分娩24小时后仍然存活的仔数。种母兔的产活仔数生产成绩以第一胎之外的连续三胎的平均数计算。

（5）**断奶成活率** 指断奶时，一窝仔兔中实际存活的仔兔数占这窝仔兔出生时中总活仔数的比率，即断奶成活率＝断奶时存活的仔兔数/窝产活仔数×100%。

日常表述常用到的正常繁殖力指标，指在正常的饲养管理和环境条件下的繁殖机能所表现出的繁殖力。如一般1年可繁殖4～5胎，每胎产仔6～9只，繁殖年限2～3年。现代工厂化"全进全出"生产，1年可繁殖6～8胎，但母兔只能使用1～2年。受胎率因季节而异，春季受胎率达80%以上，夏季受胎率为50%～60%。

68. 与种兔性能有关的体重测定关键点有哪些?

种兔所产仔兔的体重测定应在早晨空腹测定，称取初生窝重、21日龄窝重、断奶重（包括断奶个体重和断奶窝重）、70日龄重、3月龄重。3月龄后每月称重1次，1周岁后每年称重1次。体重测定中几个关键点是：

（1）**初生窝重** 母兔产后12小时内所有活仔的总重。

（2）**泌乳力** 母兔产后3周龄（21日龄）所带仔兔的窝重。包括该母兔代养的仔兔。

（3）**仔兔断奶重** 断奶时仔兔的个体重和窝重。

69. 种兔体尺测定指标有哪些?

测定3月龄、初配和成年兔的体尺,以厘米(cm)为单位。测定时兔应自然蹲伏,头部平抬。

(1)**体长** 鼻端到坐骨端的水平直线距离。

(2)**背长** 头部枕骨大孔至尾根的自然长度。

(3)**胸围** 肩胛后缘绕胸部一周的长度。

(4)**头长** 顶顶部至两鼻孔下角的长度。

(5)**头宽** 两眼窝外角突起之间的宽度。

(6)**额长** 顶顶至两眼内角的长度。

(7)**耳长** 耳根至耳尖部的长度。

(8)**胸深** 肩胛骨最高处至胸下缘的距离。

70. 什么是选择育种?

选择育种是以一个固有品种内存在的变异为基础,通过选择和交配制度的控制,创造新的基因型,最终育成新品种。选择育种的优点在于简便、易行,其特点及要领如下:

①选择育种的材料来自一个固有品种内存在的变异。

②要有相当大的群体规模和较大的变异,一般应该用原品种中的优秀个体来组建基础群,所组建的基础群内应该包括育种目标和所有有利性状。

③及时发现和利用有利的变异。

④为选择性状的正常发育创造适当的培育条件。

71. 什么是杂交育种法?

杂交育种是指用两个或更多的家兔品种群体相互杂交,创建新的变异类型,并且通过育种手段将这种变异类型固定下来的一种育种方法。其原理是不同的品种具有各自的遗传基础,通过杂交、基因重组,可将各亲本的优良基因集中在一起,同时由于基因的互相作用可能产生超越亲本品种性状的优良个体，并且通过选种、选配和培育等育种方法可使有利基因得到相对的纯合，从而使他们具有相当稳定的遗传能力。杂交繁育可分为三个阶段：杂交阶段、自群繁育阶段、建立品种整体结构和扩群推广阶段。

72. 什么是诱变育种法?

诱变育种是用人工的方法诱使生物的生殖细胞或受精卵等发生变异，并通过育种技术将这一变异固定下来，从而培育出一个新品种。诱变育种的要领：首先掌握人工诱变的条件及规律，如X射线、β射线、γ射线等物理因素以及氨、酚、甲醛和过氧化物等化学因素；通过人工诱变，及时发现有利变异，并充分利用这些变异。诱变育种是一项较新的育种手段，目前在植物育种方面已经开始涉及，但在动物育种上还未提到议程上来。

73. 什么是转基因动物育种法?

转基因动物育种就是将有关优良基因转入受精卵中，再将带有转基因的胚胎移植到另一头同期发情的雌性动物子宫内，产出优良的转基因动物，在通过常规的选种、选配可望育成带有优良基因的新品种。转基因动物育种主要技术是基因重组技术结合体外受精、胚胎移植等，可使人类根据自己的意愿设计出各种改良动物的蓝图。一旦上述设想实现，将会使动物育种产生质的飞跃。

74. 新品系培育有哪些方法?

新品系培育的方法主要有系祖建系法、近交建系法、群体继代选育法和配套品系选育法。

（1）**系祖建系法**　它是以一只优秀种兔为中心繁殖起来的一群种兔。当育种者发现一只理想的种兔时，为了扩大繁殖，就可以围绕这个优秀种兔用近亲繁殖方式大量配种繁殖后代，使之形成一个与该种兔具有相同或相似优点的优秀兔群，使原来只为个别种兔所具有的优良性能变成整个兔群共同的优点。

（2）**近交建系法** 近交系的特点是近交程度较高，群体较小，品系育成快，纯度高。缺点是生活力差，抗病力较弱，系群寿命不长，培育的成本费用较高。

（3）**群体继代选育法** 群体继代选育，简称群系。随着近代遗传学的理论与技术的发展，出现了以性状为单位，以群体为对象的品系繁育。培育一个兼备各方面优点的兔群比培育一个兼备各方面优点的个体容易得多。群体品系培育的特点是不以某一个体为中心，而是以群体为对象。

（4）**配套品系选育法** 把需要选育的几个性状，分为几个组群，每个系群都有自己的单一性状的主攻方向，集中力量选育一个性状，可以在短期内收到较快的遗传改进效果。

75. 怎样组建配套系?

配套系指以数组专门化品系（多为3或4个品系为一组）为亲本，通过杂交组合试验筛选出其中的一个组作为"最佳"杂交模式，再依此模式进行配套杂交所产生的商品畜禽。

配套系的培育方法，一般包括以下四个步骤：

（1）**育种素材的收集和评估** 对已有品种进行搜集和保存，建立育种素材群，按照选育目标进行性能观测和评估。育种素材的保存方法类似于遗传资源保存法，尽可能防止某些优良基因的丢失。伊拉兔配套系是由9个原始品种经过杂交组合筛选，最后确定为含有4个系的配套系。

（2）**专门化品系的培育** 从育种素材群中选出合适的种质资源，采用合适的方法培育出若干个各具特长的专门化父系和母系。

（3）**开展杂交组合筛选** 开展杂交组合试验是在相对一致的条件下选择专门化品系的最佳组合和最佳杂交模式的过程。

（4）**配套杂交制种** 筛选出"最佳"杂交模式后，可按此模式开展配套杂交工作，依代次组装、制种，将配套系推向市场。

76. 配套系生产利用应注意的问题有哪些?

配套系生产利用应注意以下问题:

（1）**固定模式供种和推广** 参与配套系的杂交模式经试验筛选应该是"最佳"模式,在生产中不能随意改变各个系在杂交体系中的位置,也不能随便增加或减少一个系而随意生产。

（2）**商品代不能做种用** 商品代具有高而稳定的杂种优势、最强的性状互补能力和稳定的经济技术指标,不能用商品代公母兔进行繁殖再用于商品代生产,也不能用商品兔与某一个亲本系进行回交以改良亲本,否则后代性状分离严重,杂种优势迅速下降。

（3）**不同经济用途的家兔不能配套** 目前家兔配套系主要用于肉兔生产,在长毛兔和獭兔中还没有培育出相应的配套系,长毛兔和獭兔不能参与肉兔配套系的生产。

77. 家兔新品种审定鉴定的条件是什么?

家兔培育的新品种为审定,原有的家兔遗传资源为鉴定。审定鉴定条件为:

（1）**血统来源基本相同**

①地方品种:长期分布于相对隔离区域,未与其他品种杂交。

②培育品种:初始品种明确,有明确选育方案,必须经过至少4个世代的连续选育,核心群至少有4个世代的系谱纪录。

（2）**体型、外貌特征一致** 兔子的体型、外貌特征相对一致,无明显遗传缺陷。对毛色、毛型、眼球颜色、体型、头型、耳型、成年体重和体尺（体长、胸围）等基本特征进行准确的描述,对特殊的外貌特征部分作详细的描述。

（3）**生产性能有特点,遗传稳定** 申报的兔子品种生产性能有一定特点,并保持一定的整齐度（变异系数应在15%以下）,遗传稳定。

①肉兔:母兔胎产仔数（前3胎平均）,3周龄窝重,母兔年产活仔数,母兔年育成断奶仔兔数,4周龄断奶体重,10周龄体重,

断奶至10周龄成活率，断奶至10周龄料重比，屠宰率（全净膛），肉品质，10月龄成年兔体重等。

②长毛兔：母兔胎产仔数（前3胎平均），3周龄窝重，4周龄体重，8周龄剪毛量，公母兔年产毛量（以17～30周龄共13周养毛期一次剪毛量乘以4估测），产毛率，料毛比，粗毛率，松毛率，兔毛品质（长度、细度、强度、伸度），10月龄公、母兔体重等。

③獭兔：母兔胎产仔数（前3胎平均），3周龄窝重，4周龄体重，13周龄体重，1周岁体重及体尺（体长、胸围），22周龄成活率，被毛品质（被毛密度、绒毛长度、枪毛长度、枪毛比例），10月龄公、母体重等。

（4）品种数量要求

①地方品种：种群不少于3 000只。

②培育品种：种群不少于2 000只，核心群母兔不少于350只，生产群母兔不少于3 000只。

（5）**性状突出**　经中间试验增产效果明显或品质、繁殖力和抗病了等方面有一项或多项突出性状。

（6）**质量监测**　提供具有法定资质的畜禽质量检验机构最近两年内出具的监测结果。

（7）**健康**　健康水平符合有关规定。

78. 配套系审定条件是什么?

①至少具有3个专门化品系，每系基础母兔不少于150只，明确其性能特点及用途（用作父系或母系）。

②明确其杂交配套模式。

③提供父母代及商品代生产性能测定结果，并具有显著特点。

④健康水平符合有关规定。

79. 开展肉兔经济杂交的主要措施有哪些?

（1）**亲本兔群的选优和提纯**　要成功地开展杂交工作，获得良好的杂交效益，对杂交亲本兔群的选优和提纯，是杂种优势利用的两个最基本的环节。只有亲本带有优质高产的遗传基因，显性效应和上位效应明显，杂种才有可能显示出杂种优势。

（2）杂交亲本的选择

①对母本的选择：宜选择本地区分布最广、数量最多、适应性强的品种作母本；选择繁殖力强、母性好、产仔多的品种或品系作母本。因为幼兔在胚胎期和哺乳期的生长发育营养来源都必须依赖母体，母本品质的优劣直接影响杂交后代的成活与生长发育。

②对父本的选择：用作杂交父本的种兔，宜选用生长速度快、饲料利用率高、胴体品质好的品种或品系作父本，选择与所要求的杂种类型相同的品种作父本。

（3）杂交效果的预估　不同杂交组合的杂交效果差异比较大，如果每个组合都要通过杂交实验，测定配合力的工作量必然很大，费时费钱。在做配合力测定之前，可以预先根据品种来源和品种的生产性能做初步的预估和分析，那些明显希望不大的组合可以不必做杂交试验。

①分布地区较远、来源差别较大、类型特征不同的个体间杂交，获得较明显的杂种优势。

②长期自群繁育与外界隔离的，或长期闭锁繁育的兔群基因型较纯，同其他种群之间的基因频率差异较大，杂交后代可以表现出明显的杂种优势。

③性状遗传力较低、近交时衰退严重的性状，杂交时杂种优势比较明显。

（4）配合力测定　用分析法判断品种之间的杂种优势，有时不能作出正确的判断，甚至能出现错误的判断，这时最好用杂交试验测定配合力。

配合力测定的注意事项：

①应当有杂交试验的设计：试验中应突出主要性状的测定，各组合应当在同一时期相同的营养水平条件下实施测定。

②应当设纯繁组作对照：对照组与杂种组的营养水平和饲养管理条件也应保持—致尽量减少环境误差。

③在条件许可的情况下，各组合的样本含量尽可能大一些，以便增加测定的可靠性。

第三节 肉兔繁殖技术

80. 家兔有哪些繁殖特点？

兔的繁殖过程与其他家畜相似，但也有其独特的特性。

（1）**繁殖力强** 家兔性成熟早，妊娠期短，窝产仔数多，产后可发情配种，一年四季均可繁殖，是目前家养哺乳动物中繁殖力最高的。兔妊娠期为30天，在集约化生产条件下，每只母兔可年产8～9窝，每窝成活6～7只，一年可育成50～60只兔。

（2）**刺激性排卵** 家兔卵巢内发育成熟的卵泡，必须经过交配刺激的诱导之后，才能排出。一般排卵的时间多在交配后10～12小时，若在发情期内未进行交配，母兔就不排卵，其成熟的卵泡就会老化衰退，经10～16小时逐渐被吸收。现代家兔集约化生产，采用人工授精技术，母兔的诱导排卵是注射促排激素。

（3）**发情周期无规律性** 母兔发情周期不固定，发情无季节性，产后即刻发情，断乳后普遍发情。没有排卵的诱导刺激，母兔就不会有规律性的发情周期。

（4）**假妊娠** 母兔经诱导刺激排卵后可能并没有受精，但形成的黄体开始分泌孕酮，刺激生殖系统的其他部分，使乳腺激活，子宫增大，类似妊娠但没有胎儿，此种现象称为假妊娠，假妊娠的比率高是家兔生殖生理方面的一个重要特点。假妊娠的持续时间为16～18天，假妊娠过后立即配种极易受胎。

（5）**双子宫** 母兔有两个完全分离的子宫，两个子宫有各自的子宫颈，共同开口于阴道后部，而且无子宫角和子宫体之分。

独立双子宫的意义在于当一侧卵巢、输卵管或子宫出现障碍，不会影响另一侧的功能，母兔照样繁殖。

81. 什么叫性成熟？何时为适宜初配时间？

（1）**性成熟** 幼兔生长发育到一定时期，公、母兔分别能产生成熟的精子、卵子及相应的性激素，并表现出发情特征，交配后能受孕繁殖后代时，就称为性成熟。达到性成熟的月龄因品种、性别、个体、营养水平、遗传因素等不同而有差异。一般小型兔3～4月龄，中型兔4～5月龄，大型兔5～6月龄达到性成熟。

（2）**适宜初配期** 家兔达到性成熟，不宜立即配种，因为此时兔体各部位器官仍处于发育阶段，其体重只相当于成年体重的60%左右，未达到体成熟。如过早配种繁殖，不仅影响自身的发育，造成早衰，而且受胎率低，所产仔兔弱小，死亡率高。当然，初配月龄也不宜过大，尤其是公兔，公兔性欲减退，丧失种用价值，过迟配种会减少种母兔的终身产仔数。

在较好的饲养管理条件下，适宜的初配月龄为：小型品种4～5月龄，中型品种5～6月龄，大型品种7～8月龄。在生产中也可以以体重来确定初配时间，即达到该品种成年体重的80%左右时初配。

82. 怎样确定母兔发情？

母兔性成熟后，卵巢中的卵泡迅速发育，由于卵泡内膜产生的雌激素作用于大脑的性活动中枢，导致母兔出现周期性的性活动（兴奋）表现，称为发情。母兔的发情不像其他动物（如牛、山羊、猪、狗和猫等）那样行为明显。没有经验的饲养者，往往不能及时发现母兔发情，而错过配种时机。其实，只要仔细观察，就可以作出母兔发情的正确断定。

（1）**母兔发情表现** 母兔发情时，兴奋不安，在笼内来回跑动，不时用后脚拍打笼底板，发出声响以示求偶。有的母兔食欲下降，常在料槽或其他用具上摩擦下颌，俗称"闹圈"。爬跨同笼的母兔，甚至爬跨自己的小兔，愿意接近公兔。此时将母兔取出，右手抓住母兔的两耳和颈部皮肤，左手托其臀部，使之腹部向上，食指和中指夹住母兔的尾根，往外翻，拇指按压母兔的外阴，使之外阴黏膜充分暴露，观察其颜色、肿胀程度和湿润情况。休情期黏膜苍白、萎缩、干燥；发情初期粉红色、肿胀、湿润；发情中期黏膜大红色、极度肿胀和湿润；发情后期黏膜呈黑紫色，肿胀逐渐减退，并变得干燥。发情中期，配种受胎率和产仔数都高。

（2）**发情周期**　兔子具有刺激性排卵的特点，其发情不像其他家畜有准确的周期性。兔子发情周期变化范围较大，一般为7～15天，发情持续期一般为3～5天。最适宜的配种时间为阴部大红时，正如谚语所说："粉红早、紫红迟、大红正当时"。如果母兔外阴黏膜没有明显的红肿现象，则在阴部含水量多，特别湿润时配种适宜。

83. 配种有哪几种方法？

家兔的配种方法，主要有3种，即自然配种、人工辅助配种和人工授精。

（1）**自然配种**　自然交配法，将公、母兔按一定比例混养在一起，任其自然交配。自然交配具有配种及时，防止漏配，节省人力等优点。

自然交配的缺点：①公兔频繁追逐母兔，体力消耗大，配种次数多，精液质量降低，受胎与产仔率低，公兔利用年限短，不能充分发挥优良种公兔的作用。②无法进行系统的选种选育，容易近亲繁殖，品种退化，兔群品质下降。③公兔间易因争配同一发情母兔而发生争斗，致伤致残。④不利于控制疾病传播。

（2）**人工辅助配种**　是指部分发情母兔不愿自动抬尾接受公兔的爬跨和交配(拒配)时，用人工协助其抬尾，强制性辅助母兔迎合公兔爬跨，直至完成交配过程，称为人工辅助配种。这种方法仍属于本交，但公、母兔分笼饲养。

①人工辅助交配的特点：根据生产计划，在配种前全面检查种兔群健康状况，凡患疥癣、梅毒及其他疾病的种兔，严格隔离治疗淘汰。做好选配计划，有计划的使用优良种公兔，可避免近亲交配和乱配，有利于兔群品质的提高；有利于种兔的使用强度，延长使用年限；有利于防止疾病的传播。采用人工辅助配种，可提高初配母兔，母性不强的母兔情期受胎率，提高兔群繁殖效率。

②人工辅助配种的具体方法：将发情母兔捉到公兔笼中，配种前最好把公兔笼中食槽等用具取出，配种最好选择一天的清晨或傍晚。当公兔接触后，双方互相嗅闻，然后公兔开始追逐母兔并爬跨母兔做交配动作。如母兔正处于发情期，则趴下等待公兔的爬跨，公兔做交配动作时即举尾抬臀迎合交配。当公兔阴茎插入母兔阴道后，公兔臀部屈弓迅速射精，公兔伴随射精动作发出"咕咕"的叫声，随后后肢蜷缩，从母兔背部滑落，倒向一侧。数秒钟后，公兔站起，再三顿足，说明交配成功，可将母兔送回原笼。公兔追逐母兔，而母兔逃避或匍匐在地，并用尾部紧掩外阴部。此时，公兔用嘴咬扯母兔的颈毛，耳朵或伏在母兔头部，频频用生殖器在母兔头部作交配动作，进行摩擦调情，而母兔仍不接受交配，这时应根据情况处理，一般应将母兔取走，让其他公兔交配或改日再配。

工厂化养兔为方便于管理，应采取集中配种，为了在相对较短时间内完成配种任务，除了使用药物诱导母兔发情外，还可以利用母兔刺激性排卵的繁殖特点，强行将母兔捉住，让公兔交配，配种人员用一手抓住发情母兔的双耳和颈皮稳定母兔，另一只手伸向母兔胯下抬起其臀部，用中指拨开尾巴露出阴门，食指和拇指把住阴户，迎着公兔阴茎送入公兔胯下，直接感到公兔阴茎插入母兔阴道，待完成交配后将母兔送回原笼。为便于操作，可先用细绳拴住母兔尾巴，沿背颈线拉向头颈处，再将母兔臀部抬起送入公兔胯下完成配种工作。

如果母兔发情不接受交配，但又应该配种时，可以采取强制辅助配种；即配种员用一手抓住母兔耳朵和颈皮固定母兔，另一只手伸向母兔腹下，举起臀部，以食指和中指固定尾巴，露出阴门，让公兔爬胯交配。或者用一细绳拴住母兔尾巴，沿背颈线拉向头的前方，一手抓住细绳和兔的颈皮，另一只手从母兔腹下稍稍托起臀部固定，帮助抬尾迎接公兔交配。

（3）**人工授精**　人工授精是指使用特制的采精器将优秀种公兔的精液采集出来，经过精液品质检查评定合格后，再用稀释液按一定比例稀释处理，借助输精枪将定量稀释精液输入发情母兔生殖道，以代替自然交配和人工辅助交配，从而使母兔受精的一种方式。

84. 人工辅助交配应注意哪些问题？

（1）**放对**　公，母兔放对时，必须将母兔拿到公兔笼中，否则容易发生母兔拒配时反过来攻击公兔，或者公兔因对环境陌生迟迟不配母兔的现象。

（2）**催情**　公、母放对前，最好对母兔进行催情处理。因为母兔发情同期和发情表现并不是特别明显，在工厂化养兔中大多又要求在同一相对集中的时期内为母兔配种，以使母兔相对同期产仔，便于管理。在这种情况下，很有可能好多母兔并不处于发情期，放对后难以交配成功，可进行催情处理。催情办法有：

①拍阴催情：放对前由助手保定母兔，操作者用左手提起母兔尾巴，右手以较快频率轻轻拍击阴部，到母兔抬臀举尾时放入公兔笼中。

②按摩催情：放对前由助手保定母兔，操作者用手顺毛抚摸母兔被毛和腹部毛，使其安静，然后可在外阴部摩擦1～2分钟，母兔外阴部出现潮红的发情征兆时，放入公兔笼中。碘酊催情，用2%碘酊涂在母兔外阴部，可刺激发情，30～60分钟后放对交配。

（3）**交配时间**　每次放对交配时间不宜超过5分钟，母兔在5

分钟内拒配时，应捉走，防止徒耗公兔精力。

（4）**观察交配成功与否** 每次放对时应该仔细观察是否交配成功，防止公兔排空。公兔只有交配动作，最后没有后躯蜷缩，并伴随"咕咕"叫声的交配特征，而是前肢缓慢从母兔背上滑下并喘气，表明并未交配成功。

（5）**交配后管理** 母兔交配后让其安静休息，以便于精子与卵子结合受孕。

85. 人工授精有什么优点？

人工授精技术是迄今为止肉兔繁殖、品种改良最经济、最科学的一种方法，受胎率可达80%左右，适用于规模化养殖模式，与同期发情技术一起使用，大大提高了兔业的生产效率。

（1）**节约成本** 人工授精技术推广可以减少公兔饲养数量80%，节约的其他饲养费用和种兔本身的成本，可以最大限度利用优良种公兔。本交时一只公兔只能负担8～10只母兔的配种任务，人工授精时，采集的公兔精液稀释后给母兔输精，受配母兔数量可以扩大10～20倍，这样可以发挥优良种公兔的作用。

（2）**提高母兔的受胎率和产子数** 人工授精采集的精液要进行品质鉴定，符合要求的精液方可用于输精，保证了精液质量，从而提高了母兔的受胎率和产仔数。

（3）**预防疾病** 实行人工授精能够实现公母兔的隔离和配种隔离，可以防止生殖器疾病和其他疾病的传播。

（4）**加速品种改良** 实行人工授精技术，能最大限度地发挥优良种公兔的利用价值，提高种公兔的配种效能，加快兔群的遗传改良，精液冷藏保存后可以实行异地配种，有利于良种的推广。

86. 采精前准备工作有哪些？

（1）**公兔饲养管理** 人工授精的公兔选择非常重要，选择性能优良公兔是授精的根本，选择时依据它本身性能、体质、精液品质、体况、同一家系基因优胜劣汰的方式进行选择。

在公兔正式使用前30～37天需要进行训练，以此来提高公兔性欲与熟练人工采精方法的适应性。在训练过程中还可将那些无爬跨欲、性欲不强的公兔记录下来，单独调教或淘汰，训练周期、时间可与配种周期一致。为提供高质量精液，则需要将所使用公兔1周前进行一次精液采集，精液不予生产使用。

（2）仪器和设备清单　人工授精实验室应配备相应的仪器和设备，见表2-1。

表2-1　家兔人工授精仪器和设备清单

仪器名称	规格	数量	作用
干燥箱	台/最高加热150℃	1	采精器加热、消毒
水浴锅	台/加热温度35℃	1	稀释液加热
冰箱	台	1	保存稀释液、激素
显微镜	台	1	精液检测
加热板	台/35℃	1	精子检测时预热
恒温箱	台/17℃	1	保存稀释后精子
空调	台	1	化验室环境温度保持
电脑	台/联想	1	数据整理、纪录等

（3）采精准备　采精所需的物品、设备在使用前就要准备完整，有些设备、物品需要提前准备。

①仪器设备准备：将使用的设备（干燥箱、水浴锅、稀释液加热等）在采精前3小时按照要求温度设定、打开。

②采精器准备：采精器由内胎、外壳、充气口三部分组成（图2-12）；制作方法是将内胎与外壳放入水中让其夹层内注满清水，利用内胎的弹性将清水保存在其中，然后用蒸馏水冲洗采精器，检查有无破损，放到干燥箱内与保温袋进行保温，温度保持在42～54℃。

图2-12 采精器

③稀释液配制：利用促黄体素释放激素A3，促进母兔同期排卵，可以配制成激素稀释液，稀释倍数为1∶50倍稀释，稀释液可用无菌注射蒸馏水。按照需要人工授精的母兔数量（每只0.5毫升）准备稀释液数量，装好后放到冰箱6～8℃保存。

④采精车：最好准备好一辆采精车、两个便携式保温箱、采精记录表。

87. 怎样采集精液？

公兔初次采精最好用健康发情的母兔作为台兔，用母兔作台兔时，用左手抓握母兔双耳及颈皮，头朝向操作者保定，右手握住采精器，小指和无名指护住集精杯，伸向兔两腿之间，使采精器贴在阴门下部，并稍微用力托起母兔臀部，当公兔爬跨，阴茎挺起时，及时调整好采精器的方向和位置，使公兔阴茎顺利插入采精器，公兔臀部快速抽动，当公兔突然向前一挺并尖叫时，蜷缩在地或倒向一侧，有时发出"咕"的一声尖叫，表示射精完毕，然后将集精杯精液送入化验室进行镜检。公兔经用发情母兔进行采精训练之后，用台兔即能引起公兔的性欲而进行顺利采精（图2-13）。

图2-13 采集精液

88.精液品质如何鉴定?

（1）**外观检查** 正常公兔的精液呈乳白色，具有特殊的腥味。混入尿液的色黄有臭味，生殖器有炎症的带血红色，清水样的为无精子。兔子的精量很少，一般在0.2～2毫升之间，平均为0.8毫升。眼观污染精液可直接丢弃不用，重新采集。

（2）**显微镜检查** 对精子的活力、密度、质量进一步评定，首先将精液号和剂量记录在表格上，将精液内精清挑出后才能记录剂量，然后镜检用吸管取适量精液放在载玻片上，打开显微镜调至10/0.25倍镜头进行检测（温度低情况下也可以将精液放到加热板上面进行预热1分钟后检测），来更好的观察精子动态。

根据镜检结果对精子进行分值评估，评估根据精液活力以记录分值来判定，精液评分可列表。见表2-2。

表2-2 精子分值、等级评估表

精子活力情况	评估分值	评估等级
精子活力非常好，游动很快，似麦田被风吹动来回波动	10分	优秀
观察似云雾来回波动，幅度相对会小一些	8分～9分	良好
精子游动面减小，有区域性	6分～7分	合格
精子在原地摆动；精子数量稀少、死精过多；污染	6分以下	不合格

89.怎样稀释精液?

（1）**精液稀释液的要求** 根据精液的活力和密度，决定稀释的倍数，一般事先准备好等温的稀释液（35℃）进行稀释处理，防止温差过大等不良影响。

（2）**稀释方法** 一般10分值的精液稀释15倍，8分值的稀释

10倍，6分值的稀释5倍，稀释时，用注射器吸取稀释液，沿杯壁缓慢加入到精液中，然后取一滴稀释后的精液镜检是否达到输精要求。镜检时精液活力下降是因稀释操作不当引起的，不能进行输精。

90. 怎样保存精液？

家兔精液一般采取现采现用，或保存17℃的恒温箱内，但不超过24小时。低温保存能使精子一段时间内处在休眠期内，活动量减小，降低精子损耗，延长精子存活时间，恒定环境温度有利于精子保存。

91. 怎样进行输精？

在授精时，授精人员要将脚皮炎、乳房炎、消瘦等兔做好记录并淘汰。一人抓住兔子头部和耳朵，让其趴下，一手将兔臀部提起，输精人员将输精器套进输精管中，输精器的头端朝下，推进兔子阴道中，轻轻往里推，整个过程操作不可用力过大，善用巧劲，自然推进，进入大约7厘米，将精液推进，缓缓取出输精器，并在母兔大腿外侧肌内注射激素0.3毫升/只后，用力拍拍母兔臀部，以防精液逆流。放回笼内，输精完毕。未来12小时内禁止在舍内做任何工作，让兔子有充足的休息。

92. 输精时应注意的问题有哪些？

（1）输精部位准确　母兔膀胱在阴道内约5～6厘米处的腹面开口，大小与阴道腔孔径相当，而且在阴道下面与阴道平行，在输精时，易将输精管误插入排尿口，而将精液输入膀胱；如输精管插入过深又易将精液输入一侧子宫(兔为双子宫动物)，造成另一侧空怀。因此，在输精时，先应将输精器朝向阴道背壁插入6～7厘米深处，越过尿道口后再转向腹面，直至插入8～10厘米深处的子宫颈口附近，边输边退，使精子自子宫颈能同时进入两个子宫内，有利于提高产仔数。

（2）**严格消毒** 在整个人工授精过程各环节都必须严格消毒，而且最好采用物理消毒法，如用煮沸和紫外线消毒灯等，严格消毒避免精子受到伤害，避免母兔生殖道感染。

93. 怎样判定母兔怀孕?

母兔配种后，判断其是否妊娠的技术就是妊娠诊断。妊娠诊断的方法有复配检查法、称重检查法和摸胎检查法三种。

（1）**复配检查法** 在母兔配种后7天左右，将母兔送入公兔笼中复配，如母兔拒绝交配，表示可能已怀孕。相反，若接受交配，则可认为未孕，此法准确性不高。

（2）**称重检查法** 母兔配种前先行称重，隔10天左右复称一次，如果体重比配种前明显增加，表明已经受孕，如果体重相差不大，则视为未孕。但其准确性也不高。

（3）**摸胎检查法** 在母兔配种后10～14天，用手触摸母兔腹部，判断是否受孕，称为摸胎检查法，在生产实际中多采用此法。

具体操作方法是：将母兔捉放于桌面或平地，一只手抓住母兔的耳朵和颈皮，使兔头朝向摸胎者，另一只手拇指与其余四指呈"八"字形，掌心向上，伸向母兔腹部，由前向后轻轻沿腹壁摸索。若感腹部松软如棉花状，则未受孕。若感腹壁紧张，并摸到腹内有像花生米样大小的球形物滑来滑去，并有弹性感，则是胎儿。早期要注意胚胎与粪球的区别，粪球质硬、无弹性、粗糙。

胚胎的大小、质地、位置等是随着母兔怀孕期的延长而发生变化：8～10天时在后腹部的中上部，如花生米大小，柔软；14天左右在后腹中部，如小枣大小，较柔软；18天左右胚胎往前下方移动，如小核桃大小，硬度增加；22～23天位置进一步往前下方移动，分散面增大，胎儿呈条状，可触摸到较硬的头骨；此后胎儿发育更快，腹部增大而下垂，胎儿充满整个腹腔，从外观即可确定。

摸胎检查法操作简便，准确性较高，但注意动作要轻，检查时不要将母兔提离地面悬空，更不要用手指去捏数胚胎数。在配种后15～28天应停止摸胎，以免造成流产。

妊娠诊断未孕者，应及时进行补配，减少空怀母兔，以提高母兔繁殖力。

94. 母兔怀孕时间是多长?

一般母兔怀孕周期为30天，初产母兔29天。怀孕超过33天未生产，应立即对母兔进行催产，可注射缩宫素0.5～1毫升/只。

95. 影响家兔繁殖力的主要因素有哪些?

（1）**环境** 一切作用于家兔机体的外界因素，统称为环境因素，如温度、湿度、气流、太阳辐射、噪声、有害气体、致病微生物等。

①环境温度对家兔的繁殖性能影响较为明显。大家都知道家兔"夏季不孕"的现象。环境温度超过30℃，即引起家兔食欲下降、性欲减低。高温对公兔性欲的影响是较短暂的，但由于精子从产生到成熟和排出需要1～2个月时间，对精液品质的影响要两个月左右的时间才能反映出来，如果持续高温，可使公兔睾丸产生精子减少，甚至不产生精子或使精子死亡、变形。这就是家兔特别是长毛兔、大型肉兔在金秋时节(9～10月)配种难的主要原因。所以不要把"夏季不孕"错误地认为兔夏季配不上种。

低温寒冷对家兔繁殖也有一定影响。环境温度低于5℃就会使家兔性欲减退，影响繁殖。

炎热的夏天太阳辐射易使家兔中暑，严寒的冬季贼风的袭击易使家兔感冒和肺炎。

②致病微生物往往伴随着温度和湿度对家兔的繁殖产生影响。因为家兔喜干厌湿、喜净厌污。潮湿污秽的环境，往往导致病原微生物的孳生，引起肠道病、球虫病、疥癣病的发生，影响家兔健康，从而影响家兔的繁殖。

③强烈的噪音、突然的声响能引起家兔死胎或流产，甚至由于惊吓使母兔吞食、咬死仔兔或造成不孕。

（2）营养 实践证明，高营养水平往往引起家兔过肥，过肥的母兔卵巢结缔组织沉积了大量脂肪，影响卵细胞的发育，排卵率降低，造成不孕。营养水平过低或营养不全面，对家兔的繁殖力也有影响。因为家兔的繁殖性能很大程度上受脑垂体机能的影响，营养不全面直接影响公兔精液品质和母兔脑垂体的机能，分泌激素能力减弱，使卵细胞不能正常发育，造成母兔长期空怀不孕。

（3）疾病 影响家兔繁殖的疾病包括遗传性生理缺陷和生殖系统的常见病。如母兔阴道狭窄，公兔的隐睾和单睾等。因为隐睾或单睾不能使公兔产生精子，或者产生精子的能力较差，配种不能使母兔受胎或受胎率不高等。又如母兔"难产"后引起阴道炎、子宫炎或子宫留有死胎，子宫肌瘤、公兔睾丸炎都会明显影响母兔的繁殖性能。

（4）种兔使用不当 母兔长期空怀或初配年龄过早过迟，往往产生卵巢机能减退，妊娠困难。公兔长期不配种或繁殖季节使用过度，都会造成性欲减退或配种无效。

（5）种兔年龄老化 实践证明，种兔的年龄明显地影响其繁殖性能。1～2岁的公母兔随着年龄的增长，繁殖性能提高；2岁以后，繁殖性能逐渐下降；3岁后繁殖能力明显减弱，配怀率低、产仔少、仔兔成活率低，故不宜再作种用。

96. 提高家兔繁殖力的措施有哪些？

针对兔繁殖力的主要影响因素，一般可采取以下措施提高繁殖力。

（1）强化种兔的选种选配 严格按选种要求选择符合种用标准的公、母兔作种，科学组对搭配，避免近亲交配。

（2）种兔群结构合理
①公母兔应保持适当的比例：一般商品兔场和农户养殖的公母

比例1：8～10，种兔场纯繁的公母比例1：5～6较为适宜。同时要注意公兔的配种强度，合理安排公母兔的配种次数。

②年龄结构合理：一般种兔群老年、壮年、青年兔的比例以20：50：30为宜。

（3）合理搭配公母兔的营养　空怀兔和妊娠前期的母兔，以中等营养水平，保持不肥不瘦体况为好。种公、母兔都应保证蛋白质和维生素，尤其是维生素A、维生素E、维生素D的供给。在日粮中适当搭配青饲料，对提高繁殖性能效果良好。

（4）适时配种　包括安排适时配种季节和配种时间。虽然兔可以四季繁殖产仔，但盛夏气候炎热，公、母兔食欲减退，公兔性欲降低，母兔多数不愿接受交配，即使配上，弱胎、死胎也较多，仔兔发生"黄尿病"多，不易成活，故一般不宜在盛夏配种繁殖。为减少"夏季不孕"现象对年产仔数的影响，提倡在立秋前1个月左右抢配一批兔，立秋后产仔，成活率较高。

在四川、重庆等南方地区，冬、春季两季是繁殖的好季节，配种容易，仔兔成活率高，应多配、多生。适时配种，除安排好季节外，还应抓住母兔发情期内的最佳配种时间，以提高配怀率。

此外，高温时宜早、晚配种，寒冷时宜中午配种。

（5）人工催情　在实际生产中遇到有些母兔长期不发情，拒绝交配而影响繁殖，除加强饲养管理外，还可采用激素、诱情等人工催情方法。激素催情可用雌二醇、孕马血清促性腺激素等诱导发情，促排卵素3号对促使母兔发情、排卵效果较好。对长期不发情或拒绝配种的母兔，将母兔放入公兔笼内，让其追逐、爬跨，或对阴户含水较多的母兔，采用人工按摩外阴部等方法，刺激母兔发情排卵，促使抬尾接受交配。

（6）重复配种和双重配种　为增加进入母兔生殖道内的有效精子数，可采用重复配种或双重配种。

（7）检查　配种后及时检胎，减少空怀。种兔实行单个笼养，避免"假孕"。

（8）**频密繁殖法** 频密繁殖又称"配血窝"或"血配"，即母兔在产仔当天或第二天就配种，泌乳与怀孕同时进行。采用此法，繁殖速度快，但由于哺乳和怀孕同时进行，易损坏母兔体况，种兔利用年限缩短，自然淘汰率高，需要良好的饲养管理和营养水平。因此，采用频密繁殖生产商品兔，一定要用优质的饲料满足母兔和仔兔的营养需要，加强饲养管理，对母兔定期称重，一旦发现体重明显减轻时，就应停止血配。在生产中，应根据母兔体况、饲养条件，将频密繁殖、半频密繁殖（产后7～14天配种）和延期繁殖（断奶后再配种）三种方法交替采用。

（9）**加强怀孕期饲养管理** 创造良好的环境，保持适当的光照强度和光照时间。防止惊扰，不让母兔受到惊吓，以免引起流产。母兔妊娠后的主要管理工作是保胎、护胎，防止流产，确保顺利分娩。经过检查，确定妊娠的母兔，应作出明确的标记，此后按妊娠兔对待，不可轻易捕捉和触摸。一般不注射疫苗，不大量投药，不混群饲养，不喂有毒的饲草饲料（如棉籽饼、发霉料、打过农药的草），控制饲喂有一定危险的饲料（如青贮料、醋糟、酱糟、酒糟）。创造有利条件，排除不利因素，保持环境安静。

97. 人工催情的方法有哪些?

人工催情的具体方法有:

（1）**激素催情** 孕马血清促性腺激素（PMSG）50～100国际单位（根据母兔体重大小确定用量），肌内注射；卵泡刺激素（FSH）50单位，肌内注射；促排卵激素（LH-A）5微克或瑞塞脱0.2毫升，肌内注射，立即或4小时以内配种。以上催情方法任用一种即可。

（2）**药物催情** 维生素E丸，内服，每天1～2丸，连续3～5天；中药催情散，内服，每天3～5克，连续3～5天；中药淫羊藿，内服，每天5～10克，连续5天。

（3）**挑逗催情** 将母兔与公兔放在一起，4～6小时检查母兔，多数发情。

（4）**按摩催情**　用手指按摩母兔外阴部，同时抚摸腰荐部，每次5～10分钟，4～6小时检查，多数发情。

（5）**断乳催情**　泌乳抑制卵泡发育。提前断奶，可使母兔提前发情。对于产仔数少的母兔可合并仔兔，以使母兔提前配种。

98. 重复配种和双重配种的区别是什么？

重复配种是指第一次配种后数小时内，用同一只公兔再重配一次。重复配种可增加母兔卵子的受精机会，提高受胎率和防止假孕，尤其是在使用长时间未配过种的公兔时，必须实行重复配种。因为，这类公兔第一次射出的精液中，死精子较多。

双重配种是指第一次配种后再用另一只公兔交配。双重配种可避免因公兔原因而引起的不孕，可明显提高受胎率和产仔数。双重配种只适宜于商品兔生产，不宜用于种兔生产，以防弄混血缘。在实施中须注意，要等第一只公兔气味消失后再与另一只公兔交配，否则，因母兔身上有其他公兔的气味而可能引起斗殴，不但不能顺利配种，还可能咬伤母兔。

第三章 饲料与营养

第一节 肉兔的营养需求

99. 肉兔对营养物质的需求主要有哪些?

肉兔要维持正常的生长、发育、繁殖等生命活动,对营养物质的需求主要有七大类:能量、蛋白质、脂肪、纤维素、矿物质、维生素、水。

(1)**能量** 主要用于维持肉兔正常体温,维持肉兔新陈代谢活动。能量是肉兔生存最重要的营养物质,肉兔采食主要是为获取足够的能量。

(2)**蛋白质** 组成肉兔细胞、组织、器官最基本的营养物质,与肉兔的生长、发育、繁殖、免疫力等密切相关。蛋白质在体内氧化分解后可提供能量,多余的能量还可转化成脂肪贮存起来,但脂肪在体内是不能转化成蛋白质的。

(3)**脂肪** 组成细胞的重要成分,对肉兔的生长、发育、繁殖有很好的促进作用,脂肪氧化分解后可提供生命活动所需的能量。

(4)**粗纤维** 对维持肉兔胃肠正常生理功能有重要作用,日粮中适量的粗纤维,有助于维持肉兔胃肠道微生物菌群的平衡。

(5)**矿物质和维生素** 肉兔对矿物质、维生素需要量小,但作用巨大。

(6)**水** 水是任何生命都离不开的营养物质,严重缺水会危及肉兔的生命。

100. 肉兔对能量有什么需求?

（1）**能量的概念** 家兔的能量需要用消化能（DE）来表示，饲料的总能量减去粪便排出的粪能就是消化能。幼兔饲料中粗纤维含量低，排出的粪能约占总能的10%，成年兔饲料中粗纤维含量高，排出的粪能可达总能量的60%。家兔的消化能用焦耳(J)、兆焦(MJ)表示，1兆焦就是100万焦耳。饲料中消化能的含量用兆焦/千克表示。

（2）**能量的作用** 能量是家兔的重要营养物质，家兔的一切生命及生产活动都离不开能量。家兔的呼吸、心脏跳动、肠胃蠕动、维持恒定的体温，体内的一切生化反应等都需要能量，离开了能量家兔就不能存活。

（3）**家兔需要的能量来源** 家兔所需要的能量主要来源于饲料中的碳水化合物、脂肪、蛋白质。碳水化合物是一类有机化合物的总称，它是植物性饲料最主要的组成物质，约占干物质的75%，是家兔需要能量的最主要来源。脂肪氧化、蛋白质氧化均可产生大量的热能，据测定，1克脂肪氧化放出的热量是39 329.6焦耳，1克蛋白质氧化产热为23 639.6焦耳。脂肪、蛋白质虽可为家兔供应能量，但蛋白质价格高，用于供能是不合算的。

（4）**家兔对能量的需要量** 生长兔的能量需要：包括维持基础代谢和生长发育的需要。体重为2千克的生长兔，每天大约需要1.3兆焦的消化能。如果饲料中消化能为10.46兆焦/千克，体重为2千克的生长兔每天至少要采食125克的饲料才能满足其能量的需要。繁殖母兔的能量需要：包括母兔的维持需要、泌乳需要、妊娠需要、胎儿生长需要，母兔所处的阶段不同对能量的需求不同。如果饲料中消化能为10.46兆焦/千克，母兔妊娠0～23天，至少采食150克/天；妊娠23～30天，至少采食225克/天；母兔泌乳10天以内，400克/天；泌乳11～25天，464克/天。既泌乳又妊娠的母兔，采食量400～510克/天。

（5）**能量不足或过高对家兔生产性能的影响** 饲料中能量不足，生长兔只吃不长，兔体消瘦，死亡率升高。能量过高，母兔体肥，发情紊乱，输卵管堵塞不孕，母兔难产、胎儿死亡率升高；种公兔性欲下降，生精能力减弱，配种能力差。

101. 肉兔对蛋白质有什么需求?

（1）**蛋白质对肉兔的作用** 蛋白质和核酸是构成生命的物质基础，是构成兔体组织、体细胞的基本原料，是兔体内酶、激素、抗体、精子、卵子及肉、乳、毛、皮等的主要成分。

蛋白质是家兔生命活动的物质基础，是组成兔体的一切组织、器官的重要物质，兔体内的一切生命活动都离不开蛋白质。成年兔体内含有约18%的蛋白质，兔肉中含有21%的蛋白质；如果去除脂肪，烘干兔体，以干物质计，蛋白质约占80%。兔奶中含10.2%的蛋白质。

蛋白质是修补体组织器官的必需物质，家兔体组织的蛋白质通过新陈代谢不断更新，新的蛋白质不断修补老化破损的组织器官，机体蛋白质经6～7个月就有一半被新的蛋白质更换。蛋白质可转化为脂肪在体内贮存起来，在能量物质不足的情况下，也可被氧化分解产生热量。

（2）**蛋白质的基本组成** 蛋白质中氮的平均含量为16%。其基本组成单位是氨基酸，兔体需要的氨基酸有20种。所有蛋白质都含有碳、氢、氧、氮这四种元素，多数蛋白质都含有硫，有的蛋白质还含有磷、碘、铁、锌等元素。

（3）**肉兔对蛋白质的需要量** 家兔对蛋白质的需要受蛋白质的可消化率、采食量的影响，采食量又受饲料中消化能含量的影响，饲料中消化能高，采食量就减少，消化能低，采食量就增加。

①蛋白质的维持需要量：保持家兔体重不增也不减情况下，每天所需要的最少蛋白质量。据报道，成年新西兰兔的蛋白质维持需

要量是每天6.4克粗蛋白，这相当于每千克体重2.5克粗蛋白。

②蛋白质的生长需要量：根据许多试验测试的结果，生长兔饲料中粗蛋白质水平15% ～ 16%较适宜。当然，这需要饲料中各种氨基酸平衡，尤其是必需氨基酸的含量能满足需要。

③蛋白质的繁殖需要量：兔奶中蛋白质含量丰富，是牛奶的3 ～ 4倍。当饲料的消化能含量为10.46兆焦/千克时，饲料中蛋白质的消化率按73%计，可算出泌乳母兔饲料中最低粗蛋白质的含量为17.5%，因此，建议哺乳母兔饲料中粗蛋白质含量应不低于18%。

（4）**家兔所需的可消化蛋白与消化能的关系**　家兔采食饲料的量与饲料中消化能的含量有十分密切的关系，家兔为获得消化能而采食，当采食的饲料量能满足家兔对消化能的需要时，家兔就会停止采食饲料。要保证家兔每天采食的蛋白质量满足需要，用饲料中蛋能比（可消化蛋白质/消化能）来表达较合理。家兔的维持需要可消化蛋白/消化能是6.8克/兆焦，哺乳母兔可消化蛋白/消化能是11.0 ～ 12.5克/兆焦，哺乳母兔对蛋白质的需要量是比较高的。

102. 肉兔对脂肪有什么需求？

（1）**脂肪的作用**　脂肪是兔体细胞的重要组成成分，如细胞核中的卵磷脂、脑细胞中的脑磷脂，血液中的真脂、磷脂及少量固醇等，一切体组织中都含有脂肪，脂肪与蛋白质、糖等结合成复杂的脂蛋白、糖蛋白存在于兔体内。脂肪氧化分解产生大量的热量，为兔供能，皮下脂肪具有保温的作用。脂肪是脂溶性维生素的溶剂，维生素A、D、E、K及胡萝卜素必须以脂肪作溶剂，并依靠脂肪在体内运输。脂肪是兔体合成维生素和激素的原料，如：固醇类是合成雄素酮、雌素酮、妊娠酮、皮质酮、睾丸酮等的原料。脂肪可增加饲料的适口性，有助于增加动物被毛的光泽。

（2）**肉兔对脂肪的需要量**　家兔饲料中脂肪的含量3% ～ 5%

为适宜，最新研究表明，育肥兔日粮中脂肪含量提高到5% ~ 8%有助于育肥性能和毛皮质量的提高。一般用玉米油、花生油、葵花籽油、大豆油来补充脂肪。

（3）脂肪过低、过高对家兔的影响　饲料中脂肪含量过低，可引起脂溶性维生素的缺乏，兔生长缓慢，被毛光泽差、种母兔繁殖机能减弱、种公兔性欲差等。饲料中脂肪含量过高，增加饲料成本；兔胴体过肥，降低兔抗热应激的能力，同时对家兔的繁殖性能也有不利影响。

103. 肉兔对粗纤维有什么需求？

（1）粗纤维的概念　粗纤维包括中性洗涤纤维（NDF）、酸性洗涤纤维（ADF）、酸性洗涤木质素（ADL），主要存在于植物的细胞壁中。NDF、ADF在兔的消化道内可经微生物作用部分被消化吸收，ADL不能被兔消化吸收。

（2）粗纤维的作用　粗纤维被兔体内微生物分解成短链脂肪酸可提供能量，粗纤维可促进胃肠蠕动刺激消化液分泌，促进食物排空，有轻泻和防止便秘的作用；粗纤维对维持家兔盲肠、结肠微生物菌群的平衡有特殊作用；粗纤维还可减少异食癖。

（3）家兔对粗纤维的需要量　家兔是草食动物，有特殊的盲肠结构，饲料中必须保持一定含量的粗纤维水平，才能维持正常的消化生理功能。饲料中粗纤维含量以12% ~ 15%为宜。新的研究结果表明，家兔对粗纤维的需要与粗纤维中NDF、ADF、ADL的比例、粗饲料粉碎粒度、饲料中淀粉的含量有密切关系。饲料中须有25%以上的大颗粒（粒径应不超过0.315毫米），饲料中淀粉（如：玉米淀粉）含量不宜过高，饲料中的木质素（ADL）含量在4.2% ~ 5.0%较为适宜。

（4）粗纤维不足或过高的影响　粗纤维含量低于6%会引起兔腹泻。粗纤维含量高于20%会影响兔对营养物质的消化吸收，从而降低家兔的生产性能。

104. 肉兔对矿物质有什么需求?

（1）**矿物质的概念**　家兔所需的矿物质主要有钙、磷、氯、钠、钾、镁、硫、铁、铜、锌、锰、钴、碘、硒等10余种。其中，钙、磷、钠、钾、硫、钴元素最为重要。需要量大的称为常量元素，包括：钙、磷、氯、钠、钾、镁、硫；需要量很少的称为微量元素，包括：铁、铜、锌、锰、钴、碘、硒等元素。

（2）**饲料中适宜矿物质量**　饲料中适宜的钙含量为1.0% ~ 1.5%，磷为0.5% ~ 0.8%，磷含量高于1%时，可导致饲料的适口性下降，合理的钙、磷比例为1.5 ~ 2：1；饲料中添加0.5%的食盐补充氯和钠；植物性饲料原料中钾的含量较为丰富，不需要单独添加钾；饲料中镁的适宜含量为0.25% ~ 0.35%；每千克兔饲料中含5 ~ 20毫克铜、100毫克铁、50毫克锌、10 ~ 80毫克锰、0.2毫克碘较为适宜。

105. 矿物质有哪些作用?

矿物质是组成兔组织器官的成分之一，约占兔体重的5%。

（1）**钙、磷**　体内含量最多的矿物质，是骨和牙的重要组成成分，全身99%的钙、80%的磷都在骨组织和牙中。钙是细胞和组织液的重要成分，钙对酶系统有重要作用，参与神经传导与肌肉收缩，钙与血液凝结有关。磷是三磷酸腺苷（ATP）、二磷酸腺苷（ADP）和磷酸六碳糖的重要组成部分，在碳水化合物的代谢中有非常重要的作用。

（2）**钾**　主要分布于细胞内液，维持细胞内的渗透压保持细胞的容积，维持细胞内液的酸碱平衡，参与糖、蛋白质代谢，影响神经肌肉的兴奋性。

（3）**钠、氯**　主要存在于体液中，少量存在于骨组织。钠对保持体内渗透压、酸碱平衡、控制营养成分通过细胞，水的代谢等有重要作用；钠对神经传导、肠蠕动有影响。氯主要在体细胞外液中，氯、钠协同维持细胞外液的渗透压，氯还参与胃酸的形成。

（4）**镁、锰** 构成骨骼、牙齿的成分，是骨骼正常发育所必需的营养物质；镁还是焦磷酸酶、胆碱酯酶、三磷酸腺苷酶及肽酶等多种酶的活化剂，在糖代谢、蛋白质代谢中起重要作用；镁参与调节体内的氧化磷酸化作用，保证神经肌肉器官的正常机能；镁对改善兔毛品质有重要作用。锰是骨骼正常发育所必需的元素，与家兔的繁殖、碳水化合物及脂肪代谢有关。

（5）**锌** 酶的组成成分，参与碳水化合物代谢，还与家兔的生殖机能有关。

（6）**硫** 组成胱氨酸和蛋氨酸的原料，在兔毛中的含量约5%，大部分以胱氨酸的形式存在。硫作为硫氨素的成分参与碳水化合物的代谢，硫还是黏多糖的成分，参与胶原和结缔组织的代谢等。

（7）**钴** 维生素B_{12}的组成成分，钴是磷酸葡萄糖变位酶和精氨酸酶等酶的活化剂，与蛋白质及碳水化合物的代谢有关，钴还可促进兔毛生长。

（8）**铁、铜** 与血液形成有密切关系，铁是血红蛋白的成分，血红蛋白是体内运输氧和二氧化碳的载体；铜还是参与形成红细胞的酶的成分。

（9）**碘** 合成甲状腺素的成分，与甲状腺分泌有密切关系。

（10）**硒** 谷胱甘肽过氧化酶的主要成分，它参与组织中过氧化物的解毒作用，能防止线粒体的脂类被氧化，保护细胞膜不受脂类代谢副作用的破坏。硒对酶系统有催化作用，有促进兔生长的作用。

106. 矿物质不足或过多对肉兔有什么影响？

（1）缺乏的影响

①钙、磷缺乏会出现骨质疏松、易折断，幼兔易患佝偻病，成兔易患软骨病，怀孕母兔易患产前、产后瘫痪，严重缺乏可引起死亡。

②缺钾可引起兔肌肉发育不良，一般情况下，兔不缺钾。

③缺钠、氯可引起家兔食欲不振、生长缓慢，啃食异物。

④缺镁可引起幼兔生长停滞和肌肉过度兴奋痉挛，兔耳苍白、毛皮粗劣。

⑤缺锰家兔的繁殖力下降，影响碳水化合物代谢及脂肪代谢。

⑥硫不足，家兔食欲降低，脱毛。

⑦缺铁可引起贫血，兔不容易缺铁。

⑧缺铜也可引起贫血，毛色变浅，质量变差。

⑨缺碘可引起甲状腺肿大、增生，母兔所产仔兔体弱。

⑩缺硒可引起家兔肝细胞坏死，兔胸、腹部皮下出现大面积水肿，积有血浆样液体，兔肌肉萎缩，母兔多空怀和死胎。

（2）过量的危害

①钙过多易形成结石，磷过多饲料的适口性差，兔采食量下降。

②钾在饲料中含量超过0.75%对肾脏有损害。

③锰过量影响钙磷吸收，易引起兔佝偻病，还影响铁在体内贮量，导致缺铁性贫血。

④碘过量可使妊娠母兔胎儿出生前死亡率升高，哺乳母兔饲料中碘含量过高可引起新生仔兔大量死亡，也可引起成年兔中毒。

⑤硒毒性强，过多可引起中毒死亡。

107. 肉兔需要的维生素有哪些?

（1）维生素的概念　维生素是维持生命的元素，它们不是构成兔体组织的原料，却是兔新陈代谢必需的物质。维生素分为脂溶性和水溶性两大类，溶解于有机溶剂的称脂溶性维生素，包括：维生素A、维生素D、维生素E、维生素K；溶解于水的称水溶性维生素，包括：B族维生素和维生素C。

（2）肉兔对维生素的需要量　生长兔饲料每千克应含维生素A 6 000国际单位，母兔饲料每千克应含维生素A 12 000国际单位。肉兔饲料每千克应含维生素D 900国际单位，维生素E 50国际单位，维生素 K 2 毫克，维生素 B_1 2.5～3.0 毫克，维生素 B_2 6 毫克，维生素 B_3 20～25 毫克，维生素 B_4（生物素）0.08～0.2 毫克，维生素 B_5 50～180 毫克，维生素 B_6 40 毫克，胆碱 1 200 毫克，叶酸 5 毫克，维生素 B_{12} 0.04 毫克，维生素 C 50～100 毫克。

108. 维生素有哪些作用?

（1）**维生素 A**　与兔的正常生长发育、视觉、上皮和生殖系统有关。

（2）**维生素 D**　促进钙、磷代谢，是钙、磷形成骨所必需的营养物质。

（3）**维生素 E**　又称生育酚、雌激素，是体内的抗氧化物质，具有保护维生素 A 和谷胱甘肽作用，与家兔的生殖能力有密切关系。

（4）**维生素 K**　是凝血因子，与血液凝固和止血有关。

（5）**B 族维生素**　包括 10 多种维生素，以酶的辅酶或辅基的形式参与兔体内的蛋白质和碳水化合物代谢，还与神经系统、消化系统、循环系统的正常功能有关。

维生素 B_1 又称硫氨素，是碳水化合物代谢过程中脱羧酶转酮基酶的辅酶。

维生素 B_2 又称核黄素，是体内氧化还原反应酶的组成成分，对营养物质的代谢有重要作用。

维生素 B_3 又称泛酸，与家兔体内脂肪和胆固醇的合成有关。

维生素 B_5 又称烟酸，是体内一些酶的组成成分，参与细胞的呼吸和代谢。

维生素 B_6 包括吡哆醇、吡哆醛、吡哆氨，参与蛋白质和氨基酸的代谢。

维生素 B_7 又称生物素，是重要的水溶性含硫维生素，是羧化和羧基转移酶的辅助因子，羧化和羧基转移酶在家兔的碳水化合物、脂肪酸合成、氨基酸脱氨基和核酸代谢中具有重要作用。生物素是家兔皮肤、被毛、爪、生殖系统、神经发育和保持健康必不可少的营养物质。

胆碱是卵磷脂及乙酰胆碱的组成成分，可防止脂肪肝。乙酰胆碱与神经冲动的传导有关。

叶酸与核酸的代谢有关，对正常细胞的生长有促进作用。

维生素B_{12}又称钴胺素，与叶酸协同，参与核酸和蛋白质的合成，促进红细胞的发育，还能提高植物性蛋白质的利用率，促进仔兔、幼兔生长。

（6）**维生素C** 又称抗坏血酸，有抗氧化、抗热应激的作用，有维持血液正常生理功能、防止血液坏死的作用。

109. 维生素不足或过多对肉兔有什么影响？

（1）缺乏的影响

①维生素A长期缺乏，幼兔生长慢，发育不良；视力下降，患夜盲症；上皮细胞过度角化，引起干眼病、肺炎、肠炎、流产、胎儿畸形；骨骼发育异常，运动失调，家兔出现神经性痉挛、跛行、麻痹、瘫痪等50多种病症。

②维生素D缺乏，幼兔易患软骨病，成年兔骨质疏松。

③维生素E缺乏，导致肌肉营养性障碍，骨骼肌、心肌变性、运动失调、瘫痪，引起脂肪肝、肝坏死，繁殖机能下降，母兔不孕、死胎、流产，初生仔兔死亡率高，公兔精液品质下降。

④维生素K缺乏，妊娠母兔胎盘出血、流产。

⑤B族维生素：维生素B_1缺乏，引起神经炎、食欲不振、消化不良、运动失调；维生素B_2缺乏，食欲变差、生长不良、皮毛粗糙、繁殖与泌乳减弱；维生素B_3缺乏，易出现皮肤和眼部疾病；维生素B_7（生物素）缺乏，家兔产生脱毛症，皮肤起鳞片并渗出褐色液体，舌上起横裂，后肢僵直，脚爪溃烂，幼兔生长缓慢，母兔繁殖性能下降，家兔的免疫力下降，易产生多种并发症；维生素B_5缺乏，家兔食欲不振、消化不良、下痢、被毛粗糙；维生素B_6缺乏，易引起皮肤损害、神经系统功能紊乱、生长不良；胆碱缺乏，

家兔生长迟缓，脂肪肝及肝硬化，肾小管坏死，进行性肌肉营养不良；叶酸缺乏，发生贫血和血细胞减少症；维生素B_{12}缺乏，家兔生长缓慢、贫血、被毛粗乱、后肢运动失调，对母兔受孕和泌乳有不利影响。

⑥维生素C缺乏，兔易发生坏血病，生长停滞，体重下降，关节变软，身体各部出血。

（2）过量的危害

①维生素A过多家兔会中毒，幼兔生长慢，妊娠母兔产仔数下降，出现死胎、流产等症状。

②维生素D过量，可引起血液中钙、磷含量升高，软组织钙化，肾、血管出现石灰样病变。

110. 肉兔对水有什么需求？

（1）水的作用 水是兔体的重要成分之一，兔体含水量占体重的60%～75%，是生命活动所必需的物质。水在养分的消化吸收、废物的排泄、血液循环、体温调节、物质代谢、调节组织的渗透压等方面起重要作用。缺水会导致体内代谢受到严重破坏，饲料消化出现障碍，蛋白质代谢产生的废物排出困难，血液浓度及体温升高。兔表现采食量下降，消化不良，仔兔、幼兔生长停滞，母兔泌乳量下降，皮毛干枯粗糙。体内损失20%的水分就会引起兔死亡。

（2）水的需要量 兔对水的需要量因气温、水温、空气湿度、饲料含水量及生理期有较大的差异（见表3-1）。肉兔采食块根（红苕、萝卜等）、青草料时，饮水量较少，饮温水比饮冷水多，天热时比天冷时饮水多。喂颗粒饲料情况下，饲料与水的比为1：2～5为宜，中小型肉兔每天需饮水300～400毫升，大型肉兔需400～500毫升。兔的饮用水必须通过净水器处理，卫生指标达到《中华人民共和国农业行业标准 无公害食品畜禽饮用水》NY5131—2002的水质。供给充足的清洁水，让兔能自由饮用，对兔的健康是非常重要的。

表3-1　肉兔对水的需要量

气温（℃）	空气湿度（%）	采食量（克/天）	饮水量（毫升/天）
5	80	185	335
18	70	160	270
30	60	85	450

111. 肉兔的营养需求中，必需氨基酸有哪些?

必需氨基酸是指家兔在体内不能合成，必须从外界获取的氨基酸。家兔所需要的必需氨基酸有：赖氨酸、蛋氨酸、色氨酸、苏氨酸、亮氨酸、异亮氨酸、苯丙氨酸、缬氨酸、精氨酸、组氨酸，共计10种。家兔快速生长时，甘氨酸也是必需氨基酸。

112. 必需氨基酸对肉兔有什么作用?

（1）**生理作用**　所有的必需氨基酸在动物体内都有重要的生理功能。动物体内的氨基酸均为L-构型。

（2）**平衡理论**　合成体内蛋白质时必需氨基酸必须齐全，缺乏任何一种必需氨基酸都不能合成体内蛋白质，并且会导致机体内代谢失调，严重影响动物健康。动物对氨基酸的利用有一个"水桶板块理论"学说：一个木制水桶由多块木板组成，一种蛋白质由多种氨基酸组成。一块木板代表组成蛋白质的一种氨基酸，木板的长短代表氨基酸的供应水平高低，木制水桶的装水量就代表氨基酸的利用率（或者蛋白质的合成量），水桶的装水量是受构成水桶的最短木板限制的，与最长木板没有关系，多的就浪费了。因此，我们对饲料中各种氨基酸的含量是要讲究平衡的，尽可能地减少氨基酸的浪费。

113. 肉兔的营养需求中必需脂肪酸有哪些?

必需脂肪酸是指兔必需但又不能在体内合成，必须从饲料中获取的脂肪酸。主要有：a-亚油酸（18碳二烯酸）、亚麻油酸（18碳三烯酸）、花生油酸（20碳四烯酸）等不饱和脂肪酸。

114. 必需脂肪酸对肉兔有什么作用?

必须脂肪酸对机体正常生理机能和健康具有保护作用，维持毛细血管的正常功能，保证精子形成，参与脂类运输，是磷脂的重要组成部分，是合成前列腺素（PG）、血栓素（TXA）等二十类烷酸的前体物质，与胆固醇的代谢有关，与维持正常视觉功能有关，对家兔的生长、发育及种兔的繁殖有促进作用，有助于保持家兔被毛的光泽度。过量的必需脂肪酸对家兔的健康也有危害。

115. 粗纤维对肉兔肠胃生理功能有什么作用?

家兔的盲肠结构特殊，相当于一个微生物发酵罐，进入盲肠的淀粉不能太多，否则，大量未被小肠消化吸收的淀粉进入盲肠，盲肠内有利于消化淀粉的细菌快速增加，产生大量的酸，导致盲肠内微生物体系发生变化，病原微生物增加，引起家兔腹泻，可致家兔迅速死亡。

粗纤维有刺激家兔消化道蠕动，促进食糜排空，减少淀粉在肠道内停留时间的作用。在家兔饲料中必须保持适宜的粗纤维含量（12% ~ 15%），有效避免大量淀粉进入盲肠并较长时间停留在盲肠内，有助于维持盲肠正常的微生物菌群平衡，减少家兔胃肠道疾病。

116. 肉兔的营养需要及饲养标准有哪些?

（1）**家兔的营养需要** 家兔在维持生命及生产（生长、发育、繁殖、产乳、产毛）过程中，对能量、蛋白质、脂肪、矿物质、维生素等营养物质的需要，一般用每千克日粮中这些营养物质的含量来表示，或者用每日每只兔需要这些营养物质的量来表示。家兔对营养物质的需要受家兔的品种、体型、年龄、性别、生理状态、生产水平、环境条件等因素的影响。

（2）**饲养标准** 为满足家兔对各类营养物质的需要，根据养兔生产实践，并结合一系列物质、能量代谢的试验得出的数据，科学地制定出各类家兔每日每只所需的各种营养物质的数量，或每千克日粮中各种营养物质的含量，就是饲养标准。饲养标准是建立在科学试验及养殖生产实践基础上制定的，具有一定的科学性，是制定家兔饲料配方的科学依据。饲养标准规定的数据是一个群体的平均值，不一定完全满足每一个体，但个体可以通过增、减采食量来满足自身的需求。饲养标准也会随着科学研究的发展，生产水平的提高，不断的修订、补充和完善。

（3）常用的几种家兔饲养标准　肉兔营养方面，法国、美国的研究处于世界前列。各个国家、各个地方或各育种公司都制定了有关肉兔的饲养标准，如美国国家研究委员会制定的（NRC）饲养标准、法国家兔营养学家F.Lebas公布的家兔营养需要、德国W.Schlolant推荐的家兔混合料营养标准，我国建议的家兔营养供给量、李福昌等起草的肉兔不同生理阶段饲养标准（山东省地方标准）等。表3-2至表3-6列出了几种标准，供参考。

表3-2　南京农业大学等单位推荐的家兔营养供给量

营养指标	生长兔		妊娠母兔	哺乳母兔	成年产毛兔	生长肥育兔
	3~12周龄	12周龄后				
消化能（MJ/kg）	12.2	10.45~11.29	10.45	10.87~11.29	10.03~10.87	12.12
粗蛋白质（%）	18	16	15	18	14~16	16~18
粗纤维（%）	8~10	10~14	10~14	10~12	10~14	8~10
粗脂肪（%）	2~3	2~3	2~3	2~3	2~3	3~5
钙（%）	0.9~1.1	0.5~0.7	0.5~0.7	0.8~1.1	0.5~0.7	1.0
总磷（%）	0.5~0.7	0.3~0.5	0.3~0.5	0.5~0.8	0.3~0.5	0，5
赖氨酸（%）	0.9~1.0	0.7~0.9	0.7~0.9	0.8~1.0	0.5~0.7	1.0
蛋氨酸+胱氨酸（%）	0.7	0.6~0.7	0.6~0.7	0.6~0.7	0.6~0.7	0.4~0.6

（续）

营养指标	生长兔		妊娠母兔	哺乳母兔	成年产毛兔	生长肥育兔
	3~12周龄	12周龄后				
精氨酸（%）	0.8~0.9	0.6~0.8	0.6~0.8	0.6~0.8	0.6	0.6
食盐（%）	0.5	0.5	0.5	0.5~0.7	0.5	0.5
铜（mg/kg）	15	15	10	10	10	20
铁（mg/kg）	100	50	50	100	50	10
锌（mg/kg）	70	40	40	40	40	40
锰（mg/kg）	15	10	10	10	10	15
镁（mg/kg）	300~400	300~400	300~400	300~400	300~400	300~400
碘（mg/kg）	0.2	0.2	0.2	0.2	0.2	0.2
维生素A（IU）	6 000~10 000	6 000~10 000	6 000~10 000	8 000~10 000	6 000	8 000
维生素D（IU）	1 000	1 000	1 000	1 000	1 000	10 000

表3-3　肉兔不同生理阶段饲养标准（山东省地方标准）

营养指标	生长兔		妊娠母兔	泌乳母兔	空怀母兔	种公兔
	断奶~2月龄	2月龄~出栏				
消化能（MJ/kg）	10.5	10.5	10.5	10.8	10.5	10.5
粗蛋白质（%）	16	16	16.5	17.5	16	16

（续）

营养指标	生长兔		妊娠母兔	泌乳母兔	空怀母兔	种公兔
	断奶~2月龄	2月龄~出栏				
总赖氨酸（%）	0.85	0.75	0.8	0.85	0.7	0.7
总含硫氨基酸（%）	0.60	0.55	0.60	0.65	0.55	0.55
精氨酸（%）	0.80	0.80	0.80	0.90	0.80	0.80
粗纤维（%）	14.0	14.0	13.5	13.5	14.0	14.0
中性洗涤纤维（%）	30～33	27～30	27～30	27～30	30～33	30～33
酸性洗涤纤维（%）	19～22	16～19	16～19	16～19	19～22	19～22
酸性洗涤木质素（%）	5.5	5.5	5.0	5.0	5.5	5.5
粗脂肪（%）	1.0	2.0	2.0	2.0	1.5	1.0
钙（%）	0.60	0.60	1.0	1.1	0.60	0.60
磷（%）	0.40	0.40	0.60	0.6.	0.40	0.40
钠（%）	0.22	0.22	0.22	0.22	0.22	0.22
氯（%）	0.25	0.25	0.25	0.25	0.25	0.25
钾（%）	0.80	0.80	0.80	0.80	0.80	0.80
镁（%）	0.03	0.03	0.04	0.04	0.04	0.04
铜（mg/kg）	10.0	10.0	20.0	20.0	20.0	20.0
锌（mg/kg）	50.0	50.0	60.0	60.0	60.0	60.0
铁（mg/kg）	50.0	50.0	100.0	100.0	70.0	70.0
锰（mg/kg）	8.0	8.0	10.0	10.0	10.0	10.0

（续）

营养指标	生长兔		妊娠母兔	泌乳母兔	空怀母兔	种公兔
	断奶~2月龄	2月龄~出栏				
硒 (mg/kg)	0.05	0.05	0.1	0.1	0.1	0.1
碘 (mg/kg)	1.0	1.0	1.1	1.1	1.0	1.0
钴 (mg/kg)	0.25	0.25	0.25	0.25	0.25	0.25
维生素A (IU)	6 000	12 000	12 000	12 000	12 000	12 000
维生素E (mg/kg)	50.0	50.0	100.0	100.0	100.0	100.0
维生素D (IU)	900	900	1 000	1 000	1 000	1 000
维生素K_3 (mg/kg)	1.0	1.0	2.0	2.0	2.0	2.0
维生素B_1 (mg/kg)	1.0	1.0	1.2	1.2	1.0	1.0
维生素B_2 (mg/kg)	3.0	3.0	5.0	5.0	3.0	3.0
维生素B_6 (mg/kg)	1.0	1.0	1.5	1.5	1.0	1.0
维生素B_{12} (ug/kg)	10.0	10.0	12.0	12.0	10.0	10.0
叶酸 (mg/kg)	0.2	0.2	1.5	1.5	0.5	0.5
尼克酸 (mg/kg)	30.0	30.0	50.0	50.0	30.0	30.0
泛酸 (mg/kg)	8.0	8.0	12.0	12.0	8.0	8.0
生物素 (ug/kg)	80.0	80.0	80.0	80.0	80.0	80.0
胆碱 (mg/kg)	100.0	100.0	200.0	200.0	100.0	100.0

摘自：山东省地方标准，李福昌等起草。

表3-4 法国F.Lebas推荐的家兔营养需要

营养指标	生长 (4～12周龄)	哺乳	妊娠	维持	哺乳母兔和仔兔
粗蛋白质（%）	15	18	18	13	17
消化能（MJ/kg）	10.45	11.29	10.45	9.20	10.45
脂肪（%）	3	5	3	3	3
粗纤维（%）	14	12	14	15～16	14
非消化纤维（%）	12	10	12	13	12
氨基酸					
蛋氨酸+胱氨酸（%）	0.5	0.6	—	—	0.55
赖氨酸（%）	0.6	0.75	—	—	0.7
精氨酸（%）	0.9	0.8	—	—	0.9
苏氨酸（%）	0.55	0.7	—	—	0.6
色氨酸（%）	0.18	0.22	—	—	0.2
组氨酸（%）	0.35	0.43	—	—	0.4
异亮氨酸（%）	0.6	0.7	—	—	0.65
缬氨酸（%）	0.7	0.35	—	—	0.8
亮氨酸（%）	1.05	1.25	—	—	1.2
矿物质					
钙（%）	0.5	1.1	0.8	0.6	1.1
磷（%）	0.3	0.8	0.5	0.4	0.8
钾（%）	0.8	0.9	0.9	—	0.9
钠（%）	0.4	0.4	0.4	—	0.4
氯（%）	0.4	0.4	0.4	—	0.4
镁（%）	0.03	0.04	0.04		0.04
硫（%）	0.04	—	—		0.04
钴（mg/kg）	1.0	1.0			1.0
铜（mg/kg）	5.0	5.0	—	—	5.0
锌（mg/kg）	50	70	70	—	70

（续）

营养指标	生长 （4～12周龄）	哺乳	妊娠	维持	哺乳母兔和仔兔
锰（mg/kg）	8.5	2.5	2.5	2.5	8.5
碘（mg/kg）	0.2	0.2	0.2	0.2	0.2
铁（mg/kg）	50	50	50	50	50
维生素					
维生素A（IU/kg）	6 000	12 000	12 000	—	10 000
胡萝卜素（mg/kg）	0.83	0.83	0.83	—	0.83
维生素D（IU/kg）	900	900	900	—	900
维生素E（mg/kg）	50	50	50	50	50
维生素K（mg/kg）	0	2	2	0	2
维生素C（mg/kg）	0	0	0	0	0
硫胺素（mg/kg）	2	—	0	0	4
核黄素（mg/kg）	6	—	0	0	4
吡哆醇（mg/kg）	40	—	0	0	2
维生素B_{12}（mg/kg）	0.01	0	0	0	2
叶酸（mg/kg）	1.0	—	0	0	—
泛酸（mg/kg）	20	—	0	0	—

摘自：M. E. Ensminger，中国养兔杂志，1990（4）。

表3-5 **自由采食家兔的营养需要量**（美国NRC标准）

营养指标	生长	维持	妊娠	泌乳
消化能（MJ/kg）	10.45	8.78	10.45	10.45
粗蛋白质（%）	16	12	15	17
脂肪（%）	2	2	2	2
粗纤维（%）	10～12	14	10～12	10～12
矿物质				
钙（%）	0.4		0.45	0.75

（续）

营养指标	生长	维持	妊娠	泌乳
磷（%）	0.22		0.37	0.5
镁（mg/kg）	300～400	300～400	300～400	300～400
钾（%）	0.6	0.6	0.6	0.6
钠（%）	0.2	0.2	0.2	0.2
氯（%）	0.3	0.3	0.3	0.3
铜（mg/kg）	3.0	3.0	3.0	3.0
碘（mg/kg）	0.2	0.2	0.2	0.2
锰（mg/kg）	8.5	2.5	2.5	2.5
维生素				
维生素A（IU）	8 000		10 000	
胡萝卜素（mg/kg）	0.83		0.83	
维生素E（mg/kg）	40		40	40
维生素K（mg/kg）			0.2	
吡哆醇（mg/kg）	39			
胆碱（mg/kg）	1.2			
尼克酸（mg/kg）	180			
氨基酸				
蛋氨酸+胱氨酸（%）	0.6			
赖氨酸（%）	0.65			
精氨酸（%）	0.6			
苏氨酸（%）	0.6			
色氨酸（%）	0.2			
组氨酸（%）	0.3			
异亮氨酸（%）	0.6			
缬氨酸（%）	0.7			
亮氨酸（%）	1.1			
苯丙氨酸+酪氨酸（%）	1.1			

摘自：M. E. ENSMINGER，中国养兔杂志，1990（4）。

表3-6　德国W.Schlolant 推荐的家兔混合料营养标准

营养指标	肥育兔	繁殖兔	产毛兔
消化能（MJ/kg）	12.14	10.89	9.63 ~ 10.89
粗蛋白质（%）	16 ~ 18	15 ~ 17	15 ~ 17
脂肪（%）	3 ~ 5	2 ~ 4	2
粗纤维（%）	9 ~ 12	10 ~ 14	14 ~ 16
赖氨酸（%）	1.0	1.0	0.5
蛋氨酸+胱氨酸（%）	0.4 ~ 0.6	0.7	0.7
精氨酸（%）	0.6	0.6	0.6
钙（%）	1.0	1.0	1.0
磷（%）	0.5	0.5	0.3 ~ 0.5
食盐（%）	0.5 ~ 0.7	0.5 ~ 0.7	0.5
钾（%）	1.0	1.0	0.7
镁（mg/kg）	300	300	300
铜（mg/kg）	20 ~ 200	10	10
铁（mg/kg）	100	50	50
锰（mg/kg）	30	30	10
锌（mg/kg）	50	50	50
维生素A（IU/kg）	8000	8000	6000
维生素D（IU/kg）	1000	800	500
维生素E（mg/kg）	40	40	20
维生素K（mg/kg）	1.0	2.0	1.0
胆碱（mg/kg）	1500	1500	1500
烟酸（mg/kg）	50	50	50
吡哆醇（mg/kg）	400	300	300
生物素（mg/kg）	—	—	25

摘自：张宝庆等，养兔与兔病防治，2000。

第二节　饲料选择与利用

117. 肉兔的能量饲料有哪些?

肉兔的能量饲料有谷实类、糠麸类、粉渣类。

（1）**谷实类饲料**　肉兔常用的有玉米、小麦、大麦、燕麦、稻谷等。谷实类是主要的能量饲料，谷类籽实的结构由种皮、糊粉层、胚乳和胚芽这四个部分组成。

这类饲料的特点是淀粉含量高，消化能高，兔对这类饲料消化率高；粗纤维含量低，平均为2%～6%；蛋白质含量低，氨基酸不平衡，蛋白质的生物学价值低，只有50%～70%，第一限制性氨基酸几乎都是赖氨酸，配饲料时要注意补充赖氨酸；矿物质含量不平衡，钙少磷多，钙含量低于0.1%，缺钙，磷含量是0.1%～0.5%，但主要是植酸磷，利用率低，并干扰其他矿物质利用率；维生素不平衡，一般含维生素B_1、烟酸、维生素E较丰富，但缺乏维生素A、维生素D、维生素B_2、维生素B_{12}。

（2）**糠麸类饲料**　肉兔常用的有麦麸、米皮糠、次粉等。

此类饲料营养价值有以下特点：蛋白质含量高，但品质较差，赖氨酸含量0.6%左右，蛋氨酸缺乏，含量约0.01%，色氨酸丰富；B族维生素和维生素E丰富，烟酸利用率低仅为35%，缺乏维生素A、维生素D、维生素B_{12}；矿物质含量丰富，铁、锰、锌含量高，缺钙多磷，含钙0.1%左右，含磷1.0%左右；结构疏松，密度低，含有适量的粗纤维和硫酸盐类，有轻泻防便秘的作用，还可作为添加剂、预混料的载体、稀释剂、吸附剂，也可作为发酵饲料的载体。麦麸是小麦加工面粉后的副产物，适口性好，质地蓬松，在家兔日粮中用量10%～20%，米皮糠是大米精制的副产物，主要是种皮、外胚乳及糊粉层等的混合物，米皮糠脂肪含量高，在气温高的季节易被氧化产生异味，在饲料中用量为10%～15%。

（3）**粉渣类饲料**　肉兔常用的有：豆腐渣、红苕粉渣、胡豆粉渣等。

粉渣类含较多的可溶性糖，经乳酸菌发酵变为乳酸，因此有一定的酸味；粉渣的蛋白质含量高，但氨基酸不平衡，鲜粉渣水分高达75%以上，不宜保存，可鲜喂或立即脱水处理；干粉渣在兔饲料中用量10%～15%。

118. 肉兔的蛋白质饲料有哪些?

蛋白质饲料是指饲料干物质中粗纤维小于18%，粗蛋白大于20%的一类饲料。主要包括：植物性蛋白饲料、动物性蛋白饲料、单细胞蛋白质、非蛋白氮及人工合成的氨基酸。

（1）**植物性蛋白饲料**　肉兔常用的主要有豆粕、花生饼（粕）、菜籽饼（粕）、棉籽饼（粕）、芝麻饼（粕）、葵花籽饼（粕）、玉米蛋白粉、豆腐渣等。

豆饼、豆粕是大豆籽实制油后的副产品，豆饼是压榨法制油的副产品，豆粕是浸提法制油后的副产品。豆饼（粕）含蛋白质35%～47%，是家兔饲料最主要的蛋白质来源。豆饼（粕）中也含有抗胰蛋白酶、尿素酶、血球凝聚素、皂角苷、甲状腺肿大诱发因子等有毒有害成分，对饲料的消化利用及兔健康产生不利影响。尤其是抗胰蛋白酶因子，造成胰腺肿大，影响蛋白质消化。这些有害物质遇热易分解失去活性，因此，用熟豆饼、熟豆粕是没有问题的。豆饼（粕）在饲料中的用量为10%～18%。

花生饼（粕）是花生仁榨油后的副产品，适口性好，兔尤其喜食，但赖氨酸、蛋氨酸含量低。花生饼（粕）本身无毒，但易感染黄曲霉菌，其产生的黄曲霉毒素的毒性极强，易引起家兔中毒。一般花生饼（粕）在饲料中用量为5%～15%。

菜籽饼（粕）含粗蛋白30%以上，但含有异硫葡萄糖甙，水解后产生的异硫氰酸盐可引起甲状腺肿大，在日粮中的用量控制在

5%以内不会出现不良反应。

（2）**动物性蛋白饲料** 肉兔常用的主要有鱼粉、蚕蛹、肉骨粉、血粉等，此类饲料不含粗纤维，蛋白质含量高，组成蛋白质的氨基酸平衡，钙磷比例平衡，各种维生素、微量元素丰富，特别是植物性饲料中缺乏的维生素B_{12}和微量元素含量高。

鱼粉含蛋白质60%左右，是优质的蛋白质饲料，但鱼粉腥味大，适口性差，兔饲料中用量控制在3%以内为宜。肉骨粉含粗蛋白质50%左右，兔饲料中用量控制在2%以内。血粉含粗蛋白80%左右，但消化率低，饲料中用量1%以内。

（3）**单细胞蛋白质饲料** 该饲料又称微生物蛋白质饲料，是单个细胞组成，是各种微生物体制成的饲料，主要包括：酵母、细菌、真菌、单细胞藻类。饲料酵母含蛋白质50%左右，品质好，消化率高，含有丰富的B族维生素及维生素D，钙、磷、铁、锰等矿物质也很丰富，其营养价值介于动物性蛋白饲料和植物性蛋白饲料之间。家兔饲料中的用量为2%～5%。

（4）**非蛋白氮和人工合成的氨基酸** 非蛋白氮主要是指尿素等含氮的简单化合物，兔对非蛋白氮的利用率很低，在生产中没有实际意义。人工合成的各种氨基酸才是最重要的蛋白质饲料原料，如：赖氨酸、蛋氨酸、苏氨酸、色氨酸、精氨酸、丙氨酸、甘氨酸等。肉兔对赖氨酸的需要量大，毛兔对蛋氨酸的需要量大，苏氨酸、色氨酸、精氨酸也是肉兔饲料中容易缺乏的限制性必需氨基酸。在兔饲料中适当添加这些氨基酸，可大大提高肉兔对蛋白质的利用率，节约蛋白质，降低饲料成本；还可提高肉兔的生长速度，提高种兔的繁殖力、产乳力。

119. 肉兔的粗纤维饲料有哪些？

肉兔的粗纤维饲料主要有青干草、农作物秸秆藤蔓类、树叶、秕壳、糟渣类。

（1）**青干草** 常用的有杂青干草和干牧草。杂青干草由多种青草晒干或烘干而成，干牧草包括苜蓿草、黑麦草、墨西哥玉米、篁竹草等牧草干制产品。这类草颜色淡绿，营养价值较高，适口性好，是优质的家兔粗饲料，在家兔饲料中杂青干草的用量30%～35%，干牧草用量35%～45%。

（2）**秸秆藤蔓** 常用的有玉米秸秆、麦秸秆、谷草、胡豆秆、黄豆秆、花生秧、红苕藤等。这类饲料粗纤维含量高，消化率低，总体来说营养价值低。兔饲料中玉米秸秆、麦秸秆用量在5%以内，谷草在8%以内，红苕藤10%，胡豆秆、花生秧在12%以内，黄豆秆在5%以内。

特别应注意的是饲料绝对不能有发霉、变质及夹带泥土的情况，否则，会引起家兔生病甚至大量死亡。

（3）**树叶** 常用的有洋槐树叶、桑树叶、枇杷叶、杨树叶、榆树叶、柳树叶等。一般果树叶含粗蛋白10%左右，在兔饲料中用量10%～20%，但应特别注意果树叶的农药残留。洋槐树叶粗蛋白质可达18%～23%，氨基酸、矿物质、维生素丰富，在兔饲料中用量30%～40%。有的树叶有不良气味（如紫穗槐叶等），在饲料中要控制用量，以免影响饲料的适口性。

（4）**秕壳类** 指的是果实或种子的外皮或外壳，其营养价值比同类植物的秸秆好。常用的有：大豆荚、豌豆荚、胡豆荚、花生壳等，在兔饲料中用量10%～15%；棉籽壳、葵花籽壳在兔饲料中用量3%～5%。

（5）**糟渣类** 主要是生产酒、糖、醋、酱油等的副产品。啤酒糟是以大麦为主要原料酿制的副产物，粗蛋白含量20%左右，是家兔的好饲料，饲料中用量12%～15%；白酒糟以高粱、玉米、荞麦等为原料酿制的副产物，有的含有少量谷壳，还含有一定的酒精，兔饲料中用量在5%以内。对甜菜渣、甘蔗渣、醋渣、酱渣等，既要注意营养物质，也要注意原料中含有的不利物质，根据实际情况，也可按一定比例加入兔饲料中。

120. 肉兔的矿物质饲料有哪些?

肉兔的矿物质饲料有化工类原料和天然的饲料原料。

（1）**化工类矿物质饲料原料** 主要有食盐、碳酸钙、磷酸二氢钙、硫酸铜、硫酸亚铁、硫酸锌、硫酸锰、碘化钾或碘酸钾、氯化钴、亚硒酸钠等化工产品饲料级原料，这类原料含有的矿物质营养元素单一。

（2）**天然的矿物质饲料原料** 有贝壳粉、骨粉、蛋壳粉、膨润土、沸石粉、麦饭石等，这类原料含有多种矿物质元素。如：骨粉含钙24% ~ 30%，含磷11% ~ 15%；膨润土含有硅、钙、镁、铁、铝、钾、钠等多种营养元素。膨润土可吸附动物体内的氨气、硫化氢等有害气体，饲料中添加1%，可减少疾病，除去粪便臭味；沸石粉含有30多种对畜体有益的元素，饲料中加1%，可减少动物腹泻，减少气味，提高日增重。

121. 兔常用的青绿饲料有哪些?

（1）**青绿饲料的特点** 青绿饲料水分多、纤维含量少，富含蛋白质、维生素、矿物质，鲜嫩多汁。体积大，营养浓度低，单用青绿饲料是难以满足家兔生长发育需要的，应与全价颗粒饲料结合使用为好。

（2）**兔喜吃的青绿饲料** 主要包括种植的牧草、野青草、菜叶、树叶、水生青料。

①种植的牧草主要有：白三叶、紫花苜蓿、苦荬菜、黑麦草、菊苣、苏丹草、墨西哥甜玉米、紫云英等。苏丹草、墨西哥玉米产量高，可消化碳水化合物含量高，适口性好，利用时间长（从晚春到深秋），宜多种植；白三叶、紫花苜蓿都是豆科多年生草本植物，春、秋两季均可播种，利用年限3 ~ 5年，蛋白质含量高，适口性好，是优质牧草；苦荬菜是菊花科莴苣属，一年生草本植物，每年2 ~ 3月播种，亩产量可达8 000千克以上，茎叶白色浆汁多，味苦

适口，有清热消炎的作用，特别适于哺乳母兔、仔幼兔；多年生黑麦草适口性好，每年3～4月或9～10月播种，消纳肥水量大，产量高，并适于与三叶草、苜蓿草混播建立高产草地。

②野青草主要有：麦麦草、野菊花、黄狗藤、清明菜、千里光、车前草、鱼腥草、鱼鳅串、地瓜叶、连线草、夏枯草、艾蒿、青蒿、茵陈蒿、鹅儿肠、泽漆（五朵云）、水皂角、水窝笋、紫花地丁、马齿苋、蒲公英、金银花、竹节草、剪刀草、辣蓼、糯米草、水芹菜、陈艾、狗尾草、野葱、百合等。

③树叶主要有：桑树叶、杨槐树叶、黄荆树叶、无花果树叶、杨柳树叶、枇杷树叶、李树叶、千丈树叶等。

④青菜叶类主要有：胡萝卜樱、萝卜叶、芹菜、青菜叶、白菜叶、油菜叶、葱、莴笋叶等。

（3）兔不喜吃的青绿饲料　兔不喜欢吃带芒刺的篁竹草、聚合草、串叶松香草，兔不喜吃腥味重的天星苋、鲁梅克斯，兔也不喜欢吃早熟禾（足球场绿化用草）、苇状羊茅、鸭茅等。水生草本饲料多生长在不洁之处，对于养兔来说没有意义。

（4）饲喂青绿饲料注意事项　保证所采集的青绿饲料无农药、除草剂污染，不带泥沙，无毒无害。叶面带水的草须晾干后才能饲喂。疑不洁的草最好不用，确需用时，可用清水冲洗后，再用0.01%～0.05%的高锰酸钾水溶液浸泡10～20秒钟杀菌消毒后饲喂兔。养兔还是应以全价颗粒饲料为主，青绿饲料只是补充、调节的作用。

122. 怎样给肉兔补充必需氨基酸？

肉兔常用配合饲料中，第一、第二限制性必需氨基酸分别是赖氨酸和蛋氨酸，在配制家兔饲料时可添加0.1%～0.3%的赖氨酸、0.1%～0.2%的蛋氨酸来平衡含量；苏氨酸、色氨酸、精氨酸也是排在前面的限制性必需氨基酸，现已工业化生产，也可在饲料中添加0.025%～0.1%来促进氨基酸平衡。只要氨基酸平衡，兔饲料不一定要很高的蛋白质含量，也可达到同样的效果。也就是说，兔饲料中适当添加限制性必需氨基酸，促进氨基酸平衡，可提高肉兔对蛋白质的利用率，降低饲料成本。

肉兔对蛋白质、氨基酸的利用率与饲料中氨基酸的平衡程度密切相关，根据"水桶板块理论"学说原理，饲料中氨基酸平衡度越好，肉兔对蛋白质、氨基酸的利用率就越高。只要氨基酸平衡，兔饲料中不一定要很高的蛋白质含量，也可达到很好的饲养效果。也就是说，兔饲料中适当添加限制性必需氨基酸，促进氨基酸平衡，可提高肉兔对蛋白质、氨基酸的利用率，降低饲料成本。

123. 怎样给肉兔补充必需脂肪酸？

肉兔营养需要的亚油酸、亚麻油酸、花生油酸等不饱和必需脂肪酸在植物油中含量丰富，可在饲料中添加1%的花生油（菜籽油、葵花籽油也可以）来补充，可提高饲料的适口性，促进肉兔的生长、发育、繁殖，增加兔毛的光泽度，增强肉兔的体质。

使用植物油要特别注意：已氧化有刺喉味的植物油、酸败变质的植物油绝对不能用。因此，购买植物油时要保证质量合格，一次不要采购太多，避免时间长了变质，仓储中要避光、密闭保存，以确保添加的植物油质量可靠。

124. 怎样给肉兔补充维生素？

肉兔常用的脂溶性维生素有维生素A、维生素D、维生素E、维生素K，水溶性维生素有维生素C及B族维生素，可按饲养标准在饲料中适当补充单体维生素，也可直接用专业厂家生产的肉兔专用的复合维生素添加剂（多维）来补充。

由于在饲料加工过程中受高温的影响，有些维生素会被破坏而失效，因此，可按饲养标准推荐量上浮30%添加维生素。专业饲料厂可根据饲料品种制定单体维生素添加配方，也可直接用专业厂家生产的肉兔专用复合维生素添加剂（多维）来补充；养殖场自己生产饲料最好选用复合维生素添加剂来补充肉兔对维生素的需要，根据使用说明及饲料加工的实际情况合理确定维生素添加剂的用量。

125. 怎样给肉兔补充矿物质元素？

肉兔需要的矿物质元素包括需要量较大的常量元素和需要量很小的微量元素。常量矿物质元素的补充：用碳酸钙补充钙，磷酸二氢钙补充磷、钙，食盐补充氯、钠，硫酸镁补充镁、硫，钾在植物性饲料原料中含量丰富，不需要单独补充。微量元素需要量小，有的还有很强的毒性（如：亚硒酸钠、氯化钴等），对载体、稀释剂及混合均匀度的要求高，最好直接用专业厂家生产的肉兔专用微量元素添加剂，铜、铁、锌、锰、碘、钴、硒等微量元素都齐全，按说明使用就可满足家兔的营养需要。

在使用微量元素添加剂中要特别注意：一定要按说明剂量添加，千万不要超量添加，并且要混合均匀，防止饲料中重金属超标导致兔肉中重金属超标，而影响兔肉质量安全。

126. 家兔对营养物质的消化吸收有哪些特点？

（1）**能量需要较高** 家兔每千克体重能量需要量是牛的3倍，是马的6倍。家兔每千克体重的体表面积比牛、马等大动物的大，通过体表散发的热量多。在基础代谢的情况下，一昼夜每千克体重的能量消耗，体重2.3千克的家兔为0.31兆焦，而411千克的马为0.05兆焦。饲料中潜在的能量是化学能，成年兔对饲料中能量的利用率约40%，随粪排出去的能量就达60%，而真正能变成兔产品的能量约20%。因此，饲料中能量水平对家兔生产性能的发挥影响很大，配制饲料时要注意消化能含量合理。

（2）**饲料适口性影响碳水化合物的利用** 家兔能有效利用可溶性碳水化合物，对含淀粉多的禾谷类籽实的利用主要受适口性影响。据实验观察，兔自由采食时，兔喜吃食物的顺序是燕麦、大麦、小麦、玉米。因此，配饲料时，能量含量和适口性都要考虑。

（3）家兔体内微生物可分解、消化纤维素　家兔体内不能分泌纤维素酶，4周龄以上兔盲肠、结肠中含有大量能分解纤维的细菌，进入盲肠的纤维素物质在细菌分泌的纤维素分解酶的作用下，分解成3种挥发性脂肪酸（乙酸、丙酸、丁酸）和二氧化碳。二氧化碳经氧化变成甲烷气体排出，挥发性脂肪酸主要供能，乙酸、丁酸是合成乳脂中短链脂肪酸的原料，丙酸在兔肝脏中可合成葡萄糖。

（4）家兔日粮必须要适量的粗纤维　家兔是草食动物，其消化道在进化过程中，形成了能有效利用植物性饲料，并需要适量粗纤维才能维持正常生理功能的特点。粗纤维吸水量大，有填充胃肠、刺激产生饱感的作用；粗纤维对家兔的肠黏膜有刺激作用，促进胃肠的蠕动和粪便的排泄，并有利于粪球的形成；粗纤维可释放饲料中的高营养成分，控制饲料在消化道中停留的时间，以利消化吸收；粗纤维对体内共生的微生物有益处。家兔日粮中必须含有适量的粗纤维，建议在12% ~ 15%。

（5）对植物性脂肪利用率高　家兔对动物性脂肪利用率低，对植物性脂肪利用率高达83.3% ~ 90.7%。在母兔全价饲料中加2%的大豆油，可使21日龄仔兔窝重和饲料转化率提高，并可降低70日龄生长肉兔的死亡率。

（6）蛋白质利用率高　家兔有吃软粪的习性，家兔吞食的软粪中有65%的蛋白质被重新吸收利用，家兔能很好利用青绿饲料中的蛋白质。从家兔对蛋白质品质要求看，动物蛋白比植物蛋白好，但动物蛋白价格高，过多的动物蛋白对饲料适口性有影响。

（7）对非蛋白氮的利用能力差　家兔对尿素等非蛋白氮的利用差，因此，在饲料中添加非蛋白氮没有任何意义。

（8）能忍受高钙水平的日粮　日粮中钙4.5%，钙、磷比为12：1，未发现有阻滞家兔生长、使家兔骨骼发育异常现象。同样高水平的钙，母兔繁殖性能也未降低。过多的钙主要通过家兔的肾小管以尿液形式排出。家兔只有在高钙，钙、磷比为1∶1或1∶1以上时（如2∶1），才能耐受高水平的磷（1.5%），过多的磷主要通过粪便排出。推荐的钙磷比例为2∶1。

（9）**维生素在家兔体内转化的特点**　家兔所需的B族维生素、维生素C、维生素K可以在体内合成；胆固醇在日光照射下可转化成维生素D；B族维生素还可以通过吃软粪获得；维生素A可由植物饲料绿叶中的胡萝卜素转化而成，鲜青绿饲料是家兔的重要维生素来源之一。肠道中的微生物可合成维生素K，但会受抗生素、磺胺类药、双香豆素等药物影响；肝球虫病也影响维生素K吸收利用，在这种情况下应适当增加维生素K的用量。

127. 什么是饲料原料的营养成分表?

家兔常用饲料原料的营养成分表是通过一系列的饲养试验及检测分析得出的数据，从表中可知道饲料原料的营养价值，是计算饲料配方重要的参考依据之一。当然，表中所列数据可能与所用饲料原料实际的含量会有差异。植物性饲料原料营养成分要受土壤、气候、施用的肥料、收获的时间等诸多因素的影响；动物性饲料原料的营养成分也有许多影响因素，比如，鱼粉的营养成分会受鱼的种类、大小及产地等因素的影响。因此，在饲料生产中，每批次饲料原料的营养成分可能都有细小的波动，设计饲料配方时主要原料应以化验室分析得到的数据为计算依据更准确。我们还可以通过对生产出来的成品饲料进行化验分析，测出其主要营养成分的含量，与我们设计值对照，从而验证我们计算的准确性和科学性，差距大了要找到原因，并加以完善、补正。

家兔常用饲料原料营养成分详见表3-7至表3-9，其中表3-7列出了家兔常用饲料主要营养成分，表3-8列出了家兔常用饲料主要氨基酸、微量元素含量，表3-9列出了家兔常用饲料主要维生素含量。

表3-7　家兔常用饲料营养成分

饲料名称	干物质(%)	粗蛋白质(%)	粗脂肪(%)	粗纤维(%)	粗灰分(%)	钙(%)	磷(%)	可消化蛋白质(%)	消化能(MJ/kg)
能量饲料									
玉米（籽实）	89.5	8.9	4.3	3.2	1.2	0.02	0.25	7.6	14.48
大麦（籽实）	90.2	10.2	1.4	4.3	2.8	0.1	0.46	6.8	14.06
燕麦（籽实）	87.9	10.9	4.2	10.6	—			8.6	11.88
小麦（籽实）	90.4	14.6	1.6	2.3	8.6	0.09	0.29	12.8	12.93
小麦粗粉	89.0	17.4	—	6.5		0.1	0.89	—	13.39
小麦麸	89.5	15.6	3.8	9.2	4.8	0.14	0.96	10.0	11.92
荞麦（籽实）	85.2	10.4	2.3	20.8	—			7.5	12.51
高粱（籽实）	89.0	10.6	3.1	3.0	2.1	0.05	0.3	6.3	12.97
谷子（籽实）	88.4	11.6	3.4	4.9	3.3	0.17	0.29	9.4	14.9
稻谷（含谷壳）	88.6	7.7	2.2	11.4	4.4	0.08	0.31	6.4	11.63
糙米	87.0	6.1	2.9	0.9	—	0.05	0.91	3.0	15.15
甜菜渣（糖甜菜）	91.9	9.7	0.5	10.3	3.7	0.68	0.09	4.6	12.13
白萝卜	8.2	1.0	0.1	1.1	—	—	—	0.4	1.3
胡萝卜	8.7	0.7	0.3	0.8	0.7	0.11	0.07	0.4	1.46
马铃薯	39.0	2.3	0.1	0.5	1.3	0.06	0.24	1.1	5.82
甘薯	29.9	1.1	0.1	1.2	0.6	0.13	0.05	0.1	4.64
啤酒糟	94.3	25.5	7.0	16.2	—	—	—	20.4	10.88
蛋白质饲料									
大豆（籽实）	91.7	35.5	16.2	4.9	4.7	0.22	0.63	24.7	17.7
黑豆（籽实）	91.6	31.1	12.9	5.7	4.0	0.19	0.57	20.2	16.97
豌豆（籽实）	91.4	20.5	1.0	4.9	3.3	0.09	0.28	18.0	13.81
蚕豆（籽实）	88.9	24.0	1.2	7.8	3.4	0.11	0.44	17.2	13.51
羽扇豆（籽实）	94.0	31.7	—	13		0.24	0.43	—	14.56
菜豆（籽实）	89.0	27.0	—	8.2		0.14	0.54	—	13.81
豆饼（热榨）	85.8	42.3	6.9	3.6	6.5	0.28	0.57	31.5	13.54
豆饼（热榨）	90.7	43.5	4.6	6.0				38.1	14.77
菜籽饼（热榨）	91.0	36.0	10.2	11.0	8.0	0.76	0.88	31.0	13.35
菜籽饼（热榨）	90.0	30.2	8.6	12.0	—			20.7	12.72
亚麻饼（热榨）	89.6	33.9	6.6	9.4	9.3	0.55	0.83	18.6	10.92

（续）

饲料名称	干物质(%)	粗蛋白质(%)	粗脂肪(%)	粗纤维(%)	粗灰分(%)	钙(%)	磷(%)	可消化蛋白质(%)	消化能(MJ/kg)
大麻饼(热榨)	82.0	29.2	6.4	23.8	8.3	0.23	0.13	22.0	11.05
花生饼(热榨)	86.8	39.6	3.3	11.1	—	1.01	0.55	24.1	10.17
花生饼(热榨)	90.0	42.8	7.7	5.5	—	—	—	37.6	15.82
棉籽饼(热榨)	86.5	29.9	3.9	20.7	—	0.32	0.66	18.0	10.08
棉籽饼(热榨)	93.3	39.7	6.6	13.3	—	—	—	32.1	12.43
葵花饼(热榨)	89.0	30.2	2.9	23.2	7.7	0.34	0.95	27.1	8.79
葵花饼(热榨)	91.5	30.7	9.5	19.4	—	—	—	26.3	10.66
芝麻饼(热榨)	94.5	39.4	8.7	6.7	—	—	—	33.0	14.94
豆腐渣	97.2	27.5	8.7	13.6	9.9	0.22	0.26	19.3	16.32
鱼粉(进口)	91.2	58.5	9.7	—	15.1	3.91	2.9	49.5	15.77
鱼粉(进口)	92.9	65.8	—	0.8	—	3.7	2.6	—	15.23
鱼粉(国产)	—	46.9	7.3	2.9	23.1	5.53	1.45	—	10.59
肉骨粉	94.0	51.0	—	2.3	—	9.1	4.5	—	12.97
蚕蛹粉	95.4	45.3	3.2	5.3	—	0.29	0.58	37.7	23.1
血粉	89.7	86.4	1.1	1.8	—	0.14	0.32	61.0	—
干酵母	89.5	44.8	1.4	4.8	—	—	—	32.9	11.17
全脂奶粉	76.0	25.2	26.7	0.2	—	—	—	25.0	21.71
粗饲料									
苜蓿(干草粉)	91.4	11.5	1.4	30.5	8.9	1.65	0.17	6.4	5.82
苜蓿(干草粉)	91.0	20.3	1.5	25.0	9.1	1.71	0.17	13.4	7.49
红三叶(干草粉)	86.7	13.5	3.0	24.3	—	—	—	7.0	8.73
红豆草(干草粉)	90.2	11.8	2.2	26.3	7.8	1.71	0.22	4.7	8.75
狗尾草(干草粉)	89.8	6.2	2.2	30.7	—	—	—	3.1	6.19
野豌豆(干草粉)	87.2	17.4	3.0	23.9	—	—	—	10.1	8.49
草木樨(干草粉)	92.1	18.5	1.7	30.0	8.1	1.3	0.19	12.2	6.65
沙打旺(干草粉)	90.9	16.1	1.7	22.7	9.6	1.98	0.21	8.8	6.86

（续）

饲料名称	干物质(%)	粗蛋白质(%)	粗脂肪(%)	粗纤维(%)	粗灰分(%)	钙(%)	磷(%)	可消化蛋白质(%)	消化能(MJ/kg)
青草粉	88.5	7.5	—	29.4	—	—	—	4.2	7.03
松针粉	—	8.5	5.7	26.4	3.0	0.2	0.98	—	7.53
大豆秸秆	87.7	4.6	2.1	40.1	—	0.74	0.12	2.5	8.28
玉米秸秆	66.7	6.5	1.9	18.9	5.3	0.39	0.23	5.3	8.16
小麦秸秆	89.0	3.0	—	42.5	—	—	—	1.3	3.18
稻草粉	—	5.4	1.7	32.7	—	—	—		5.52
槐树叶(干树叶)	89.5	18.9	4.0	18.0	—	1.21	0.19	6.5	17.11
杨树叶	95.0	10.2	6.2	18.5	13.3	0.95	0.05	—	—
青绿饲料									
苜蓿	17.0	3.4	1.4	4.6	—	—	—	2.0	1.72
红三叶	19.7	2.8	0.8	3.3	—	—	—	2.1	2.47
白三叶	19.0	3.8	—	3.2	—	0.27	0.09	—	1.84
聚合草（叶子）	11.0	2.2	—	1.5	—	—	0.06	—	10.0
甘蓝	5.2	1.1	0.4	0.6	0.5	0.08	0.29	1.0	0.88
芹菜	5.6	0.9	0.1	0.8	—	—	—	0.7	0.75
油菜	16.0	2.8	—	2.4	—	0.24	0.07	—	1.46
玉米茎叶	24.3	2.0	0.5	1.6	—	—	—	1.3	2.47
矿物质饲料									
石粉	—	—	—	—	—	35.0	—	—	—
骨粉	—	—	—	—	—	36.4	16.4	—	—
贝壳粉	—	—	—	—	—	33.4	0.14	—	—
蛋壳粉	—	—	—	—	—	37.0	0.15	—	—

表3-8 家兔常用饲料氨基酸、微量元素含量

饲料名称	干物质(%)	粗蛋白质(%)	氨基酸（%）				微量元素（mg/kg）			
			胱氨酸	蛋氨酸	赖氨酸	精氨酸	铜	锌	锰	铁
蛋白质饲料										
大豆饼	86.10	43.45	0.47	0.62	2.07	2.41	13.27	40.60	32.87	232.40

（续）

饲料名称	干物质 (%)	粗蛋白质 (%)	氨基酸 (%)				微量元素 (mg/kg)			
			胱氨酸	蛋氨酸	赖氨酸	精氨酸	铜	锌	锰	铁
菜籽饼	91.02	35.86	0.56	0.67	1.70	1.95	7.65	41.10	61.10	430.90
胡麻饼	89.58	33.85	0.47	0.75	1.22	2.39	23.90	52.25	51.00	611.65
大麻饼	81.99	29.19	0.42	0.71	1.25	3.59	18.30	90.90	98.40	300.50
豆腐渣	97.19	27.45	0.43	0.26	1.45	1.54	6.55	24.90	20.50	213.65
大豆	91.69	35.53	0.54	0.46	2.03	2.21	25.07	36.70	33.10	126.63
黑豆	91.63	31.13	0.40	0.47	1.93	1.93	24.00	52.30	38.85	143.85
豌豆	91.37	20.48	0.40	0.27	1.23	1.28	3.70	24.70	14.90	119.60
蚕豆	88.94	24.02	0.29	0.23	1.52	1.83	11.05	17.45	16.70	120.20
鱼粉	91.74	58.54	0.47	1.49	4.01	2.80	13.50	60.00	25.00	220.00
能量饲料										
玉米	89.49	8.95	0.14	0.06	0.22	0.20	4.69	16.51	4.92	47.84
小麦	90.40	14.63	0.22	0.14	0.32	0.35	8.68	22.65	30.70	63.77
大麦	90.15	10.19	0.14	0.11	0.33	0.33	18.25	35.20	23.00	193.35
燕麦	94.42	8.81	0.17	0.12	0.32	0.38	15.85	31.70	36.40	243.35
青稞	89.41	11.60	0.12	0.04	0.26	0.27	10.40	35.80	18.30	120.01
谷子	88.36	10.59	0.14	0.28	0.22	0.18	17.60	32.70	29.08	357.10
糜子	89.39	9.54	0.12	0.16	0.15	0.15	11.23	57.72	117.40	143.72
麦麸	89.50	15.62	0.50	0.25	0.56	0.90	17.63	60.36	107.79	133.57
马铃薯渣	89.18	—	0.14	—	0.29	0.29	—	—	—	—
甜菜渣	81.87	—	0.05	0.02	0.57	0.42	12.30	12.30	34.00	215.00
粗饲料										
苜蓿	89.10	11.49	0.16	0.25	0.06	0.45	18.5	17.00	29.00	200.00
红豆草	90.19	11.78	0.08	0.15	0.4	0.30	3.95	20.00	122.45	515.15
红三叶	91.50	9.49	0.17	0.07	0.35	4.33	21.00	46.00	69.00	9.00
小冠花	88.30	5.22	0.04	0.05	0.30	0.23	4.10	4.70	162.50	297.60
箭舌豌豆	93.26	8.16	0.04	0.05	0.31	0.27	1.20	22.70	14.90	129.20
草木樨	92.14	18.49	0.11	0.14	0.54	0.32	8.76	27.54	38.52	146.60
沙打旺	90.85	16.05	0.09	—	0.70	0.31	6.66	14.62	66.22	339.20

（续）

饲料名称	干物质(%)	粗蛋白质(%)	氨基酸（%）				微量元素（mg/kg）			
			胱氨酸	蛋氨酸	赖氨酸	精氨酸	铜	锌	锰	铁
玉米秸	66.72	6.50	0.21	0.03	0.21	0.32	8.60	20.00	33.50	—
无芒雀麦	90.61	10.48	0.10	0.13	0.35	0.41	4.32	12.07	131.32	183.92
燕麦秸	92.24	5.51	0.15	0.11	0.18	0.38	9.80	—	29.30	20.00
南瓜粉	96.51	7.78	0.06	0.06	0.26	0.26				
葵花盘	88.49	6.73	—	0.18	0.27	0.30	2.50	7.30	26.30	585.40
谷糠	91.74	4.24	0.07	0.07	0.13	0.13	7.60	36.50	70.50	1 847.90
糜糠	90.26	6.42	0.11	0.16	0.26	0.34	3.50	14.60	23.05	196.60
槐树叶	90.79	12.36	0.08	0.10	0.69	0.45	9.20	15.90	65.45	217.45
青绿饲料										
苜蓿	26.57	4.42	0.05	0.05	0.21	0.17	10.75	15.07	35.67	222.07
红豆草	27.32	4.87	0.06	0.11	0.61	0.77	3.98	17.33	54.77	222.07
野豌豆	27.35	4.25	0.03	0.08	0.13	0.10	8.00	19.00	—	366.00
黑麦草	22.00	4.07	—	0.06	0.13	0.15	1.70	6.70	17.50	40.30
紫云英	24.22	5.03	0.07	0.04	0.21	0.19				
甘蓝	5.24	1.09	0.03	0.01	0.05	0.04	4.00	19.10	72.65	964.60
胡萝卜	8.73	0.68	0.005	0.009	0.009	—	5.60	26.00	31.00	79.00
马铃薯	39.03	2.31	0.03	0.04	0.13	0.10	6.43	14.18	7.43	200.45
红薯	29.86	1.12	0.01	0.04	0.04	0.04	1.30	1.70	1.50	47.00

表3-9　家兔常用饲料主要维生素含量（mg/kg）

饲料名称	生物素	胆碱	叶酸	烟酸	泛酸	胡萝卜素	维生素B$_6$	维生素B$_2$	维生素B$_1$	维生素E
鲜苜蓿	0.12	373	—	11.8	8.7	46.6	1.60	3.2	1.4	146.0
苜蓿干草（盛花期）	—	—	—	—	—	10.6	—	—	—	—
红三叶干草	0.10	—	—	37.0	9.7	23.9	—	15.5	1.9	—
猫尾干草（中花期限）	—	—	—	—	—	47.0	—	—	—	—

（续）

饲料名称	生物素	胆碱	叶酸	烟酸	泛酸	胡萝卜素	维生素B$_6$	维生素B$_2$	维生素B$_1$	维生素E
黄玉米	0.06	452	0.36	30.4	6.7	2.2	5.24	1.3	2.0	23.0
高粱	0.41	622	0.20	40.8	11.2	1.2	4.62	1.2	4.2	11.0
燕麦	0.24	1013	0.30	13.7	7.4	0.1	2.53	1.5	6.3	12.0
裸麦	0.33	—	0.62	20.5	9.0	10.2	2.59	1.6	3.0	15.0
小麦（硬粒春播）	0.12	854	0.41	57.8	10.1	10.3	5.14	1.4	4.3	12.8
小麦（硬粒冬播）	0.11	1046	0.37	54.2	10.0	—	3.03	1.5	4.3	11.1
小麦（软粒冬播）	0.11	967	0.36	35.4	11.1	—	4.07	1.2	4.7	13.7
小麦麸	0.57	1 865	1.21	273.1	47.9	2.6	10.55	4.8	6.6	21.0
大麦	0.14	913	0.53	75.2	7.4	2.5	6.27	1.4	3.9	14.0
棉籽粉（溶剂脱脂）	0.59	2 752	2.79	40.6	13.9		6.29	4.8	6.2	14.0
亚麻籽粉（溶剂脱脂）	—	1 355	—	29.1	14.8			2.8	7.7	16.0
花生仁粉（溶剂脱脂）	0.32	1 898	0.40	166.3	48.5	—	5.28	10.6	5.5	3.0
大豆粉（溶剂脱脂）	0.23	2 630	0.45	27.5	16.0	0.2	6.39	2.9	5.5	2.0
葵花籽粉（去壳溶剂脱脂）	—	3 596		225.2	24.8		15.98	4.2		11.0
甜菜（糖用干块根）	—	810.0	—	16.7	1.4	0.2	—	0.7	0.4	—
糖蜜（甘蔗）	0.70	744.0	0.11	40.6	49.2	—	6.50	2.8	0.9	5.0
乳粉（饲用全脂）	0.33	—		8.4	22.8	7.1	4.74	19.8	3.7	
乳粉（饲用脱脂）	0.33	1391	0.47	11.5	36.9		4.25	19.2	3.8	9.0

128. 怎样计算肉兔全价颗粒饲料配方?

以设计生长肉兔(4 ~ 12周龄)饲料配方为例来说明制定饲料配方的过程。

(1) **选择饲养标准,确定饲料配方的营养指标** 首先,要选择适宜的饲养标准,在此,我们选择南京农业大学推荐的肉兔营养需要量(表3-2)作为饲养标准,确定生长兔饲料配方的营养指标及饲料成本:消化能10.5兆焦/千克、粗蛋白质18.0%、可消化蛋白质16.0%、粗纤维13.5%、钙1.0%、磷0.6%、食盐0.5%、赖氨酸1.0%、胱氨酸+蛋氨酸0.7%,饲料成本2.5元/千克。计算出的指标可上、下10%以内浮动。

(2) **选择要用的饲料原料** 肉兔饲料常用的原料有,能量饲料:玉米、小麦、麦麸、洗米糠(米皮糠)等;蛋白质饲料:豆粕、玉米蛋白粉、菜子饼(粕)、芝麻饼(粕)、饲料酵母粉、鱼粉、蚕蛹等;粗纤维饲料:苜蓿草颗粒(粉)、花生壳粉、花生秧粉、青干草粉、青蒿粉、玉米芯粉等。

(3) **初拟配方比例** 根据饲料原料的营养成分和掌握的肉兔营养知识拟出初步的配方比例。如:玉米25.0%、麦麸16.0%、豆粕14.0%、芝麻饼3.3%、饲料酵母蛋白粉1.0%、优质鱼粉1.0%、苜蓿粉37.4%、碳酸钙0.2%、食盐0.5%、生长兔微量元素添加剂1.0%、生长兔复合多维素0.1%、复合酶0.1%、硫酸镁0.1%、赖氨酸0.2%、蛋氨酸0.1%。

(4) **运用EXCEL电子表格计算** 在电子表格中编制营养成分计算公式,将所用饲料原料的营养成分、原料价格及初步配方比例录入电子表格中,即可自动计算出所拟配方的营养成分含量及饲料成本,再与拟达到的营养指标比较,进一步调整饲料原料的比例,直到各项营养指标及饲料成本达到要求即可。表3-10是肉兔饲料配方计算Excel表,表3-11是计算公式的编辑方法。

表3-10　肉兔饲料配方计算Excel表

饲料原料	配比(kg)	粗蛋白质(%)	粗脂肪(%)	粗纤维(%)	钙(%)	磷(%)	可消化蛋白质(%)	消化能(MJ/kg)	赖氨酸(%)	蛋氨酸(%)	原料单价(元/kg)	原料成本(元/100kg)
玉米	25	8.9	4.3	3.2	0.02	0.25	7.6	14.48	0.23	0.23	2	50
豆粕	14	42	6.9	6.8	0.28	0.57	30.5	14.37	2.07	1.09	3	42
鱼粉	1	58.5	9.7	2.9	3.91	2.9	58.5	11.6	5.3	2.65	6.5	6.5
饲料酵母	1	45.5	0.3	5.1	1.15	1.27	36	14.5	2.57	1	2.6	2.6
菜籽饼	0	36	11.2	12	0.76	0.88	31	12.33	1.7	1.23	1.5	0
芝麻饼	3.3	35.4	11.2	7.2	1.49	1.16	31	14.02	0.86	1.43	1.6	5.28
蚕蛹粉	0	45.3	23.3	5.3	0.29	0.58	37.7	23.1	3.96	1.18	5	0
玉米纤维	0	15	3.3	11	0.08	0.48	2.8	10.93	0.29	0.14	1.2	0
麦麸	16	15.6	3.8	9.2	0.14	0.96	14.6	12.92	0.56	0.75	1.6	25.6
麦草秸秆	0	3	3	42.5	0.63	0.25	1.3	3.18	0.21	0.24	0.8	0
稻谷	0	8.4	2	11.4	0.08	0.31	7	11.63	0.37	0.36	2	0
洗米糠	0	11.5	15.3	9.4	0.12	1.02	12.2	11.61	0.58	0.5	1.6	0
苜蓿草粉	37.4	14.5	1	30	1.89	0.21	16.8	6	0.87	0.48	2.4	89.76
花生藤粉	0	12.2	1.5	21.8	2.8	0.1	9.6	6.91	0.4	0.27	1.2	0
野干草粉	0	2.9	1.1	34.3	0.5	0.1	1.5	1.62	0.1	0.06	1	0
碳酸钙粉	0.2	0	0	0	35	0	0	0	0	0	1	0.2

（续）

饲料原料	配比(kg)	粗蛋白质(%)	粗脂肪(%)	粗纤维(%)	钙(%)	磷(%)	可消化蛋白质(%)	消化能(MJ/kg)	赖氨酸(%)	蛋氨酸(%)	原料单价(元/kg)	原料成本(元/100kg)
酒糟粉	0	20	0	21.5	0.16	1.06	15	8	0.13	0.14	0.9	0
稻草粉	0	5.4	1.7	32.7	0.28	0.08	2.7	5.52	0.13	0.14	0.6	0
竹枝粉	0	7.4	0	37.1	0.25	0.09	0	0			1.2	0
磷酸氢钙	0	0	0	0	23.1	18.7	0	0	0	0	1.8	0
食盐	0.5	0	0	0	0	0	0	0	0	0	2.4	1.2
微量元素添加剂	1	11	3.5	5	0.1	0.4	8	11.8	0.2	0.2	6	6
腐殖酸钠	0	0	0	0	0	0	0	0	0	0	1	0
赖氨酸	0.2	0	0	0	0	0	0	0	98	0	20	4
蛋氨酸	0.1	0	0	0	0	0	0	0	0	98	38	3.8
复合酶	0.1	0	0	0	0	0	0	0	0	0	20	2
维生素E	0	0	0	0	0	0	0	0	0	0	50	0
胆碱	0	0	0	0	0	0	0	0	0	0	7	0
多维	0.1	0	0	0	0	0	0	0	0	0	50	5
硫酸镁	0.1	0	0	0	0	0	0	0	0	0	1.4	0.14
小苏打	0	0	0	0	0	0	0	0	0	0	1.8	0
氯苯胍	0	0	0	0	0	0	0	0	0	0	190	0
合计	100	18.5	3.49	14.76	0.95	0.45	16.76	10.67	1.07	0.69		244.08

表3-11　计算公式的编辑方法

饲料原料	配比(kg)	粗蛋白质(%)	粗脂肪(%)	粗纤维(%)	钙(%)	磷(%)	可消化蛋白质(%)	消化能(MJ/kg)	赖氨酸(%)	蛋氨酸(%)	原料单价(元/千克)	原料成本(元)
玉米	B3	C3	D3	E3	F3	G3	H3	I3	J3	K3	L3	M3
豆粕	B4	C4	D4	E4	F4	G4	H4	I4	J4	K4	L4	M4
鱼粉	B5	C5	D5	E5	F5	G5	H5	I5	J5	K5	L5	M5
饲料酵母	B6	C6	D6	E6	F6	G6	H6	I6	J6	K6	L6	M6
菜籽饼	B7	C7	D7	E7	F7	G7	H7	I7	J7	K7	L7	M7
芝麻饼	B8	C8	D8	E8	F8	G8	H8	I8	J8	K8	L8	M8
合计	B9	C9	D9	E9	F9	G9	H9	I9	J9	K9		M9

该表以6种饲料原料、9个营养成分指标为例，说明各项合计数值计算公式的编辑方法，若要用更多的原料就增加行，计算更多的营养成分指标（如：苏氨酸、精氨酸等）就增加列，仍然依此方法编辑公式即可。公式编好后，只要变动表中任何一个输入的数据，合计数据就立即自动计算出来，使复杂的饲料配方计算变得非常简单。下面就列出了各个合计值编辑计算公式的方法。

B9=B3+B4+B5+B6+B7+B8

C9=（B3×C3+B4×C4+B5×C5+B6×C6+B7×C7+B8×C8+B9×C9）÷100

D9=（B3×D3+B4×D4+B5×D5+B6×D6+B7×D7+B8×D8+B9×D9）÷100

E9=（B3×E3+B4×E4+B5×E5+B6×E6+B7×E7+B8×E8+B9×E9）÷100

F9=（B3×F3+B4×F4+B5×F5+B6×F6+B7×F7+B8×F8+B9×F9）÷100

G9=（B3×G3+B4×G4+B5×G5+B6×G6+B7×G7+B8×G8+B9×G9）÷100

H9=（B3×H3+B4×H4+B5×H5+B6×H6+B7×H7+B8×H8+B9×H9）÷100

I9=（B3×I3+B4×I4+B5×I5+B6×I6+B7×I7+B8×I8+B9×I9）÷100

J9=（B3×J3+B4×J4+B5×J5+B6×J6+B7×J7+B8×J8+B9×J9）÷100

K9=（B3×K3+B4×K4+B5×K5+B6×K6+B7×K7+B8×K8+B9×K9）÷100

M3=B3×L3， M4=B4×L4, M5=B5×L5,

M6=B6×L6， M7=B7×L7, M8=B8×L8,

M9=M3+M4+M5+M6+M7+M8

（M9的单位：元，每100千克饲料所用饲料原料的成本价格）

（5）**推荐肉兔饲料配方**　见表3-12，供参考。从营养成分看，该生长兔饲料和种兔料差别很小，这有利于减小仔兔断奶后的换料应激，对仔兔生长是有好处的。

表3-12　重庆迪康肉兔有限公司肉兔饲料配方

饲料原料名称	生长兔饲料	种兔饲料	备注
玉米	26.74	26.44	
豆粕	16	16	
优质鱼粉	2	2	
小麦麸	15.9	15.2	
苜蓿草颗粒	36.5	37.5	
轻质碳酸钙粉	0.3	0.3	
磷酸氢钙	0.2	0.2	
食盐	0.5	0.5	
硫酸镁	0.2	0.2	
小苏打粉	0.1	0.2	
氯化胆碱	0.06	0.06	
赖氨酸	0.2	0.2	
蛋氨酸	0.1	0.1	
复合酶	0.1	0	
兔用维生素添加剂	0.1	0.1	兔用多维
兔用微量元素添加剂	1	1	兔用预混料
合计	100	100	

129. 怎样保证肉兔饲料质量稳定?

（1）**饲料配方稳定**　不得随意调整饲料原料的配合比例，确需调整，必须精确计算，确保营养成分及饲料的适口性等不发生较大的变化。

（2）**原料质量稳定**　这是饲料质量稳定最关键的因素。兔饲料最怕发霉变质的饲料原料，最怕泥沙过多的原料。特别要注意剔除粗纤维饲料的泥沙、塑料膜等有害杂质。发霉变质的饲料原料是绝对不能用于生产兔饲料的，否则，生产出的饲料会造成兔大量死亡。

（3）**严格执行生产过程的质量控制程序** 生产过程中做到计量准确，粉碎粒度适当，混合均匀度达到要求，制粒的蒸气压力、饲料压缩比要稳定，风干、冷却、过筛、打包严格按程序进行，尤其是成品饲料的水分应控制在12%以内，打包时的温度要降到常温。

（4）**做好饲料及饲料原料的仓储工作** 饲料及饲料原料要做到先进先出，尽可能减少原料存放的时间。做好防鼠、防潮、防火工作，老鼠易传播疾病，潮湿易使饲料原料发霉变质，菜籽饼在堆放中易出现自燃、炭化现象。

130. 怎样选择肉兔的商品颗粒饲料?

肉兔的颗粒饲料早已实现了工业化、商品化生产，生产兔饲料的厂家也很多。面对繁多的兔饲料品牌，养殖场如何选择呢?

最好是选择专业生产兔饲料、且产销量大、质量稳定、口碑好、价格合理的饲料品牌。一时无法确定哪个品牌好，可了解一下附近养殖规模较大、饲养效果好的兔场，看他们用的什么饲料品牌，也可在网上搜索一下就知道了。

在饲养过程中，要随时掌握兔的体况，了解饲料的质量情况，发现异常，要分析原因，如果是饲料的问题，要立即停用问题饲料，更换正常饲料，避免因问题饲料造成重大损失。

131. 怎样做好饲料的运输和储存?

（1）**饲料运输** 做好防雨、防晒工作，最好用集装箱车运饲料，如果用篷布货车运饲料，不管天晴或是下雨都必须把篷布遮蔽好才能出厂。有自动供料系统的大养殖场，也可用罐车以散装饲料方式运输，直接将饲料输送入养殖场的料仓。

（2）**饲料储存** 仓库要通风、干燥，货物要堆放整齐，不靠墙、不着地（放托架上），做好防雨、防潮、防晒、防火、防鼠工作。使用中一定要先到先用，每批饲料最好在15天内用完，高温高湿的夏季，最好在10天内用完，防饲料发霉、氧化变质。如果饲料在运输中不慎有少量被雨水淋湿了，应立即开袋倒出饲料，把淋湿的饲料去除，并于当日把剩余的饲料用完。霉变饲料，哪怕一袋饲料中只看见很少一部分霉变，整袋饲料都绝对不能用来喂兔，只是我们肉眼看不到，其实，整袋饲料都已经被霉菌污染了，只是污染的轻重有所不同。否则，对兔或多或少都会造成影响，吃了霉变饲料的兔死亡率接近100%。

132. 怎样防止兔吃到发霉变质饲料？

（1）**生产、运输、仓储防饲料霉变**　生产饲料的原料无霉变，成品饲料在饲料厂仓储中无霉变，运输过程不淋雨，养殖场仓储通风、干燥、防潮、防晒、防鼠害。

（2）**喂料过程防霉变**　一是打开饲料袋时要注意检查，饲料是否有结块、是否有散成粉末、颜色是否正常，闻一闻气味是否正常，一切正常才可以喂兔，有异常情况的饲料绝对不能用。二是看兔加料，当天加的饲料，最好让兔当天吃完，不能让饲料在食槽内暴露太久，特别要防止饲料在高温高湿的环境中霉变。

（3）**防残留在管道及料槽中的饲料及饲料粉末霉变**　对于自动供料系统供料的兔场，每次投料后，要把供料管尾部没有放完的饲料回收完，防止饲料残留在供料管尾部霉变，污染供料管。对于料槽中残留的饲料粉末，定期用吸尘器回收，并定期清洗料槽，防止饲料粉末吸附在食槽壁发霉变质。

133. 怎样安全更换肉兔的饲料？

换料要有3～5天的过渡期，减少因换料带来的应激反应。家兔的消化系统比较脆弱，突然换料可能会造成兔消化不良。

换料方法：新、旧饲料按一定比例混合，逐步过渡。第一天新饲料20%，第二、三天新饲料40%，第四天新饲料60%，第五天新饲料80%，第六天就全用新饲料，这样换料应激比较小。

134. 怎样保证肉兔饮用水的安全?

（1）**养殖场饮用水存在的风险** 畜禽养殖场离城镇远，离居民聚居区远，多数养殖场都不能用自来水公司供应的水源，只有用自己打的地下水井取水。地下水质量参差不齐，卫生指标不一定达标，尤其是病原微生物常常超标，直接用地下水做兔的饮用水风险大，很容易引起兔的胃肠道疾病。

（2）**供应达到直饮水标准的清洁水** 井水必须经净化处理，简易的泡沫过滤器处理是达不到要求的，最好用净水效果好的离子（树脂）交换净水机处理井水，并且严格按照净水机的操作要求正确使用净水机，确保水的卫生指标达到直饮水标准，兔饮用这样的水才是安全的。

（3）**让兔饮新鲜水** 饮水管中的水长时间不用也会滋生病原细菌，轮换兔舍时要特别注意，在使用前1天，先把饮水管中存留较久的水放掉，让水管中充满新鲜水，避免长久储存的水微生物超标引起家兔腹泻。

第四章　饲养管理

第一节　饲养管理的基本要求

135. 家兔的食性特点是什么?

家兔的食性特点有草食性、择食性、啃食性、食粪性等。

（1）**草食性**　家兔属于单胃草食动物，喜食植物性饲料，主要采食植物的根、茎、叶和种子，不喜欢带有腥味的动物性饲料。兔的盲肠极为发达，其中含有大量微生物，起着牛、羊等反刍动物瘤胃的作用。家兔的草食性决定了家兔是一种天然的节粮型动物，不与人争粮食，不与猪、鸡争饲料。

（2）**择食性**　兔对不同饲料的亲和度和喜欢程度不同。在野生条件下，兔凭借着发达的嗅觉和味觉选择自己喜爱的饲料，人工饲养时，对于不喜欢的饲料，少吃或不吃。为防止兔挑食，应合理搭配饲料并进行充分的搅拌。兔喜欢吃颗粒料，不喜欢吃粉料，最好喂食颗粒饲料。

（3）**啃食性**　兔的门齿终身生长，为了磨去不断生长的那部分牙齿，便于正常咀嚼食物，兔需要啃咬坚硬的物体，以便牙齿保持适宜的长度。当饲料中的粗纤维含量不足或饲料的硬度不够时，其牙齿得不到磨损，便啃咬笼具。为了防止这类事情发生，配合饲料中应保持一定量的粗纤维；颗粒饲料可有效地预防啃咬；平时可在笼内投放些修剪掉的果树枝条让其自由啃咬。

（4）**食粪性**　家兔食粪性是指家兔具有采食自己部分粪便的本能行为，是正常的生理现象，对家兔本身也有益。家兔排出的粪便分为硬粪和软粪，硬粪多在白天排出，软粪仅在夜间产生。软粪一般是见不到的，因其直接被兔子吞食；家兔通过吞食软粪得到附加的大量微生物菌体蛋白，食粪习性还延长了饲料通过消化道的时间，提高了饲料的消化吸收率，有助于维持消化道正常的微生物区系，还可以缓解一些营养缺乏性疾病的发生。

136. 家兔的生活习性对饲养管理有什么指导意义？

家兔的生活习性有夜行性、嗜眠性、胆小怕惊扰、厌湿喜卫生、群居逞好斗、穴居性、啮齿行为等，我们可以利用这些生活习性来为家兔的饲养管理服务。

（1）**夜行性、嗜眠性**　家兔仍保留其祖先白天潜伏洞中（或暗处），夜间四处活动觅食的习性。故家兔在白天除喂食时间外，表观安静、闭目睡眠；而一到了晚上，则十分活跃，采食频繁。家兔夜间采食量和采食次数为全天的65%～70%，在喂养日程中，晚上要给足草料和水，饲喂时应做到"早上喂得早、晚上喂得饱"，并在夜间加强对家兔的观察，日间尽量保持环境安静。

（2）**胆小怕惊扰**　家兔胆小怕惊而善奔跑，当有突然响动就会惊慌不已、马上戒备或迅速逃跑，笼养兔会发出响亮的嘭嘭（啪啪）跺脚（顿足）、奔跑和撞笼等现象。所以兔舍要保持安静，避免生人或其敌害动物的进入。

（3）**厌湿喜卫生**　家兔的抗病力较差，在潮湿不洁的环境中，发病率增高、死亡率增大。特别是幼兔在潮湿环境中的患病率更高，所以饲养管理中保持笼舍和环境干燥清洁。

（4）**群居逞好斗**　家兔群居性差，不论公母兔，只要群居，则易发生争斗或相互咬伤，所以家兔应分笼，新购进兔进行分笼时应避免家兔的争斗咬伤，尤其是公兔应单笼饲养。

（5）**穴居性**　打洞穴居是家兔沿袭其祖先的本能，在自然情况下其"居室"是一穴多洞口的，故有"狡兔三窟"之说；在野生条件下，打洞穴居，具有防避敌害，保护自身，繁衍后代等重要意义。这一习性对现代养兔业来说，已无法利用。但在笼养的情况下，需要给繁殖母兔建好产仔箱或产窝，让母兔在箱（窝）内产仔；在建设兔舍时，必须注意家兔的穴居性，避免因选材不当或设计不合理，致使家兔在舍内打洞造穴，给饲养管理带来困难。

（6）**啮齿行为**　家兔的第一对门齿是恒齿，出生时就有，永不脱换，而且不断生长。家兔必须借助采食和啃咬硬物，不断磨损，才能保证其上下门齿的正常咬合。因此，在养兔中要注意笼舍的建设，使用家兔不能啃咬的材料，以延长兔笼的使用年限；另外，要给家兔提供磨牙的条件，把复合饲料加工成硬质颗粒饲料，或者在笼内投放木棒树枝供兔啃咬，以利门齿的磨蚀，促进饲料的咀嚼和消化。

137. 家兔的消化特点对日粮结构有什么指导意义？

家兔的消化特点有对粗纤维的消化率高、对粗饲料中蛋白质的消化率较高、能耐受日粮中的高钙比例、消化系统脆弱等。

（1）**对粗纤维的消化率高**　家兔的消化道复杂且较长，容积也大，大小肠发达，总长度为体长的10倍左右，因而能吃进大量的青草，相当于体重的10%～30%；盲肠和结肠发达，其中有大量的微生物繁殖，是消化粗纤维的基础，家兔对粗纤维的消化率为60%～80%，仅次于牛羊，粗纤维还有促进肠道家兔充分蠕动的功能。在配制家兔饲料、制定家兔饲养方案时，要保证家兔饲料中粗纤维的供应，防止家兔粗纤维缺乏时引起的消化紊乱、采食量下降、腹泻等疾病。

（2）**对粗饲料中蛋白质的消化率较高**　家兔对粗饲料中粗纤维具有较高消化率的同时，也能充分利用粗饲料中的蛋白质及其他营养物质。家兔对苜蓿干草中的粗蛋白质消化率达到74%，而对低质量的饲用玉米颗粒饲料中的粗蛋白质，消化率达到80%。在配制家兔饲料时，要充分利用家兔能有效地利用饲草中的蛋白质和对低质饲草中的蛋白质有很强的消化利用能力这一特点，由植物性饲料提供家兔的蛋白质供应。

（3）能耐受日粮中的高钙比例　家兔对日粮中的钙、磷比例要求不像其他畜禽那样严格要求为（1.5～2）：1，即使钙、磷比例达到12：1，也不会影响它的生长，而且还能保持骨骼的灰分正常。这是因为当日粮中的含钙量增高时，血钙含量也随之增高，而且能从尿中排出过量的钙。实验表明，兔日粮中的含磷量不宜过高，只有钙、磷比例为1：1以下时（即日粮中钙含量低于磷含量时），才能忍受高水平磷（占日粮的1.5%），过量的磷由粪便排出体外；饲料中含磷量过高还会降低饲料的适口性，影响兔子的采食量。在配制家兔饲料时，可充分利用家兔能耐受日粮中的高钙比例这一特性，减少饲料生产的种类，如怀孕母兔和泌乳母兔饲料可合并生产，种公兔可饲喂泌乳母兔饲料等。

（4）消化系统的脆弱性　家兔容易发生消化系统疾病，仔兔一旦发生腹泻，死亡率很高。造成腹泻的主要诱因是低纤维饲料、腹壁冷刺激、饮食不卫生和饲料突变。

家兔对低纤维饲料引起腹泻一般认为是由于饲喂低纤维、高能量、高蛋白的日粮，过量的碳水化合物在小肠内没有完全被吸收而进入盲肠，过量的非纤维性碳水化合物在一些产气杆菌大量繁殖和过度发酵，破坏了肠道中的正常菌群。有害菌产生大量毒素，被肠壁吸收，造成全身中毒；由于肠内过度发酵，产生小分子有机酸，使后肠渗透压增加，大量水分子进入肠道；且由于毒素刺激，肠蠕动增强，造成急性腹泻。

肠壁受凉常发生于幼兔卧于温度较低的地面、饮用冰凉水、采食冰凉饲料的情况。肠壁受到冰凉刺激时，蠕动加快，小肠内尚未消化吸收的营养便进入盲肠，造成盲肠内异常发酵，导致腹泻。

饲料突变及饮食不卫生，肠胃不能适应，改变了消化道的内环境，破坏了正常的微生态平衡，导致消化机能紊乱。因此，为避免家兔出现消化系统疾病，饲养管理上就要注意饲料营养水平和纤维素含量、注意保温防寒、保障饲料品质不饲喂霉变和变质饲料、有计划循序渐进地更换饲料。

138. 影响家兔饲养管理效果的因素有哪些?

影响家兔饲养管理效果的因素有日粮结构类型的选择、饲喂方法和饲喂量、饲料品质和配方、更换饲料过渡方式、饮水供给、环境条件、疫病防控效果等。

139. 家兔饲养管理的一般要求有哪些?

（1）**饲料多样，搭配合理**　家兔是草食动物，饲料中必须有草。配制家兔饲料时应根据各类兔的生理需要和饲料所含的养分，取长补短，将多种不同种类的饲料合理搭配，这样既有利于生长发育，也有利于营养物质的互补作用。

（2）**喂法良好，喂量适宜**　饲喂方式有自由采食和限量采食两种。由于家兔全价颗粒饲料已经较为普及，在使用全价饲料的规模化兔场，对营养需要高的几类兔（如哺乳母兔、生长育肥兔等）应实行自由采食以充分发挥其哺乳性能和生产性能。

目前许多家兔养殖场，仍实行定时定量饲喂法，根据兔的品种、体型大小、吃食情况、季节、气候、粪便情况来确定饲喂时间、喂料量。例如：幼兔消化力弱，食量少，生长发育快，就必须增加饲喂次数，每次饲喂量宜少，做到少食多餐。夏季中午炎热，兔的食欲降低，早晚凉爽，兔的胃口较好，给料时要掌握中餐吃精而少，晚餐吃得饱，早餐吃得早。冬季夜长日短，给料时要掌握晚餐吃精而饱，中午吃得少，早餐喂得早。兔有夜食的习惯，夜间的采食量和饮水量均大于白天，应注意添足夜间的料草。

（3）**调换饲料，逐渐过渡**　家兔的消化道非常敏感，饲料的突然改变往往会引起食欲下降或绝食，或贪食过多导致消化紊乱，产生胃肠道疾病。在饲料更换时，新换的饲料量要逐渐增加，有3～5天的过渡期。

（4）**科学配料，注重品质** 家兔的消化道疾病占兔病总数的一半左右可以印证，这些疾病多与饲料有关。养兔中注意以下饲料不能饲喂：包括霉烂、变质的饲料，被粪尿污染的饲料，带泥沙的草料，带雨、露、霜的饲草，打过农药的饲草，有毒的饲料，易引起胃胀的饲料，冰冻的饲料和发芽的土豆、有黑斑的地瓜等。

（5）**自由饮水，充足卫生** 水是生命活动所必需的，缺水比缺饲料更难维持生命，饮水可以显著提高仔兔的采食量和日增重。规模化养兔场最好是自由饮水，理想的供水方式是采用全自动饮水系统。

（6）**优质笼舍，卫生干燥** 家兔抗病力差，且喜清洁、爱干燥，每天需打扫兔舍、兔笼，清除粪便，定期洗刷饲具、勤换垫草、消毒，经常保持兔舍清洁、干燥，减少病原微生物的滋生繁殖，这是增强兔的体质，预防疾病必不可少的措施。要避免兔笼舍内湿度过大，必要时可用通风来调节兔舍内湿度。

（7）**环境安静，防止搔扰** 家兔胆小易惊、听觉灵敏，经常竖耳听声，若有突然的噪声，则惊慌失措，乱窜不安，尤其在分娩、哺乳和配种时影响更大。所以应禁止在兔舍附近鸣笛、放鞭炮等，保持环境的安静。同时还要注意防御敌害，如狗、猫、鼬、鼠、蛇的侵袭并防止陌生人突然闯入兔舍。

（8）**防暑防寒防潮** 家兔怕热，温度过高即食欲下降，影响繁殖，有条件的规模养兔场应及时启动通风降温系统，保障肉兔夏季生产的正常稳定。笼舍最适温度为15～25℃，当温度降至15℃以下就会影响繁殖，要加强保温措施，特别是做好初生仔兔的保温。雨季是兔一年中发病和死亡率较高的季节，此时应特别注意舍内干燥，垫草应勤换，地面应勤扫，在地面上撒石灰等，加强通风换气，以减少湿气，保持干燥。

（9）**分群分笼管理** 规模肉兔场所有兔应按生产方向、品种、年龄、性别等，分成公兔群、母兔群、幼兔群、育肥兔群等，进行分群管理。3月龄以后留种的青年兔，随着年龄和体型的增大，应由群养改为笼养，母兔每笼饲养1～2只，公兔最好单独笼养。

（10）**严格执行防疫制度** 任何一个兔场或养殖户，都必须牢记预防为主、治疗为辅、防重于治的基本原则，建立健全引种隔离、日常消毒、定期巡检、预防注射防疫或预防投药、兔病隔离及加强进出兔舍人员的管理等防疫制度。每天观察兔的粪便、采食和饮水、精神状态等情况，做到无病早防、有病早治。

140. 家兔四季管理有什么特点?

一年四季的温度、湿度、光照等环境因素会出现重大变化，因此四季的家兔饲养管理侧重点有所不同。

（1）**春季的饲养管理要点** 春季中午温暖，早晚气温低，天气多变，降雨量少，天气仍较冷，家兔的饲养管理也要根据这一气候特点而变化。

①春季要对种公兔、种母兔恰当增加精料的喂量，不要喂堆积发热的饲料、霉烂变质的饲料、带泥水的青饲料。

②春季是兔病的多发季节，因此要注意搞好环境卫生；笼舍清洁干燥，每天打扫笼舍，清除舍内粪便，冲洗饲槽；做到舍内无臭味，无积粪污物；食具、笼底板、产箱要常洗刷、常消毒，室内笼饲的兔舍要求通风良好，注意消毒和防潮。

③春季是家兔的生产繁殖的黄金季节，此时母兔普遍发情，要有计划抓好春繁工作，不失时机地搞好春季配种，减少母兔空怀，提高受配率、产仔率和成活率。

（2）**夏季的饲养管理要点** 夏季气温高、雨水多、湿度大，由于家兔汗腺不发达，所以常受炎热影响而导致食量减少或中暑，这个季节对仔兔和幼兔的威胁最大。

①夏季防暑降温特别重要，兔舍应当阴凉通风，不能让阳光直接照射在兔笼上；兔舍内温度超过28℃时，可采取湿帘、冷风机等进行人工降温，也可在地面洒些凉水用以降温；开放式、半开放式兔舍要及时搭建凉棚或早种南瓜、葡萄等藤蔓类植物用来遮阴；室内笼养的兔舍要打开门窗，让空气对流。

②由于夏季中午炎热，家兔往往食欲不振，为此早餐要提早、晚餐要推迟，精心饲养，并供给充足的清洁饮水。

③夏日高温高湿、病菌多，要做好清洁卫生工作，兔舍要保持干燥清洁，污水和垃圾要及时进行处理，兔舍、兔笼要防蚊灭蝇，并定期进行消毒。

（3）秋季的饲养管理要点

①秋季天高气爽，气候干燥，饲料充足，是饲养家兔的好季节，此季节要抓紧秋季繁殖和育肥。

②成年兔又进入换毛期，换毛的兔体质弱，食欲减退，应多供给青绿饲料，并适当喂些含蛋白质高的饲料。

③秋季早晚温差大，容易引起仔兔、幼兔的感冒、肺炎和肠炎等疾病，因此，要注意温度变化，勤查看，及时接种疫苗，搞好卫生防疫。

（4）冬季的饲养管理要点　冬季气候较寒冷，防寒保温是冬季养兔的重点。

①加大防寒保温措施，冬季保持兔舍内温度相对稳定，封闭式兔舍要关好门窗，避免贼风侵袭，防止兔舍温度忽高忽低易引起家兔感冒；开放式、半开放式养兔要张挂草帘、塑料布等挡风，避免寒风直接吹袭兔体；在大风降温到来之前，要细心检查兔笼舍。

②冬季繁殖母兔舍内温度应达到5 ~ 10℃，抓好兔舍保温后，利用冬季加大母兔的繁殖，冬天母兔产仔成活率高、成长快、体型大、体质强健。仔兔出生后注意保温防寒，提高仔兔的成活率。

③加强饲喂，供应足够的全价饲料，冬季不论大小兔，日粮的喂量要比其他季节增加1/3；在饲料搭配上，一定要做到青、粗、精饲料的合理搭配；在饲喂方法上，寒冷时节应尽量饮温水，防止饲喂冰冻饲料。

141. 怎样建立家兔饲养管理日程?

家兔饲养管理日程是依据家兔的生物学特性、养殖要求与生产需要，对各个阶段（或日龄）的家兔确定每天各时间段（或时间点）的饲养管理事项及操作流程，以实现对兔场的规范化、标准化、制度化管理。

兔场可建立种公兔饲养管理日程、空怀母兔饲养管理日程、妊娠母兔饲养管理日程、泌乳母兔（及仔兔）饲养管理日程、幼兔和育肥兔饲养管理日程等。饲养管理日程基本格式（以泌乳母兔为例）应包括时间、天气记录，各时间段的工作内容、要求和注意事项等，制定饲养管理日程可参照表4-1执行。

表4-1 ___XX___兔场___泌乳母兔___饲养管理日程

泌乳期 第___天		时间	年___月___日
		天气	室外温度___℃、湿度___% 室内温度___℃、湿度___%
日操作安排	___：00	喂料：喂种母兔颗粒饲料　　克/只	
	___：00	哺乳 检查母兔乳房和仔兔吃饱情况： 打扫舍内卫生：	
	___：00	巡视兔群： 消毒	
	___：00	……	
	___：00	巡视兔群： 喂料	
备注			

142. 怎样建立家兔养殖记录?

兔场必须对生产的各环节及时、准确、如实记录，建立健全统一的养殖记录表、完善养殖记录档案管理。

（1）**生产记录** 包括引种、繁殖、转群、调入调出、淘汰死亡等记录（样表参见表4-2～表4-6）。

表4-2 ____XX____兔场种兔引种记录表

引种日期	供种场名称	经营许可证号	品种	耳号	引种数量	系谱卡号	种畜禽合格证号	检疫证号	备注

表4-3 ____XX____兔场母兔繁殖记录表

耳号	胎次	配种日期	与配公兔		分娩				断奶			备注
			耳号	品种	日期	产仔数	活仔数	窝重	日期	只数	体重	

表4-4 ____XX____兔场____XX____号种公兔配种繁殖记录表

配种日期	与配母兔		是否怀孕	产仔			断奶		备注
	耳号	品种		总产仔	产活仔	窝重	只数	窝重	

表4-5 ____XX____兔场调入调出记录表

日期	品种	性别	年龄及群别	出售		调出		购入（或调入）			备注
				只数	重量	原因	调往何处	头数	重量	原因	来自何处	

表4-6 ___XX___兔场淘汰记录表

日期	圈舍号	耳号	年龄	淘汰数	淘汰原因			处理方法	经办人
					正常淘汰	病残	死亡		

（2）**投入品记录** 包括饲料、饲料添加剂、兽药、疫苗等投入品采购和使用消耗等记录（样表见表4-7至表4-8）。

表4-7 ___XX___兔场饲料、饲料添加剂和兽药采购记录表

商品名称	生产单位	供货单位	批准文号	生产日期	批号	有效期	停药期	购入日期	规格	单位	购入数量	备注

表4-8 ___XX___兔场饲料、饲料添加剂和兽药使用记录表

开始使用时间	圈舍编号	年龄	数量	投入品名称	生产企业	批号/生产日期	使用方法与用量	停止使用时间	经办人

（3）**兽医防疫及消毒记录** 包括检疫、免疫、消毒、诊疗、检测、无害化处理等记录（样表参见表4-9至表4-11）。

表4-9 ___XX___兔场免疫记录表

日期	免疫对象	存栏数量	免疫数量	疫苗名称	批号/有效期	免疫方法	剂量	免疫人员	备注

表4-10　　　XX　兔场消毒记录表

日期	消毒场所	消毒剂名称	批号/有效期	用药剂量	消毒方法	消毒人	备注

表4-11　　　XX　兔场发病、诊疗及处理记录表

日期	圈舍号	耳号	发病数量	年龄	病因	诊疗人	诊疗结果	用药名称	病死数量	处理方法	处理日期	处理人员	备注

（4）粪污无害化处理记录　包括病死兔、胎衣、诊疗废物、粪便以及其他废弃物数量等记录，无害化处理方法（如出售、焚烧、掩埋等），病死兔应有染疫、正常死亡、死因不明等处理原因（样表参见表4-12）。

表4-12　　　XX　兔场无害化处理记录表

处理时间	处理物品名称	处理数量	耳标号	无害化处理方式	兔场负责人签名	现场监管员签名	备注

143. 怎样进行兔群日常检查？

兔群日常检查包括各类兔数量与变动情况检查、兔群健康情况检查、设施设备使用情况检查、兔舍环境情况检查等。

（1）检查各类兔数量和变动情况　包括检查后备种兔、种公兔、空怀母兔、能繁母兔及怀孕和产仔、仔兔、育肥兔的存栏量与变化情况。

（2）检查兔群健康情况　一般采用看、问、查三步进行。

①"看"包括

看外貌：健康兔营养良好，躯体匀称，体态丰满，被毛光亮，生长正常，眼睛有神，反应灵敏；病兔则体躯矮小、瘦弱、被毛粗乱无光，换毛迟缓或成片脱毛，眼睛无神，对外界刺激反应迟钝。

看采食：健康兔食欲旺盛，对经常吃的食物嗅后立即采食，且采食速度快；病兔对食物不亲、吃的速度慢，拒食是疾病早期的征候，应引起注意。

看粪便：正常粪便呈球形、大小均匀、表面光泽，呈黑褐色；病兔的粪便稀、软、不成形，大小不一，粪球一头尖、酸臭、带黏液或带血等。

看呼吸：健康兔呈胸腹式呼吸，即呼吸时胸部和腹部运动协调，强度一致；病兔则呼吸急促，不协调，呈单纯的胸式或腹式呼吸。

看鼻液、听咳嗽：健康兔的鼻孔清洁干净，偶尔咳一两声；病兔的鼻孔不洁，鼻液增多，有痒感，打喷嚏，频频咳嗽。

看排尿：排尿失禁或带疼痛感，排尿量和排尿次数过多或过少。

②"问"包括：询问当地、该兔场曾有何种疾病发生，死亡情况如何，急性还是慢性，经何部门确诊，何种药物有效。尤其是引进种兔时要问清楚当地有何种主要疫情，禁止从有急性传染病的地区或兔场引种。

③"查"包括：查体温、查呼吸、查粪便和卵，查是否带病菌，查某些病的抗体。查的目的就是防止将带病菌、带病毒、带寄生虫的兔引进到健康的兔群，对新购入的兔，还要进一步隔离检查，确定无疾病后方可合群饲养。

（3）检查设施设备使用情况　检查饮水器、人工授精器械、兔笼舍、供水供电系统的完好情况，检查通风降温机械化设备、自动供料设备、清粪自动化设备等的正常使用情况。

（4）检查兔舍环境卫生情况　检查粪污排放、粪污和病死动物无害化处理设施运行情况，检查粪污贮存场所是否有防渗漏、防溢流、防雨水淋湿、防恶臭等措施。

第二节　种兔的饲养管理

144. 种兔包括哪几种生理类型？

种兔包括种公兔、种母兔，其中种母兔包括空怀母兔、怀孕母兔、哺乳母兔。

145. 引进种兔的注意事项有哪些？

（1）**确定品种**　要根据兔场的生产方向选择生产性能高、适应性强、遗传性能稳定的优良兔品种。

（2）**选择供种场**　要慎重选供种单位，在引种前应对供种单位进行考察，对种兔的品种纯度、来源、生产性能、疫病及价格等情况要了解清楚。同时要多考察几个供种单位，以便进行鉴别比较，然后确定引种地区或引种场。若遇到传染病流行，应暂缓引种。

（3）**严格挑选种兔**　购买时应派有经验的人挑选种兔，对所购品种的体型、外貌、体质及健康状况等要认真检查，防止购进大龄兔、弱兔、病兔。注意母兔的乳头数目（少于8个不能做种用）及公兔睾丸的发育情况（单睾、隐睾不选）。为避免近交，一定要索取种兔的系谱资料；可在没有亲缘关系的若干种场引种。新购种兔，应要求供种单位进行疫苗预防注射和驱虫。

（4）**种兔年龄要适宜**　引进种兔以3～4月龄，体重1.5～2.5千克为好，5～6月龄也可以，但成本略高。

（5）**引种数量要适当**　引种数量取决于饲料、场地、资金及养兔技术等因素。但对初次引种者，数量宜少不宜多，待掌握一定技术、摸索出经验后，再扩大兔群。若供种场的公母兔较少，配种繁殖时血缘关系不易分开，可在另外的供种场引进种公兔。

（6）**掌握最佳引种季节** 引种一般以春秋为宜，要避开酷暑炎热的夏季。

（7）**搞好种兔的运输** 运输种兔的笼子必须结实，通风良好。用前彻底消毒，笼底放一些防震的垫物。上下层笼之间最好用塑料布隔开，以免上层种兔粪尿污染下层种兔。每笼兔不能拥挤，笼内要有1/4的活动空间，公母兔要分开。运输时间在24小时以内，装运前要让种兔吃饱、吃好、饮足水。长时间运输，途中可适当喂点胡萝卜或蒸熟的窝窝头，切忌喂得过饱。中途休息时，要注意检查兔群，发现异常兔应及时隔离、细心处理。

（8）**注意种兔引进之初的隔离观察和饲养** 对新引进的种兔要隔离饲养半月左右。确认无病才可以与原有饲养兔群合群。种兔到达目的地后，应先让其休息1～2小时，然后让其饮用淡盐水，饮水后1小时开始喂料，先喂六成饱，然后逐渐增至常量。饲喂时先用引进场的饲料，其饲养方式也不要马上改变，逐渐改变为宜。引种回来后，每天早晚应检查引种种兔的食欲、粪便和精神状态等，发现问题及时采取措施。

146. 种公兔的饲养管理特点有哪些?

（1）**饲料管理**

①营养的全面性：首先在饲养上要注意营养的全面性，特别是能量、蛋白质、矿物质等营养物质的含量，对保证精子数量和质量有着重要作用。此外维生素、无机盐及微量元素与公兔的配种能力和精液品质也有密切关系。实践证明，长期饲喂低蛋白日粮，会引起精液品质和精子数量下降。对精液品质不佳的种公兔，可每天补喂浸泡黄豆20粒或豆饼、蚕蛹及豆科植物饲料中的紫云英、苜蓿等蛋白饲料；适量喂青绿饲料有利用提高公兔精液的品质。

②营养的持续性：对种公兔的饲养还要注意营养的长期持续

性。因为精细胞的发育过程需要一个较长的时间。实践证明，饲料变动对精液品质的影响很缓慢，对精液品质不佳的公兔改用优质饲料来提高精液品质时，要长达20天左右才能见效。因此，对一个时期集中使用的种公兔，最好在配种前20天左右就调整日粮，达到营养价值高、营养物质全面、适口性好的要求。

（2）饲养管理

①未到配种年龄的公兔不能用来配种，以免影响发育，造成早衰。

②3月龄以上的公母兔分开饲养，以防滥配早配。

③种公兔分笼饲养，一笼一兔，配种时应将母兔放入公兔笼，不应将公兔放入母兔笼内。

④种公兔的配种次数，一般以每天1～2次为宜，连续2天应休息1天。如果连续使用，则会导致公兔体质瘦弱、精液品质下降，影响配种效果及使用年限。

⑤换毛期间的公兔不宜配种，因为换毛期间，消耗营养较多，体质较差，如果配种，会影响公兔的健康。

⑥当发现公兔食欲不振、粪便异常、精神萎靡时，应立即停止配种，采取防治措施。

⑦定期检查种公兔生殖器，如发现有炎症或其他疾病时，应及时治疗。

147. 怎样给种公兔创造适宜的环境条件？

饲养种公兔的目的是为了给母兔配种，不但要求种公兔符合其品种的特征、特性，而且要求其生长发育良好，体格健壮，性欲旺盛，精液品质高，常年保持中等或中等偏上体况。除遗传、饲料营养因素外，环境管理等诸多客观因素都会不同程度影响种公兔的繁殖能力。

种公兔群是兔场最优秀的群体，应特殊照顾，给其提供清洁卫生、干燥、凉爽、安静等理想的生活环境。种公兔的生物学临界温度为5 ～ 30℃，适宜温度为15 ～ 25℃。当舍温超过30℃时，公种兔食欲下降，性欲减退；在30 ～ 33℃时种公兔的睾丸就会出现可逆性变异、生精量减少、精子活力降低、畸形精子增加；在炎热季节，公兔睾丸体积缩小可达60%，导致公兔睾丸机能障碍，其恢复时间较长，一般要1.5 ～ 2个月；在35 ～ 37℃短暂周期性自然高温就能使公兔精液品质下降，并且破坏精子的形成，甚至出现无精子精液。当舍温低于5℃也会使种兔性欲减退，公兔厌烦交配，出现在严寒季节的母兔一般不发情。所以，要根据当地的气候条件和兔场的保温降温设施，合理安排配种季节与交配时间。在重庆，防暑是夏季养好公兔的首要工作，有条件的兔场，在盛夏可将全场种公兔集中在舍温可调控的圈舍内饲养，以保证良好的精液质量和良好的配种效果。

运动能使种公兔身体强壮，激发其性机能，从而产生强烈的交配欲，可根据饲养条件适当增加公兔活动空间。

选作种用的后备公兔在3月龄时应单笼饲养，防止相互间发生撕咬、打斗、早配而影响生长发育和公兔的品质。公、母兔笼应有一定距离，避免因异性刺激而影响休息，增加体力消耗。

148. 如何保持种公兔的种用体况？

公兔种用体况，是指公兔的全身肌肉发达，尤其是后躯发达，四肢有力；腹部较小，肚子呈圆柱形，不下垂；使公兔整体外观呈现头脑方正、粗腿粗脚、短脖子、小肚子。这样的公兔体型具有旺盛的体力、精力和较好的配种效果。

保持公兔这种种用体型，主要靠营养的调控，并保证公兔的环境条件和适量运动。在所有营养指标中，应保证维生素、微量元素、蛋白质和必需脂肪酸等供给。在配种期，重视饲料质量控制，尤其是饲料霉菌毒素的控制，防止饲喂发霉饲料。如果以霉变的饲料饲喂配种期的公兔，对精液品质和配种效果影响很大，甚至影响种兔的健康。配种期应严格饲料原料品种的选择，一般不选择用对精液品质有影响的原料，如棉籽饼（粕）、菜籽饼（粕）等。

149. 怎样预防"夏季不孕"？

家兔的"夏季不孕"是我国南方夏季高温地区出现的一种自然现象。"夏季不孕"是指在炎热的夏季或高温环境下，外界温度的升高往往会超过公兔睾丸自身调节温度的范围，致使睾丸温度上升，睾丸生精上皮受到损害，可逆性地出现变性，造成精液品质下降，若在这一段时间内进行配种，出现母兔受胎率会降低或不能受孕的现象。

预防"夏季不孕"的重点是给种兔（特别是种公兔）在高温季节保持舒适的温度，其主要措施有：①降低舍内空气温度，通过加强通风、湿帘降温、冷风机降温等措施，使种公兔的环境温度保持在28℃以下；②减少阳光对兔舍的照射和升温作用，如实行舍顶喷水、圈舍四周栽植挡光植物、墙面刷白、铺反光膜、拉折光网等；③采取饲养管理措施，如降低饲养密度、调整喂料和营养调控、满足饮水、使用抗应激添加剂、搞好卫生等。

150. 空怀母兔的饲养管理要点有哪些？

空怀母兔是指既没有配种妊娠、也没有带仔哺乳的母兔。空怀母兔分为后备空怀母兔、断乳后空怀母兔、休闲期空怀母兔。

（1）后备空怀母兔　是指被选为种用的青年母兔。

①酌情初配：初配时间的判断标准一个是月龄标准，另一个是体重标准。一般来说，小型品种兔4～5月龄、体重2～3千克；中型品种5～7月龄、体重4～5千克；大型品种8～10月龄、体重6～8千克。对于核心群的种兔，要求标准较高，初配体重可适当大些；对于生产群的种兔，只要达到最低标准即可考虑配种。

②控制膘情：根据后备母兔生长发育情况确定营养水平和饲料供应量；坚持看膘喂养，既要促进骨骼和消化系统的发育，又要防止过度肥胖或过度瘦小。

③加强管理：后备母兔的管理往往被忽略，因其既没有怀孕、又没有泌乳，其实，后备母兔的培育关系到母兔群的优劣。在管理工作中，首先要定期对体重、体尺、饲料消耗等进行定期测定；其次是通过生长发育、抗病能力、体质外貌进行综合评价，选优去劣，在配种前淘汰一批种用性能不强的后备母兔；再次是搞好防疫，所有的疫苗必须在配种前全部注射；最后是注意卫生，培养一个健康的种兔群。

（2）断奶后空怀母兔 因其在泌乳期营养消耗较大，对断奶后空怀母兔的饲养管理取决于母兔的膘情和所处的季节。

①母兔膘情：根据母兔的体况确定饲养管理，在喂有青饲料的养兔场，若母兔非常瘦弱、体重减轻严重，应加强营养供应，使其尽快长膘复壮，可按母兔的采食量的70%供应颗粒饲料、其他为青饲料；如果母兔膘情一般，可按母兔的采食量的50%供应颗粒饲料、其他为青饲料；如果母兔膘情较好，可按母兔的采食量的30%供应颗粒饲料、其他为青饲料。在没有饲喂青饲料、以颗粒饲料作为全部日粮的规模化兔场，只能通过调整饲料营养标准、增加或减少饲料的喂量来调节母兔的膘情。

②所处季节：春、秋季是配种产仔旺季，母兔产仔后应按配种计划配种怀孕，增加产仔窝数，防止出现断奶后的空怀母兔。重庆夏季气温高、湿度大，对没有条件进行夏季温度调控的兔场，在环境温度高于33℃时，可停止母兔配种，让空怀母兔保持中等体况，并防止空怀母兔出现高温应激；若出现高温导致的减食、停食等应激现象，应采取降温避暑措施；在气温下降和空怀母兔配种前20天，应提高营养水平，让空怀母兔达到配种体况要求。冬季应保持母兔体况，按计划进行配种繁殖；但当圈舍环境温度低于零下5℃时，应停止母兔配种。

（3）休闲期空怀母兔 是指非繁殖季节，母兔长期处于空怀状态。对于此期间的空怀母兔，以青粗饲料为主，逐渐调整体况。在喂精、青饲料的兔场，可大量喂饲青饲料或粗饲料，每天补充的精饲料不超过50克；在不喂青饲料的规模化兔场，可按空怀母兔的营养标准配料，以每天饲喂150克左右为宜。

151. 怎样做好怀孕母兔的饲养管理?

母兔妊娠后的主要饲养管理任务是提供营养、保胎护胎、防止流产、确保分娩。母兔的怀孕期平均为31天，兔胎儿的生长速度表现为前少后多的现象，在受胎后20天内的妊娠前期，胎儿发育很慢，其增重仅相当于出生体重的10%左右，也就是说胎儿体重的90%左右是在受胎20天至分娩的妊娠后期增长的。

（1）**饲养方面** 母兔妊娠期的饲养应与胎儿的生长相适应，即在前期应以青粗饲料为主，根据母兔的体况和生理情况酌情加料。如体况较差的每天增加配合饲料100～125克，体况一般的可每天增加精料75～100克，体况较好的可每天增加饲料50～75克，如膘情好可喂更少的精料，以防止营养过剩而产生副作用。但在妊娠后期，胎儿生长发育快，所以怀孕后期必须给母兔充分供足蛋白质、矿物质和维生素多的优质饲料，应逐渐加精饲料量。20天后可让母兔自由采食，28天以后由于胎儿的发育，对母体胃肠的压迫及母兔的产前反应，使得母兔食欲不佳，此时应提供适口性好的青绿饲料与少量的精料，防止母兔妊娠毒血症、产后瘫痪等疾病的发生。

（2）**管理方面** 母兔怀孕后应一笼一兔，防止挤压、互相追赶，更不要无故捕捉和触摸，若需要，动作要轻，切忌抓住兔子的两只耳朵，任意挣扎，甚至将母兔跌落在地。受精卵需7天后才能在子宫壁上着床，受到外界强力刺激很容易引起流产或胚胎死亡，所以捕捉时母兔时用力要适度，决不能过猛。一般不注射疫苗，不大量投药，不混群饲养，不喂有毒的饲草和饲料（如棉籽饼、发霉料、打过农药的草等），控制饲喂有一定危险的饲料如青贮料、醋糟、酒糟、酱糟。保持环境安静。母兔临产前3～4天应把母兔移到条件好、安静暖和的分娩笼内，放入清洗消毒好的产仔箱，垫好柔软草，注意保温，并做好防鼠工作。如怀孕母兔食量大减，粪便不成粒状，有扯毛现象，就是母兔分娩的预兆，应做好接产准备。

152. 怀孕母兔如何人工摸胎?

摸胎是检查配种母兔是否妊娠的最常见的诊断方法。摸胎检查操作简单，准确率高，熟练掌握摸胎技术，可有的放矢地做好妊娠母兔饲养、保胎和接产准备，对空怀母兔及时进行补配，以提高母兔的繁殖率，增加养兔效益。

（1）**摸胎时间**　摸胎应在母兔配种后12天左右、母兔空腹时间进行检查，空腹一般是指母兔采食3小时以后。

（2）**摸胎方法**　摸胎时，先将待查母兔放于平板或地面上，也可以在兔笼中进行，使兔头朝向检查者，一只手抓住母兔的双耳和颈部皮肤保定好，另一只手使拇指与其余四指呈"八"字形，手掌向上，伸到母兔腹下，轻轻托起后腹，使腹内容物前移，五指慢慢合拢，触摸腹内容物的形态、大小和质地，如触摸到腹内柔软如棉，说明没有妊娠；若触感到有花生大小的肉球一个挨一个，肉球能滑动又富有弹性，这就是胎儿，表明母兔已经妊娠。

（3）**摸胎注意事项**

①从配种到胚胎附殖子宫形成胎盘需7～7.5天，所以摸胎检查时间应在配种第8天以后才能进行。

②早期摸胎注意胚胎与粪球的区别，粪球多为圆形，表面光滑，没有弹性，在腹腔分布面积大，无一定位置，并与直肠粪球相接；胚胎的位置比较固定，用手轻轻捏压，表面光滑而有弹性，手摸容易滑动。

③摸胎时动作要轻，切忌用手指捏压或捏数胚胎，以免引起流产或死胎。

④学习摸胎要循序渐进，初学者先在怀孕15～20天的母兔取得摸胎经验后（此时能摸到似鸡蛋黄大小的胎兔），再学习掌握12～14天的怀孕母兔摸胎方法，直到能把怀孕8～9天的母兔也能准确的摸出来就算掌握了摸胎方法与技巧了。

153. 怎样防止母兔流产?

母兔流产,一般多在怀孕中期(15～20天)发生。母兔流产亦如正常分娩一样,衔草拉毛营窝,但产出来未成形的胎儿,多被母兔吃掉。

(1)**流产原因** 造成母兔流产的原因有很多,有营养性、疾病性、中毒性、机械性、外界刺激流产等。

①由饲料质量和营养缺乏造成流产,饲喂发霉变质甚至腐烂的饲料,采食各种有毒的青草和酸度过高的青贮饲料,冬季采食冰凉饲料或饮水,都会影响胎儿的正常生长发育,最终引起流产;母兔日粮中缺乏蛋白质、矿物质(如钙、磷、硒、锌、铜、铁等)、维生素,尤其是缺乏胡萝卜素和维生素E时,容易导致胎儿发育中止,引起流产,产出弱胎、软胎或僵胎。

②母兔出现繁殖障碍,患有严重的恶性阴道炎、子宫炎等生殖器官疾病时,不容易交配受精,即使受精也常因胚胎中途死亡而致流产。

③母兔发生疾病,妊娠母兔患兔瘟、流感、痘病、流行性乙型脑炎、巴氏杆菌病、魏氏梭菌病、大肠杆菌病、肠炎、中暑及各种寄生虫病时,都会出现流产,有时会产出死胎、畸形胎。

④用药不当或注射疫苗,母兔怀孕后发生疾病,投喂大量的泻药、利尿药、子宫收缩药或其他烈性药物,均易造成流产;给怀孕母兔注射疫苗,产生较强的刺激、会引发应激反应,常常会引起流产。

⑤捉兔粗暴,随意捕捉怀孕母兔,保定方法不当,使怀孕母兔受到惊吓或伤害,容易引起流产;摸胎粗鲁、妊娠诊断技术不熟练,不能正确辨别胚胎和粪球,长时间揉捏胚胎,导致胚胎受损、甚至捏死胚胎。

⑥怀孕母兔受到过度惊吓时,会产生奔逃动作,拼命撞向墙角、笼壁,若腹部受到冲撞或顶触,容易损伤胚胎,轻者造成流

产，重者产出死胎。过强的噪声也会引起流产。孕期采毛影响胎儿正常发育，容易引起流产。

⑦饲养群体过大时，家兔常出现打架、撕咬、碰撞、跳跃等现象，若伤及孕兔腹部，也会引起流产。

⑧兔笼毛刺外露，饲槽边缘不整，木板钉头突出，铁笼网格过大，笼边铁丝翘起，兔舍地板潮湿，废气积聚过多，在这些情况下，都有可能造成诸如皮肤外伤、脚部骨折、细菌感染、结膜炎症等疾病，就会引起流产。

（2）**防止措施**　引起妊娠母兔死胎流产的原因很多，为了防止母兔流产，必须采取一定的护胎、保胎措施。

①按饲养标准进行饲养，使用标准化兔舍兔笼，细心管理，避免机械性损伤。

②搞好防疫，对疾病进行预防治疗，做到"防重于治"，就能从根本上防止母兔出现的死胎或流产。

③保证饲料质量，忌喂霉烂变质的饲料和有毒的草或料；母兔在怀孕期间，尽量避免注射疫苗和使用药物。

④不能无故捕捉母兔，特别在怀孕后期要倍加小心。若要捕捉，首先要使母兔处于安静情况下，轻拿轻放，防止激怒母兔而挣扎。

⑤兔舍要保持安静，禁止噪声的产生，尤其要防止对母兔的刺激非常大的爆破音。

154. 怀孕母兔产前准备和注意事项包括哪些?

怀孕母兔产前准备和注意事项包括：

①控制饲料喂量，产前2～3天，减少母兔的采食量。

②兔笼和产箱要进行消毒，消毒后的兔笼和产箱应用清水冲洗干净，消除异味，以防母兔乱抓或不安。

③产前1～2天，在产仔箱内放入垫草，将产仔箱放入母兔笼中或打开母仔笼中间的隔板，让母兔熟悉环境，便于衔草、拉毛做窝，对初产母兔不拉毛的，可在妊娠的30～31天人工辅助拉毛或

诱导拉毛。

④产房要有专人值守，冬季室内要保温，夏季要防暑、防蚊。

155. 怎样做好母兔的接产工作？

（1）**母兔产仔** 母兔临产前表现出乳房肿胀，拉毛，食欲明显下降。临产时由于子宫收缩和阵痛，表现为精神兴奋不安，四爪刨地，顿足、腹痛、弓痛、努责，接着排出胎水，此时母兔多呈犬卧姿势。母兔分娩时间通常是半夜或凌晨，大约10～30分钟便会完成生产，仔兔连同胎衣一起排出，每只小兔附着一个胎盘，生产后母兔会把胎盘吃掉，一方面不会弄脏地方，另一方面可补充营养。

（2）**接产管理** 分娩结束后，母兔会跳出产箱找水喝，因此事先要准备好清洁的温水或加少许食糖让母兔喝足，以防母兔因口渴找不到水喝而吃掉仔兔，母性强的母兔随后会回产仔箱内哺乳仔兔。母兔产仔完毕后要清理产仔箱，清点仔兔，取出死胎和沾有污血的湿草，剔除弱仔和多余仔兔，并将产箱底铺成如碗状的窝底。如母兔拉毛不多，应人工辅助拔光乳头周围的毛，刺激泌乳，方便仔兔吃奶。若母兔生产后受到惊吓，或产仔6小时母兔还不肯喂奶，应进行人工辅助哺乳。

156. 怎样对难产母兔催产？

母兔一般都会顺利分娩，不需催产。个别母兔出现异常妊娠时，如果妊娠期超过31天不产仔，或因各种原因造成母兔子宫收缩力不足，而不能顺利分娩，可用激素催产或人工诱导催产。

（1）**激素催产** 如因胎位不正而造成母兔难产，不能轻易采用激素催产，应将胎位调整后再行激素处理。选用人工催产素（脑垂体后叶素）注射液，每只母兔肌内注射3～4国际单位，10分钟左右便可产仔。催产素可刺激子宫肌强直收缩，用量一定要得当，应根据母兔的体型、仔兔数的多少灵活掌握，一般母兔体型较大和仔兔数较少者适当加大用量，体型较小和胎儿数较多者应减少用量。

激素催产见效快，母兔的产程短，要注意人工护理。

（2）**人工诱导分娩**　是通过外力作用于母兔，诱导母兔催产激素的释放和子宫及胎儿的运动，而顺利将胎儿娩出的过程。人工诱导分娩操作程序：

①拔毛：以乳头为圆心，以2厘米为半径，一小撮一小撮地拔掉圆内的毛即可。

②吮乳：选择产后5～10天的仔兔一窝，仔兔数以8只左右为宜，仔兔应发育正常、无疾病，6小时之内没有吃奶，将这窝仔兔连同其巢箱一起取出，把待催产并拔好毛的母兔放入巢箱内，轻轻保定母兔，防止其跑出或踏蹬仔兔，让仔兔吃奶5分钟，然后将母兔取出。

③按摩：用干净的毛巾在温水里浸泡，拧干后以右手拿毛巾伸到母兔腹下，轻轻按摩0.5～1分钟，同时手感母兔腹壁的变化。

④观察和护理：经以上方式处理后母兔可很快分娩，做好母兔接产后，将母兔放回其原笼，让其安静休息。

157. 母兔分娩后如何护理？

母兔分娩后，应及时补充充足而清洁的饮水；产后1～2天内以青绿多汁饲料为主，第3天开始足量供应母兔饲料，以后在哺乳期为提高母兔体质应逐渐增加饲料喂量；分娩后母兔可喂服抗生素，以防止乳房炎的发生，若母兔已出现有乳房炎症，要及时治疗；及时清除笼内异物，每天清粪一次，每周消毒2次，若实行全进全出的兔舍可在产后1～3天进行集中消毒。

158. 哺乳母兔的饲养管理要点有哪些？

母兔产仔后就进入哺乳阶段，哺乳母兔营养和健康决定奶量、奶质，决定仔兔是否健康、成活和强壮。

（1）**饲养方面**　母兔产仔后1～7天，日泌乳量在60～150毫升，2～3周时进入泌乳旺盛期，日泌乳量高达150～300毫升，以后乳量逐渐下降。

①营养要全面：母兔哺乳期每天都需要采食大量的饲料，从中获得丰富的营养物质，营养水平直接关系到母兔的泌乳量的多少，该期母兔饲料中粗蛋白的含量应保持在17%~18%。

②喂量要适当：母兔分娩后1~2天采食量少，这是因为母兔分娩后边产仔边吃掉难以消化的胎盘。一般3天后才能恢复食欲，所以在产后1~2天应多喂些多汁饲料，以后逐渐增加饲喂量。当母兔分娩后15天左右时，泌乳量达到高峰，这时要满足母兔的采食量，饲料充足，饮水要及时。

③适时调整：要根据仔兔的粪便、尿液情况来调节母兔的日粮营养水平。闭眼期的仔兔，所食乳汁大部分都被吸收，粪尿很少，说明母兔的饲喂量正常；如产箱内尿液很多，说明多汁饲料饲喂量过多；如仔兔粪多而尿少，说明母兔的精料饲喂量过多，而青绿多汁饲料饲喂量过少。仔兔断奶前5天左右，要适当减少饲料的饲喂量，否则容易发生乳房炎。

（2）管理方面

①细心检查乳头，健康正常母兔乳房充盈、波动、多乳、指压有柔软性、无热、无痛、无硬结。

②定时喂奶，母兔在哺乳期间，要养成定时喂奶的规律，定时喂奶可以减少母兔乳房炎的发生，促进仔兔的正常生长发育。产箱集中管理的，在仔兔喂奶时定时将产箱放入母兔笼；母仔笼可开合的兔笼，应定时打开通道门，让母兔给仔兔喂奶。

一般情况下，仔兔在闭眼期可一天喂奶1次或早、晚各喂奶1次，仔兔开眼后可增加母兔的哺乳量和哺乳次数2~3次，仔兔补饲后可将哺乳次数降到1次/天。

及时检查哺乳情况，若母兔泌乳旺盛，仔兔吃饱后腹部胀圆，肤色红润光亮，安睡不动；反之，仔兔肤色灰暗，两耳苍白，腹部狭小，皮肤褶皱，到处乱爬乱窜，有时还会发出"吱吱"的叫声，个体发育不均差异大，有时出现拉稀或便秘的情况。

如果母兔有奶不喂，需要人工补助喂奶，一般训练3～4天后，母兔就会自动喂奶。如果母兔无奶或乳汁不足时，要立即喂给母兔豆浆、米汤等，添加青绿多汁饲料，同时也可肌注催乳针或内服催乳片。

若发现母兔乳房有硬块，乳头上出现红肿焦斑，要及时治疗，以免仔兔吃了有炎症乳房中的乳汁，发生脓毒败血症或仔兔黄尿病等。

哺乳母兔的配种，可在母兔哺乳到11～18天时进行。

159. 怎样淘汰种公兔、种母兔？

种兔的淘汰，可按使用年限、繁殖性能、疾病等制定淘汰规划。

①一般情况，种兔年龄达3年以上的种公兔、种母兔，除个别极优秀的留下外其余全部淘汰。

②繁殖性能差，如：连续三次配不上种的，连续两胎产仔5只以下的，连续两窝断奶仔兔5只以下的，流产后子宫有慢性炎症长期排出脓性分泌物的，发生过乳房炎后乳腺增生乳头堵塞两个以上的，不在产箱产仔的，需要人强制喂奶的，有食仔癖排除其他原因后无法纠正的等都应淘汰。

③没有治疗价值的患病种兔，如患有慢性呼吸道疾病，出现打喷嚏、鼻有浆液性或脓性分泌物等，治疗一下虽可缓解症状，要想根治它极难的，应及时淘汰。

第三节　　生长兔的饲养管理

160. 仔兔的生长发育有哪些特点？

①仔兔出生时裸体无毛，体温调节机能还不健全，一般产后10天才能保持体温恒定；初生仔兔最适的环境温度为30～32℃。

②视觉、听觉未发育完全。仔兔生后闭眼，耳孔封闭，整体吃奶睡觉；生后8天耳孔张开，11～12天眼睛睁开。

③生长发育快。仔兔初生重40～65克，在正常情况下，生后7天体重增加1倍，10天增加2倍，30天增加10倍，30天后也保持较高的生长速度，对营养物质要求也高。

161. 初生仔兔如何管理?

仔兔饲养的中心工作是让仔兔早吃奶、吃足奶、休息好。母兔分娩后前3天所产的奶叫初乳，初乳营养丰富，富含蛋白质、高能量、多种维生素及镁盐等，适合仔兔生长快、消化能力弱、抗病力差的特点，并且能促进胎粪排出，所以必须让仔兔早吃奶、吃足奶。母性强的母兔一般边产边仔哺乳，但有些母兔特别是初产母兔产后不喂仔兔。仔兔出生5～6小时内，要检查吃奶情况，对有乳不喂母兔要采取强制哺乳措施。在自然条件下，通常在凌晨仔兔每日只被哺乳一次，整个哺乳可在3～5分钟内完成。在实行母仔分离饲养模式的，要按时哺乳，除仔兔出生后初次吃奶外，闭眼期每天可让母兔哺乳仔兔1～2次、时间15～20分钟/次，开眼期可在上午、下午让母兔各哺乳仔兔一次。

母兔产后18～20天泌乳量下降，仔兔3周龄后从母兔乳汁中仅能获取55%的能量，所以应在15日龄后开始给仔兔训练补饲。补饲既可以满足仔兔的营养需要，又能锻炼仔兔消化功能，使仔兔安全度过断奶关。

162. 怎样进行初生仔兔的人工补乳及寄养?

初生仔兔要检查是否吃上初乳，以后每天应检查母兔哺乳情况。对于有奶而不愿意自动哺育仔兔或在笼内排尿、排粪或有食仔恶癖的母兔必须实行人工辅助哺乳，也叫人工补乳。方法是将母兔与仔兔隔开饲养，定时将母兔捉进笼内，用右手抓住母兔颈部皮肤，左手轻轻按住母兔的臀部，让仔兔吃奶，如此反复数天，直至母兔习惯为止。每天喂乳2次，早晚各1次。

一般情况下，母兔哺乳仔兔数应与其乳头数一致。如不一致应让产仔少的母兔为产仔多的、无奶或死亡的母兔代乳，也称为寄养。具体寄养方法是：首先将保姆兔拿出，把寄养仔兔放入仔兔窝中心，盖上兔毛、垫草，2小时后将母兔放回笼内，观察母兔对仔兔的态度，如发现母兔咬寄养仔兔，应立即将寄养仔兔移开。如果母兔是初次寄养仔兔，可用石蜡油、碘酒、清凉油等涂在母兔鼻端，以扰乱母兔嗅觉，使寄养成功。

163. 仔兔睡眠期的饲养管理要点有哪些?

仔兔出生后至开眼的这段时间称睡眠期（一般是出生至12日龄）。饲养睡眠期的仔兔，只要能够吃饱奶、睡好觉，就能保证其正常的生长发育。

（1）**吃好奶**　在出生5～6小时必须吃上初奶，否则就应查明原因并采取人工辅助哺乳措施。有时仔兔哺乳时将乳头叼得很紧，哺乳完毕母兔跳出产仔箱时，将仔兔带出箱外，应将仔兔及时捡到产仔箱内。

（2）**科学寄养**　有时母兔产仔超过8只或超过母兔有效乳头数的，应及时对仔兔进行寄养。

（3）**保温防冻**　保温防冻是睡眠期仔兔的管理重点，由于仔兔体温调节能力差，对环境温度要求较严格，睡眠期仔兔最适的产仔箱温度30～32℃，在寒冷季节可采取母仔分开的方法，将产仔箱连同仔兔一起移至温暖的地方，定时放回母兔笼哺乳。

（4）**注意均匀发育**　对于体质瘦弱的仔兔，应加强管理，采取让弱兔先吃奶，然后再让其他仔兔吃奶的办法调节，力争使整窝兔均匀发育。

（5）**防止兽害**　睡眠期的仔兔最易遭受兽害，甚至全窝被老鼠、黄鼠狼咬死，应注意将兔笼、兔舍严密封闭，勿使老鼠等入内；夏秋炎热季节要注意降温防蚊。

（6）清洁卫生 做好清洁卫生工作，保持垫草的清洁与干燥，预防感染疾病。

164. 仔兔开眼期的饲养管理要点有哪些?

仔兔开眼之后就要出巢活动，这个时期的仔兔要经历一个从吃奶到吃植物性饲料的转变过程，饲养的重点应放在仔兔的补料和断乳上。

（1）**饲养方面** 开眼后的仔兔生长发育很快，母乳已开始满足不了仔兔的营养需要，必须及早抓好补料关。生产实践表明，仔兔在15日龄左右就会出巢寻找食物，此时就可以开始补料，以增强仔兔的体质，提高生长速度，减少疾病。规模化兔场的仔兔补料，可在仔兔笼内喂给仔兔补饲专用配合饲料，或增加母兔食槽宽度，让仔兔随同母兔学习吃料。补料的方式还有在15日龄左右喂给仔兔少量营养丰富而容易消化的饲料，如豆浆、豆渣或切碎的幼嫩青草、菜叶等；20日龄后可加喂适量麦片、麸皮、玉米粉和少量木炭粉、维生素、无机盐等。

（2）**管理方面** 开眼期的仔兔是比较难养的时期，在管理上应高度重视。

①仔兔开眼时要逐个进行检查，发现开眼不全的，可用药棉蘸取温开水洗净封住眼睛的黏液，帮助仔兔开眼。

②仔兔胃小，消化力弱，但生长发育快，开始补料时应采取少喂多次，最好每天5～6次，28～30日龄后可逐渐转为以饲料为主，并做好断奶前的准备工作。

③仔兔刚开食时，会误食母兔的粪便，易传染疾病，为了保证兔体健康，最好自15日龄起母仔分笼饲养，每天哺乳1～2次，这样可使仔兔采食均匀，安静休息，减少接触母兔粪便的机会，以防感染球虫病等。

④仔兔开食后，粪便增多，要常换垫草，并洗净或更换巢箱，否则，仔兔睡在潮湿的窝内对健康非常有害。

⑤仔兔开食后粪便增多，并开始采食软粪；此时仔兔不宜过量

喂给含水量高的青绿饲料，否则容易引起腹泻、胀肚而死亡。

⑥让仔兔及时断奶。

165. 仔兔何时断奶？如何断奶？

仔兔一般在28～35日龄断奶。仔兔断奶的方法，要根据全窝仔兔体质强弱而定，采取一次性断奶或分期断奶两种方式。若全窝仔兔生长发育均匀，体质强壮，采用一次断奶法，即在同一时间内将母仔分开饲养。如全窝仔兔体质强弱不一，生长发育不均匀，可采用分批断奶法，即先将体质强的断奶，体弱者继续哺乳，经数日后，视情况再行断奶。如果条件允许，断奶时采取移走母兔，让仔兔离奶不离笼，尽量做到饲料、环境、管理三不变，避免仔兔由于突然转移到陌生的环境，而出现紧张、恐惧、食欲不振等情况，防止各种不利的应激反应。

166. 断奶幼兔如何饲养管理？

养兔成活率高低的关键在断奶后的幼兔阶段。此阶段小兔生长发育快，但各器官机能发育还不健全，抗病力差，对外界环境敏感，对饲料条件要求高；再加上仔兔断奶后正处于第一次换毛期，若此期间饲养管理不当，不仅生长发育慢，死亡率高，而且严重影响饲养者的经济效益。因此，养好幼兔，提高幼兔成活率，必须在日常生产管理中切实抓好以下几个环节。

（1）喂料　幼兔期间饲喂次数应比成年兔多2～3次。掌握少喂、勤喂、吃饱、吃好的原则。由于幼兔刚刚脱离母乳，生活条件发生了很大变化，此时幼兔的胃肠消化机能还很弱，如果吃了过硬、不易消化的食物就会肚胀而死。特别是体重1千克左右的幼兔正处于提牙阶段，牙根发痒，不知饥饱，食量不能自控，很容易造成颈细肚大，严重者可肚胀而死。为此，在饲养管理上，既要注意卫生，又要注意喂给新鲜、易消化、营养价值高的精、青饲料，定量、定时饲喂，少喂勤添，每天喂精料2～3次，切忌吃得过饱。

（2）**饮水**　要使幼兔随时都能有水喝，一般每千克体重每昼夜要给清洁饮水0.2～0.4千克。如果饲喂含水量较大的青绿饲料，则可适当减少饮水量。防止出现幼兔长期不能饮水，偶尔一次给水，使之暴饮，从而引起兔消化机能紊乱，造成腹泻。

（3）**防病**　对断奶后的幼兔，要做到无病早防，有病早治，确保幼兔健康。做好兔瘟、巴氏杆菌等传染病的预防注射和兔球虫、疥癣等主要疾病的综合预防，及时搞好兔消化道疾病、呼吸道疾病等的治疗工作。兔舍内温度适宜，保证通风、防暑、防寒。捕捉时动作要轻，以免幼兔受到伤害。保持环境安静，避免兔受惊吓，减少生理上的应激，减少胃肠病的发生。

（4）**分群**　刚断奶的幼兔可一个兔笼养3～5只，随着体重的增加个体的增大，需要减小饲养密度，对幼兔适时分群，以每笼饲养2～3只为宜。

①商品生产兔、后备种兔的分群，在2～3月龄按种用标准挑选后备种公兔、种母兔后，剩余的兔作商品生产兔饲养。

②做好公母分群，3月龄前将后备种公兔、后备种母兔分群饲养，后备种公兔要一笼一只。

167. 怎样开展肉兔"全进全出"生产?

肉兔的"全进全出"生产模式（又称"全进全出循环繁育模式"或"肉兔工厂化生产"），即是一栋兔舍内饲养同一批同一日龄的兔子，全部兔子都在同一天开食断奶，同一天出售屠宰。

（1）**优点**　"全进全出"饲养制度简便易行。

①商品兔能够同时生产，均匀度好，个体重量、大小也差不多，日龄一样，产品的一致性很好。

②可机械作业，可采用相同的技术措施和饲养管理方法，易于控制适当温度，便于机械作业。

③日常管理能程序化，可以提高工作效率，按照标准的时间顺序，提前就可以做一个完善的生产管理制度表，几月几号星期几需

要干什么，都写得清清楚楚，各批次"全进全出"肉兔可使用相同的流程生产管理。

④大大减少了饲养员的重复劳动，员工每天的累计工作时间基本上在8小时左右，不用每天安排人员到兔舍内值夜班护理刚刚出生的仔兔，值夜班的时间相对集中和固定。

⑤能彻底消毒圈舍，出栏这一天，笼舍全部清空后，可彻底清理、清洗、消毒，防止病原微生物感染下一批兔。"全进全出"养兔与传统养兔的比较见表4-13。

表4-13　"全进全出"养兔与传统养兔模式对比

比较项目	"全进全出"养兔	传统养兔
繁殖方式	控制发情，人工授精	自然发情，本交授精
生产安排	批次化生产，全进全出	无确定批次，连续进出
卫生管理	兔舍定期空舍消毒	兔舍很少能做到空舍消毒
转群操作	断奶后搬移怀孕母兔	断奶后搬移断奶仔兔
产品质量	批次出栏肉兔均匀度好	"同批出栏"肉兔大小不均
人均劳动效率	每人饲养500～1 000只母兔	每人饲养120～200只母兔

（2）**技术特点**　肉兔"全进全出"技术基础是繁殖技术和人工授精技术，再加上笼舍在设计建造上的配合。"全进全出"首先要做到同期发情，同期配种，然后同期繁殖，同期断奶，最后才能同期出栏，这就是"全进全出"中最重要的"五同期"原则。这里面每个阶段之间都是有联系的，一旦一个阶段出现问题，那么想要完成全进全出就很难了，只有按部就班的做好"五同期"才能真正达到全进全出的目的。

（3）**技术要点**　工厂化养兔是系统工程，由众多的技术集成，其核心技术是"繁殖控制技术"和"人工授精技术"。

①繁殖控制技术：繁殖控制技术指应用物理的、生化的技术

手段，促进母兔同期发情的技术集成，主要包括光照控制、饲喂控制、泌乳控制和激素应用等。光照控制是从授精后11天至下次授精前6天，每天光照12小时；从授精前的6天到授精后的11天，每天光照16小时，光照强度为60～90勒（需要用光照强度测试仪实际测定），有助于母兔同期发情并有较高的受精率。"饲喂控制"是对后备母兔首次人工授精时，从授精前6天开始从限制饲喂改为自由采食，有利于同期发情；对未哺乳的空怀母兔先限饲，在授精前6天开始从限制饲喂改为自由采食，既能控制空怀母兔过肥、也能起到促发情效果；对正在哺乳期的未怀孕母兔不采用限制饲喂。"哺乳控制"是人工授精前36～48小时将母兔与仔兔隔离、停止哺乳，人工授精时开始哺乳，可提高受胎率。

②人工授精技术：种公兔最好使用9～30月龄的，精子质量最好，可在输精前或输精后注射促排卵激素。

③品种选择：工厂化养兔的兔种主要选择国内外优良的肉兔配套系，如伊拉兔配套系、伊高乐配套系等。

（4）圈舍安排 "全进全出"方式可以在一对兔舍之间轮换全进全出，也可以是在不同兔舍之间依次进行全进全出，空舍消毒。一对兔舍之间42天（49天）模式轮换"全进全出"图解如图4-1。

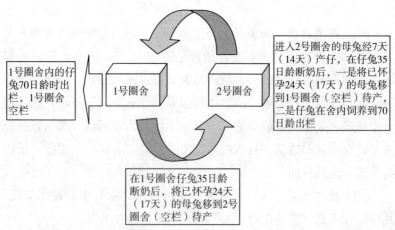

图4-1 一对兔舍之间42天（49天）模式的"全进全出"示意图

（5）**时间安排** "全进全出"饲养工作程序化，能对每栋圈舍、每批种兔制定相对集中和固定的操作流程。目前国内外常用的有42天、49天"全进全出"等模式。如49天"全进全出"模式是在母兔产后18天进行人工授精，母兔产后35天断奶，将母兔（此时已怀孕17天）移到另外准备好的空舍待产，仔兔留在原兔舍饲养。母仔分离后留在原兔舍的仔兔饲养到70日龄左右出栏，出栏后彻底清理、清洗、消毒、空舍，等待下一批的怀孕母兔搬进。42天（49天）全进全出模式图解如图4-2。

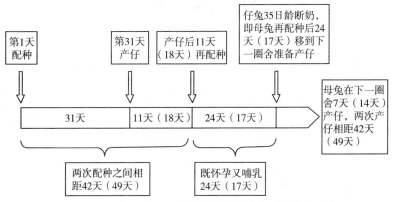

图4-2　42天（49天）"全进全出"模式生产时间安排示意图

第五章 疫病防控

第一节　兔病防控的基本措施

168. 家兔疾病的发生与饲养管理有什么关系?

（1）科学地配制日粮，可以使兔长得快，减少疾病的发生　要养好兔，必须科学地配制日粮，喂全价饲料。饲料中营养物质的种类、数量和比例是否符合家兔的生理特点和满足营养需要，对养好兔关系重大。如果日粮中某些营养成分不足或缺乏、或搭配不当，就不能满足家兔的生长发育需要，使其抵抗力下降，容易引发疾病。

（2）饲料搭配多样化，避免造成营养缺乏症　家兔生长快，繁殖率高，体内代谢旺盛，且肉、皮、毛、奶都含有丰富的营养物质，因此，需要从饲料中获得多种多样的养分才能满足营养需要。如果家兔长期喂单一饲料，则容易患营养缺乏症，如长期不喂青草，兔生长发育不好、易患维生素缺乏症、种兔繁殖障碍等。

（3）以青料为主，精料为辅，减少胀气和腹泻病的发生　家兔是草食动物，其发达的盲肠是草料消化的主要场所，以草为主，精料为辅，是饲喂草食动物的一个基本原则。家兔能采食占体重10%～30%的青草量，能利用植物中的粗纤维。精料的补充量，应根据生长、妊娠、哺乳等生理阶段的营养需要，每天大约在50～150克之间。如果精料添加过多，盲肠中的微生物利用精料大量发酵，导致胀气、腹泻，甚至死亡。

（4）**保证饲料的品质，科学地进行调制，防止疾病的发生** 不喂发霉、变质、有毒的饲料（包括有毒植物和用过农药的青饲料）和污浊的饮水，带有泥沙、尖刺的草不能喂兔，带雨水、露水、含水分高的草应晾干后再喂，用生兔粪施肥而收割的青饲料不能喂，带冰冻的饲草不能喂，有异味的饲料不可多喂，发芽的土豆及土豆秧不能喂，带黑斑的红薯不能喂，煮熟后的甜菜5小时内不能喂，防止中毒和消化道疾病的发生。牛皮菜不能长期单独喂，因草酸含量高，易造成缺钙，特别是怀孕兔和哺乳兔更不宜喂。易膨胀的饲料未经浸泡12小时不能喂，混有兔毛、兔粪的饲料不能喂。切实把握"病从口入"关。要按兔的消化特点和饲料特性，进行科学调制，做到洗净、晾干、切细、调匀，以提高食欲，促进消化，达到防病的目的。

（5）**更换饲料，要由少到多逐渐过渡，不能突然更换，以免发生消化道疾病** 饲料要保持相对稳定，夏季以青绿饲料为主，冬季以干草和块根饲料为主。当季节变换，需要更换饲料时，应逐渐过渡，先更换1/3，过2天再更换1/3，再过2天全部更换，一般在3～5天换完，使兔的消化机能逐渐适应更换的饲料条件。如突然更换饲料，易引起兔食欲下降、伤食或胀气、腹泻。

（6）**饲喂定时定量，添夜草，防止暴饮暴食，以免发生消化道疾病** "定时"就是每天饲喂的次数和时间，使兔养成每天定时采食和排泄的习惯。饲喂时间一般在早、晚各一次，夜间添加一次青草，但幼兔的饲喂次数要多，每次饲喂的量要少。"定量"就是根据兔对饲料的需要与季节的特点，定出每天和每次的喂量。家兔比较贪食，如不定量，常常会导致饥饱不均、过食，特别是适口性好的饲料，过食常常引起胃肠机能障碍，发生胀气、腹泻。喂量的多少，应根据兔的品种、体型、生理时期、季节、气候以及兔的采食和排粪情况来决定。一看体重大小，体重大的多喂，体重小的少喂。二看膘情，膘情好、肥度正常的兔少喂，瘦弱的兔多喂。三看粪便，粪便干涸，要多喂青绿饲料或增加饮水量，粪便湿稀减少饮水量，并减少精料，投药治疗。四是看饥饱，一般喂7～8分饱为宜。五看天气，冷天多喂温水，热天多喂多汁料，喂凉水，增进食欲，气候突变时少喂精料。家兔有昼伏夜行的特点，晚上采食量占全天食量的70%、饮水量占全天的60%。所以晚上要多喂，添加夜草，白天少喂，让兔充分休息。但幼兔应保持白天和夜间均衡的采食量。

（7）**供给清洁的饮水是兔健康的保证**　家兔的饮水应消毒，保证清洁卫生，矿物质含量不能超标，防止饮用不符合饮用标准的水而引起发病。家兔饮水最好让其自由饮水，一般生长旺盛的幼龄兔、妊娠母兔、母兔产仔前后、夏季、喂干饲料、喂含粗蛋白和粗纤维及矿物质含量高的饲料等，饮水量较大。冬季在寒冷地区最好喂温水，以免发生胃肠炎。

（8）**保持兔舍清洁卫生和干燥，防止病原微生物感染**　家兔抗病力差，喜欢清洁干燥的环境。在日常饲养管理中，每天应打扫兔舍、兔笼，清理粪便，洗刷饲具，勤换垫草，定期消毒，使病原微生物无法孳生繁殖，这是增强兔的体质、预防疾病必不可少的措施。

（9）**保持安静的环境，防止骚扰，以免发生应激反应**　兔胆小怕惊，在管理上动作要轻微，保持环境安静，防止猫、狗、鼬、鼠、蛇进入，以免发生不良的应激反应。

（10）**兔舍应防暑、防潮、防寒**　家兔怕热，夏季应防暑，兔舍周围多植树。兔怕潮湿，雨水季节湿度大，是疾病的多发季节，死亡率高，兔舍应注意防潮。冬季寒冷，对仔兔威胁大，要注意防寒。

（11）**分群管理**　为了保证兔的健康，便于管理，兔场所有的兔都应按品种、年龄、性别、大小进行分群饲养，以免发生打架、抢食、乱配等现象。

（12）**注意运动，增强对疾病的抵抗力**　运动能促进家兔新陈代谢旺盛，增进食欲，增强抗病力，也能使家兔晒到阳光，促进维生素D的合成，利于钙、磷的吸收利用，避免发生软骨病，减少母兔空怀和死胎，提高产仔率。

169. 掌握家兔的食性和消化特点对防制兔病有什么关系?

（1）草食性和耐粗饲性　兔是单胃动物，上唇纵向裂开，裸露门齿，适宜采食地面的矮草，啃咬树枝、树皮、树叶等，同时兔还有发达的盲肠，其中含有大量的有益微生物，起着"发酵罐"的作用，利于粗纤维的消化。兔的这些特点就决定了其草食性和耐粗饲性。兔对食物具有选择性，喜欢吃植物性饲料而不喜欢吃动物性饲料；在饲草中，喜欢吃豆科、十字花科、菊科等多叶性植物，不喜欢吃禾本科、直脉叶植物，如稻草类；喜欢吃多汁、幼嫩的植物；喜欢吃含有植物油的饲料和有甜味的饲料；喜欢吃颗粒料而不喜欢吃粉料。根据这一特点，在饲养过程中应当以草料为主，精料为辅，精料应是颗粒料，这样可以减少消化系统疾病的发生。

（2）食粪性　兔有食自己软粪的特性。兔排两种粪便，在白天排颗粒样的硬粪，夜间排团状的软粪。排软粪时，兔直接用嘴在肛门处采食。软粪中含有丰富的营养物质和有益微生物，兔吃软粪有助于营养物质的再吸收利用，同时有助于维持肠道的微生态平衡，帮助消化，以免患消化道疾病。

170. 家兔换毛是疾病吗?

家兔的被毛都有一个生长、老化、脱落、并被新毛替换的过程，这种现象称为换毛，是正常的，不是疾病。

家兔换毛分年龄性换毛和季节性换毛。家兔一生中年龄性换毛有二次，第一次换毛约在出生后30日龄开始到100日龄结束，第二次换毛约在130日龄开始到190日龄结束。季节性换毛是一年的春、秋两季的两次换毛，春季换毛在3～4月份，秋季换毛在8～9月份。

171. 家兔正常的生理常数是多少?

正常情况下家兔的体温是38.5～39.5℃，平均39℃；呼吸是50～60次/分钟，平均51次/分钟；脉搏是120～150次/分钟，平均135次／分钟。

172. 怎样识别健康家兔和发病家兔？

（1）**观察家兔的精神状态**　最好经常在夜晚观察家兔，健康家兔十分活跃，两眼炯炯有神，行动敏捷，反应迅速，轻微的响声便会使其立即抬头并两耳竖立，跺后脚，病兔则精神沉郁，行动迟缓，躲在兔笼一角或卧倒。

（2）**观察、触摸家兔的体表**　健康家兔躯体匀称，皮肤结实、致密而有弹性、红润而光滑干净，腹部柔软并有一定弹性；肌肉结实；被毛平顺密集、柔软光亮；鼻镜湿润。病兔身体消瘦，骨骼显露，被毛蓬乱、缺乏光泽，不按换毛季节进行换毛；触摸腹部时兔出现不安、腹肌紧张且有震颤等情况，多见于腹膜炎；而腹腔积液时，触摸有波动感；胀气时，腹围增大。

（3）**观察采食情况**　健康家兔食欲旺盛，采食速度快；病兔食欲不振，采食速度慢或拒食。

（4）**观察粪便和尿液**　健康家兔的粪便呈颗粒状，椭圆形，大小均匀，表面圆润光滑；尿清无色。病兔的粪便呈干硬细小的粪粒，或表面带黏液，呈串珠状；或呈粥样，有时混有血液、气泡，并散发腥臭味；或呈"果冻样"；尿液浑浊，呈黄色或红色等。

（5）**测量体温、脉搏、呼吸**　体温测定一般采取肛门测温法，健康兔正常体温为38.5 ～ 39.5℃，而且幼兔体温高于成年兔，成年兔高于老年兔。如果体温升高到41℃，则是患急性、烈性传染病的表现，濒临死亡时体温可降到36 ℃以下。家兔脉搏多在大腿内侧的股动脉上检测，也可直接触摸心脏。健康兔每分钟的脉搏数为120 ～ 150次。脉搏数增加是热性病、传染病的表现。健康兔呈胸腹式呼吸，呼吸次数为每分钟50 ～ 60次。病兔呼吸次数增加或减少，呼吸时会出现异常声音。当出现胸式呼吸时，说明病变在腹部，如腹膜炎；出现腹式呼吸时，说明病变在胸部，如胸膜炎。

173. 养兔的常见错误与兔病的发生有什么关系?

（1）**偏喂精料**　兔偏喂精料，易导致肠炎，因剧烈腹泻而死亡。因过量的精料在盲肠内被分解、发酵成大量的有机酸，破坏了微生物正常的弱碱性环境，造成菌群生态平衡失调。

（2）**用整粒谷物代替颗粒饲料**　用颗粒饲料喂兔效果很好，但颗粒饲料目前在一些偏远山区的农村散养户尚未普及，因此一些农户就用整粒谷物代替颗粒料饲喂，这种喂法并不科学。谷物整粒饲喂，相当一部分没有得到充分咀嚼就进入胃肠，减少了与消化液的接触面积，使之不能完全被消化吸收就进入盲肠，并在盲肠内异常发酵，使有害细菌产生肠毒素，导致腹泻或肠炎的发生。

（3）**乱用抗生素**　有些养兔场或农户为防治兔病，常在饲料里添加土霉素、痢菌净、庆大霉素等抗菌类药物。这种做法对兔有害无益，很不科学。家兔是草食动物，食进的饲草主要靠肠道内各种微生物的活动将其中的纤维素分解吸收。当给兔加喂抗生素后，其肠道内的大量有益微生物被抑制或杀灭，同时又使肠道内的致病菌特别是大肠杆菌、沙门氏菌产生较强的抗药性，并大量繁殖。久而久之，兔一旦发病，会给治病带来困难。

（4）**疫苗冷冻保存**　有些人不懂得疫苗保存方法，常将购回的疫苗放入冰箱的冷冻室中贮存，疫苗结冰，这样保存的疫苗，往往失去免疫效果。正确的做法是：购回的苗，不开包装，在 4～8℃ 冰箱保存，在有效期内使用完。

（5）**用药不当或乱用药物**　农村有的养兔户治疗兔疥螨病仍用肥皂洗涤患部，然后用敌百虫液擦洗。殊不知，这种做法对兔很危险。原因是肥皂属碱性，与敌百虫液相遇会产生类似敌敌畏的毒性作用，极易引起兔中毒。正确方法是，在用肥皂水洗涤患部后，需用清水冲洗，并用布擦干，再涂以敌百虫药液。

174.怎样正确地捉兔和保定兔?

捉兔时，先用手抚摸兔头部，使兔安静，一只手抓住两耳和相连的颈部皮肤提起，另一只手托住兔的臀部，兔的重力在托手之上，见图5-1。不许只抓兔的两耳提起，因为耳部是软骨，不能承受全身重量，而且耳部的血管、神经很多，易引起耳根损伤，单耳或两耳下垂。抓兔时，不允许动作粗暴，惊吓，强行硬拉，以防止抓伤人或怀孕母兔流产，也不允许拖两后肢及拎腰部，见图5-2。

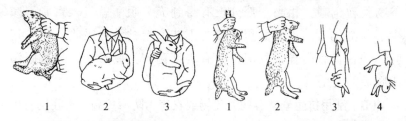

| 图5-1　正确的捉兔法 | 图5-2　错误的捉兔法 |

（1）徒手保定法　徒手保定法可分为以下几种：

①按捉兔法：慢慢接近兔，轻轻抚摸兔头部和背部，待兔静卧后，用一只手连同两耳或不带耳将颈背部皮肤大把抓起，另一手随即置于股后托住兔的臀部以支持体重，或抓住臀部皮肤和尾，将兔头朝上置于胸前。此法还可使兔腹部向上。适用于头部、腹部、四肢等处疾病的诊治和兔搬运，见图5-3。

图5-3　徒手保定法①

②一只手的虎口与兔头方向一致，大把抓住兔两耳和颈背侧皮肤，将兔提起置于另一手臂与身体之间，该手上臂与前臂成90°角夹住兔体，手置于兔的股后部以支持体重。此法适用于兔的搬运、后躯疾病诊治及体温测量和肌内注

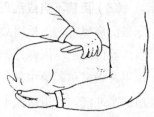

图5-4　徒手保定法②

射等，从腋下露出口、鼻，也适用于口、鼻检查和采样等，见图5-4。

③用一只手抓住兔的颈背部皮肤，另一只手抓住臀部皮肤和尾，使兔伏卧于一台面上。适用于体躯疾病检查和处治，也可用于体温检测和多种注射等。此法还可一手抓住颈背部皮肤，另一只手抓住两后肢，使兔仰卧于台面上，作腹腔注射和进行乳房及四肢的检查。

④将兔放于台面上，两手从后面抱住兔头，以拇指和食指固定住耳根部，其余三指压住前肢，使兔得以固定。适用于耳静脉注射和头部检查，见图5-5。

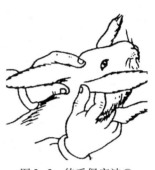

图5-5 徒手保定法③

（2）器械保定法

①包布保定法：用一边长为1米左右的正方形或三角形布块，在其一角缝上两根30～40厘米长的带子，做成保定用包布。保定时将包布铺开，把兔置于包布中央，折起包布包裹兔体，使兔两耳及头部露出，最后用带子围绕兔体打结固定。适用于耳静脉注射和经口给药等。

②手术台保定法：按徒手保定法③使兔仰卧于小动物专用手术台上，用绳带分别捆绑四肢，使其分开并固定于手术台上，用兔头夹固定头部。适用于兔的阉割、乳房疾病治疗、腹部手术等，见图5-6。

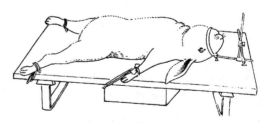

图5-6 手术台保定法

③保定盒保定法：保定盒分外壳与内套两部分，保定时稍拉出内套、开启后盖，将兔头向内放入，待兔从前端内套与外壳之间的空隙中伸出头时，立即向内推进内套，使正好和外壳卡住兔颈部，

以兔头不能缩回盒内为宜，并拧紧固定螺丝，装好后盖。适用于耳静脉注射、灌药及头部疾病的治疗等，见图5-7。

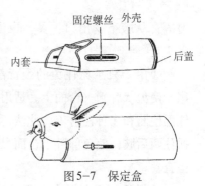

图5-7　保定盒

（3）**药物保定法**　药物保定又称为化学保定，是通过使用某种镇静剂、肌肉松弛剂或麻醉药等，使动物安定、无力反抗和挣扎的一种方法。此方法在兔子上使用较少，常用于一些不易捕捉或性情凶猛而难以接近的经济动物或野生动物的保定，可用于兔子某些需要以手术方法进行诊治的疾病，如剖腹产、手术治疗毛球病、某些骨折的整复固定等。该方法常常还需其他保定方法的配合。

175. 怎样正确地给兔饲喂和注射药物？

（1）喂药方法

①自行采食法：此法适用于病轻仍有食欲、饮欲的兔。食用的药物毒性小，无不良气味。根据药物的稳定性和可溶性，按照使用比例拌料或加入饮水中，让兔自然采食或饮水。在饮水投药前最好停止饮水2小时，兔大群用药前，最好先做小批毒性及药效试验。

②投服法：此法适用于药量小，有异味的片剂、丸剂药物，已经废食的病兔。由助手保定兔，操作者一手固定兔头部并捏住兔面颊使其开口，另一只手用镊子或筷子夹取药片或药丸，送入会厌部，使兔将其吞下，见图5-8。

图5-8　投服给药法

③灌服法：此法适用于有异味的药物和已废食的病兔。将吸有药液的注射器插入病兔口角，缓慢将药液注入口腔，使兔自行吞咽。也可用滴管或吸耳球灌药，还可将药物碾碎，加水调匀，使兔嘴张开，用汤匙灌入，见图5-9。

④胃管投药法：此法适用于药液量大，有异味及刺激性的药。助手保定兔，在其门齿后缘放置开口器，操作者将胃管沿上颚后壁缓慢向咽部插入，待有吞咽动作时，趁机送入食道并继续插入胃内。检查确实后，在胃管上端接注射器，注入药液，最后用少量的水冲洗，注射过程中避免注入空气，见图5-10。

（2）**注射药物方法**　注射给药要先对注射器和针头进行煮沸消毒，对注射部位剪毛，用70%的酒精棉球消毒。最常用的是皮下注射、肌内注射、静脉注射。注射部位见图5-11。

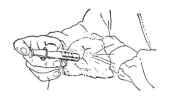 

图5-9　灌服给药法　　　图5-10　胃管投药法　图5-11　注射部位

1.静脉注射　2.皮下注射
3.肌内注射　4.腹腔注射

①皮下注射：选择颈部、肩部、腋下、股内侧或腹下皮肤薄、松弛易移动的部位，局部剪毛，用70%的酒精棉球消毒，一只手拇指、食指和中指将皮肤提起，捏成三角形，另一只手沿三角形基部几乎与兔体保持水平，将针头迅速刺入皮下约1.5厘米，注入药液，取出针头，用70%的酒精棉球压迫片刻。

②皮内注射法：通常在腰部或欣部。局部剪毛消毒后，将皮肤展平，针头与皮肤呈30度角刺入真皮，缓慢注射药液。注射完毕，拔出针头，用酒精棉球轻轻压迫针孔，以免药液外溢，注意每点注射药量不超过0.5毫升，推药时感到阻力大，在注射部出现一小丘疹状隆起为正确。

③肌内注射：选择臀部或大腿部肌肉丰满处。局部剪毛

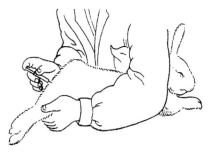

图5-12　肌内注射

消毒后，针头垂直于皮肤迅速刺入一定深度，稍回抽无回血后，缓慢注射药液。注意不要损伤大的血管、神经和骨骼。注射结束拔出针头，用酒精棉球压迫片刻，图5—12。

④静脉注射：注射部位在两耳外缘的耳静脉。助手保定兔，术者用70%的酒精棉球消毒注射部位，一只手把握兔耳，并压迫耳根部使静脉怒张，另一只手持连接3～7号针头的注射器，使针头斜面向上，与皮肤呈30°角刺入皮肤和血管，在与血管平行稍向前推，见回血后再缓慢注射药液。若不见回血，应轻轻移动针头或重新刺入，必须见到回血方可注射药液。注射时应避免注入气泡。注射完毕拔出针头，用酒精棉球压迫片刻。注射时，如发现针头接触处皮下有凸包或感觉有阻力，应拔出针头重新注射。注射药液量大时，应将药液加温至37℃，见图5—13。

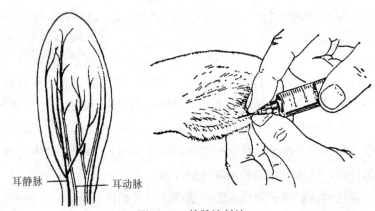

耳静脉　　　耳动脉

图5—13　静脉注射法

⑤腹腔注射：主要用于补液。兔仰卧保定，注射部位选在脐后部腹底壁，偏腹中线左侧3毫米处。剪毛消毒后，抬高兔后躯，对着脊柱方向刺针，回抽注射器活塞，无气体、液体或血液后注药。刺针不宜过深，以免损伤内脏。当兔胃和膀胱空虚时注射较好。药液应加温至37℃。

⑥气管内注射：注射部位在颈上1/3正中线上。剪毛消毒后，垂直进针，刺入气管后阻力消失，回抽有气体，然后缓慢注药。气

管注射时药液要加温至37℃，每次用药剂量不宜过多。药液应为可溶性，容易吸收。

176. 兔的传染病是怎样传播的? 发生传染病时怎样处理?

（1）**传染病的概念** 传染病是由某种特殊的病原体（如细菌、病毒、寄生虫等）所引起的、具有传染性的疾病。传染病与其他疾病不同，其主要特征是：①具有特异的病原体；②有传染性；③有流行性、季节性、地方性；④有一定潜伏期；⑤有特殊的临床表现。

（2）**兔传染病的传播** 由特定的病原微生物经过一定的传播途径侵入易感兔体内造成发病，从而引起疾病的发生和传播。兔传染病的传播是由传染源、传播途径和易感兔三个环节构成的。切断任何一个环节都可以使传染病终止流行。

①传染源：发病兔、病死兔、带菌（毒、虫）的健康兔向外界环境排出的病原微生物，以及被病原微生物污染的场地、饲料、饮水、用具等都是传染源。

②传播途径：兔的消化道、呼吸道、伤口、生殖道都是传播途径。病原微生物可通过兔采食、饮水进入消化道而感染，也可通过呼吸、咳嗽、喷嚏感染，或通过创伤的皮肤、黏膜、吸血昆虫叮咬传染，还可通过交配而传染。

③易感兔：当饲养管理不当、卫生条件不良，或没有进行有效的预防接种，使兔对病原微生物缺乏有效的抵抗力而感染发病。易感兔受到病原微生物感染又成为新的传染源，再次污染环境，感染新的易感兔，如此循环下去就形成了疫病的流行，造成更大的危害。

（3）**传染病发生时的处理措施**

①隔离：兔发生传染病时，应立即将病兔与健康兔隔离，尽快确诊，如果是烈性传染病，应全场封锁，并上报疫情，迅速采取扑灭措施。停止出售或外调兔，谢绝参观，饲养员不得串岗，严禁车辆出入。

②消毒：先将病死兔和无治疗价值的兔、污染物、粪便、垫

草、残余饲料等烧毁或深埋，再对场地、兔笼、用具、衣服等进行消毒。待病兔治愈或全部处理完毕，全场经过严格的大消毒后15天，再无疫情发生时，最后经过大消毒一次，才能解除封锁。

③紧急防治：对健康兔和有治疗价值的兔采取紧急预防接种，用抗生素或磺胺类药物进行预防或治疗。

④注意饮食卫生：发生传染病后对健康兔和有治疗价值的兔应加强饮食卫生管理，饮水用漂白粉消毒，或改饮0.01%高锰酸钾水，饲草用0.1%高锰酸钾溶液消毒、晾干，饲料要妥善保管，防止污染。

177. 怎样采集、保存和送检兔病料？

当兔病发生严重，尤其是怀疑烈性传染病、急性中毒或寄生虫病时，应及时将病料送实验室诊断。为了使诊断结果较理想，及时科学地选送被检材料是十分重要的。挑选被检病、死兔时，应选能代表全群发病症状的、不同发病阶段的、活的或刚死的病兔。送检数量一般3～5只。采取什么组织和器官，要依所诊断的疾病而定。病料送检方法应依据疾病的种类和送检目的不同而有所区别。

（1）**血样采集**　家兔可从耳静脉、心脏采血。常用5%的枸橼酸钠溶液抗凝。

（2）**病理组织材料的采集和送检**　采集病理组织学材料，应选择典型的病变器官组织，切成长和宽各约1厘米，厚约0.5厘米为宜，组织块浸入10%福尔马林溶液或95%的酒精中固定，固定时间1～2天。固定好的病料用固定液浸润的脱脂棉包裹，装入不漏水的双层塑料袋内，封口后，装入木盒、纸箱或塑料盒邮寄。注明固定液名称、病料种类和数量。

（3）**微生物检验材料的采集和送检**　对疑似传染病的病兔，剖检时应采集微生物材料进一步检查，材料必须在死后立即采集，选择的病兔应在生前未使用过抗菌药物，取材时严格无菌操作，尽量避免污染，在打开胸腹腔时立即取材。

兔场离检验单位不远时，最好把症状明显的病兔或刚死亡的兔装入塑料袋内，直接送到实验室检验；离检验单位较远时，采取病料应根据疾病的表现和受损害部位而定。如：兔魏氏梭菌和球虫病应采取肠管及肠内容物和肝脏，兔巴氏杆菌病和兔瘟，应采取心、肝、脾、肺、肾、淋巴结等组织，有神经症状的传染病应采取脑、脊髓；兔结核病应采取病变结节，局部性疾病应采取病变部位的材料。

采取材料时用的刀、剪、镊子等应消毒，操作时应尽量避免杂菌污染，病料放入灭菌干净的玻璃容器或瓶子内，外面用塑料袋包裹。在短时间内（夏天不超过20小时，冬天不超过2天）能送到检验单位的病料，可把装有病料的容器直接放入装有冰块的保温瓶内送检。短时间内不能送到的病料，必须用化学药品保存，供细菌检验的材料保存于灭菌饱和盐水（氯化钠38～39克，蒸馏水100毫升，溶解后高压灭菌）、或灭菌液体石蜡、或30%甘油生理盐水（甘油300毫升，氯化钠8.5克，蒸馏水700毫升，高压灭菌）、或浸在50%甘油生理盐水（甘油500毫升，氯化钠8.5克，蒸馏水500毫升，高压灭菌）中，并放入装有冰块的保温瓶内。

（4）**毒物材料的采集和送检**　为了获得准确的分析结果，对毒物检样的数量和种类有一定的要求，除收集可疑的饲料、饲草（约100克）、饮水（约2升）外，应根据毒物的种类、中毒时间及染毒途径选择尸体样品。一般经消化道急性中毒死亡的病例以胃肠内容物为主，慢性中毒则应以脏器及排泄物为主。一般取样包括肝、肾（各100克）、胃内容物（500克）、血液（10毫升）、尿（50毫升），必要时可取皮、毛及骨骼等。送检的病料不要沾染消毒剂，送检时也不要在容器中加入防腐剂，并避免任何化学药品的污染。病料采集后应分装在洁净的广口瓶或塑料袋内（不宜用金属器皿），注明样品名称，在冷藏条件下尽快送检。

（5）**采集病料应注意的问题**

①采料要及时：采取病料必须在死亡后立即进行，在任何情况下，不得迟于3～5小时。因死后过久，尸体容易发生腐败，病原

体死亡后肠道内细菌从肠道进入尸体内，而使内脏污染造成检验困难、准确性差。

②选取的病例应典型：应选择临床症状和病变典型的病例，最好是未经抗菌药或杀虫药物治疗的，否则会影响微生物和寄生虫的检验结果。

③无菌操作：病料应采取无菌操作。为减少污染，一般先采取微生物学检验材料，然后采取病理检验材料。在剖检取材之前，应先对病情、病史加以了解和记录，并详细进行剖检前的检查；病料应在容器上或塑料袋上写编号，附送检单，并派专人送到检验单位。

178. 怎样做好兔场的防病工作?

（1）**场址选择要符合防病要求** 兔场场址的选择是养兔成败的关键性措施之一。兔场要设在地势高、排污方便、水源水质良好、背风向阳的地方，同时要远离居住区500米以上。圈舍应通风、干燥，温度适宜。按兔饲养类型，一般应设种兔舍、育成舍和育肥舍，各圈舍应设置与门同宽的消毒池。附属建筑应有饲料加工车间、饲料库、病兔隔离舍、兽医室、两个轮流化粪池等，而且要使饲料加工、饲料贮存和饲喂系统配套。

（2）**强调自繁自养** 自繁自养是预防疫病传入的一项重要措施，各养兔场必须建立独立的种兔群，做到自繁自养。确需外购时要和兽医专业人员结合，到非疫区或健康的兔场采购，同时做好检疫、隔离、观察工作，以防疫病带入。

（3）**疫病处理要果断坚决** 兽医人员和兔场负责人员接到饲养人员的病兔、死兔报告后，要立即到现场检查、判断疫情情况，根据疫病种类采取封锁等措施。同时对圈舍、用具、场地等进行全面彻底消毒；对病死兔必须在指定地点剖检和处理，粪便污物必须经过发酵、无害化处理后方可利用；兽医和饲养员的工作用具和医疗用品，必须彻底消毒后才能再用。

（4）贯彻执行"预防为主"的方针

①兔场要制订切实可行的防疫制度，定期检查防疫措施落实情况，发现问题，及时纠正，严防疫病发生和流行。要按兔的免疫程序进行预防注射，并根据疫情流行情况调整免疫项目和次数。搞好兔场环境卫生，减少病原微生物的生存和传播，兔舍、兔笼应每天清扫干净，不要随时用水冲洗地面和兔笼，保持清洁、干燥，用具（料槽、饮水器、饮水管等）应经常清洗。

②兔场要建立严格的消毒制度，且不折不扣地实施。兔场应预留空兔舍和兔笼，便于转群，轮换消毒使用。消毒时要合理地选择消毒剂和消毒方法。一种消毒剂最多使用3个月就要更换使用另一种消毒剂，以免细菌产生耐药性。兔舍、兔笼、用具应每月进行一次大清扫、消毒，每周进行一次重点消毒。兔舍消毒应先进行彻底清扫、冲洗，晾干后再用药物消毒。兔转栏或出栏后，必须对其圈舍进行彻底清洗和消毒。饲养员要认真落实饲养管理制度，精心进行饲养管理。

179. 治疗兔病的用药原则是什么？

（1）**对症用药，对因用药**　家兔发病时，应及时作出诊断，搞清楚致病原因，如一时不清楚发病原因，首先要对症用药，治标，缓解症状，如发热（高热）时，应使用退热药，严重腹泻时应补液，防止脱水。对症治疗的同时，应尽快查明病因，实施对因治疗。如营养物质缺乏时应尽快补充，中毒时应切断毒物来源，使用解毒药，微生物感染时，应使用经济有效的抗菌药。

（2）**选择适宜的用药方法**　根据用药目的、病情缓急和药物的性质，确定最佳给药途径，如预防用药，应拌料、饮水，省力，减少应激反应。如治疗用药，应内服或注射，病情急时应静脉注射。同时应根据发病部位选择最佳给药途径，如球虫病或腹泻应选择消化道用药，混饲或混饮。

（3）**注意用药剂量、时间、次数和疗程**　用药剂量必须准确，剂量过小不能起治疗作用，剂量过大，易中毒。根据药物的半衰期，确定投药时间和次数，使机体维持较高的血药浓度。疗程内用药要充足，特别是抗生素类药物，应连续使用3～5天，或采用脉冲式用药，用一个疗程后，停药2天，再用一个疗程，以防该病复发。

（4）**合理联合用药，注意配伍禁忌**　对于混合感染或其他多种原因引起的疾病，应联合用药，进行对症治疗和对因治疗。发热病兔对维生素需要量增多，因此对微生物引起的发热要同时使用解热药、抗菌药，补充维生素、电解质。联合用药应注意配伍禁忌，以免产生毒副作用或降低药物疗效。

（5）**正确使用有效期内的药物**　购买药品应选信誉良好、质量可靠、有正规批号的厂家生产的药品，使用时遵照使用说明或在兽医的指导下用药，使用时应注意药品的包装及药物的理化性状，如有异常应废弃。

180. 治疗兔病时有哪些注意事项?

（1）**治疗时间宜早不宜迟**　家兔的耐受性较差，发病后一般病程较短，死亡较急，许多疾病往往来不及用药，兔子就已经死亡。一般由病毒或细菌所导致的疾病，在出现症状后4小时内用药物治疗，治疗效果要比在4小时以后的治愈率高2倍以上。

（2）**给药剂量宜足不宜少**　家兔疾病治疗时用的药物的剂量，对治疗效果关系重大。因家兔疾病发展较快，因此用药要求及时、快速地控制疾病的发展，可以缩短治疗的时间。一般要用治疗量的上限，特别是第一次用药时。如用量不足，就不能及时快速地控制疾病的发展。注意足量不是中毒量，不是过量用药。不要造成中毒，引起不良后果。

（3）**给药途径宜速不宜缓**　不同的给药方式、途径，使药物到达血液的速度不同，所起效的时间不同。凡是用于治疗的药物，应争取使其最快起效的给药方式，所以一般可以采取输液、肌内注射、内服。

（4）**药物配伍宜复不宜单**

①用复合制剂和联合用药，而不是单独用一种药物，一种药物的作用一般较为单纯，而动物机体患病是一个复杂的系统反应，单一药物不能对多个方面均能起到较好的作用。有一些药物还有一些副作用，因此我们可以通过复合用药来发挥出各个药物最好的治疗作用，避免药物的不良作用。

②用一些对动物机体起促进和营养作用的药物，如球虫病时，可在用抗球虫的基础上再用一些维生素类的药物，以抗应激，促进上皮组织的修复和功能的恢复，使疾病能早日得到彻底治愈。

（5）**用药温度宜温不宜凉** 是指在用液体药物时，因兔子个体较小，药物温度会对兔体产生较大的影响。如静脉输液时，就应将药液的温度预热至兔体温的温度。尤其是在寒冷季节时给药，或对比较幼小的兔子给药时更应如此。

181. 防治兔病时常见的用药误区有哪些?

（1）**使用单一固定药方，盲目加大剂量** 最常见的处方是青霉素、链霉素、地塞米松配伍应用，在效果不好时，又会盲目地任意加大青霉素、链霉素的剂量，有时甚至会超出常规用药剂量的几倍、十几倍甚至几十倍。这样很容易使微生物对药物产生耐受性。地塞米松是激素类药物，适量应用有消炎、抗过敏、抗毒素和抗休克等作用。但长期过量应用，能扰乱体内激素分泌。降低机体免疫力，造成肌肉萎缩无力，骨质疏松和生长迟缓等直接危害，突然停药后会产生停药综合征，出现发热，软弱无力，精神沉郁，食欲不振，血糖和血压下降等症状。在治疗疾病时，应根据病情和细菌的耐药性，更换药物配方，不能长期使用一种配方。一般在一个疗程的首次用药时，可适当加大剂量，以后按常规剂量，这样有利于疾病的治愈。

（2）**滥用抗生素和抗球虫药** 兔是草食动物，粗纤维主要靠盲肠微生物进行消化，如果长期大量使用抗生素，就会杀死盲肠微生物有益菌群，造成消化障碍。因此，家兔一般不要轻易使用抗生素。如必须使用抗生素时，应通过药敏试验选择最敏感的药物，避免细菌产生耐药性而使药物无疗效。使用活菌制剂时，不能配合使用抗生素或含有抗生素的饲料及饲料添加剂。由于球虫易产生耐药性，使用球虫药时应交叉用药、轮换用药，不能长时间用某一种药物，否则，用药成本增加而无作用。

（3）**不合理使用磺胺类药物** 磺胺类药物是临床常用的抗菌药物，但有些人并不知道磺胺类药的作用机理，不知道磺胺类药物只能抑制细菌生长繁殖，不能彻底杀死细菌。临床用药很不规范，不懂得遵守用药规律（不清除脓汁和坏死组织，用药间隔太长或太短等），致使磺胺类药的使用效果很差。

（4）**不合理配伍用药** 配伍用药时，有些人不知道药物的理化特性和配伍禁忌，只是凭感觉配伍应用。临床常见的不合理配伍使用药很多，如：庆大霉素与青霉素、5%的碳酸氢钠；链霉素与庆大霉素、卡那霉素；乳酶生与复方新诺明、磺胺脒；20%磺胺嘧啶钠与青霉素G钾、维生素C注射液等等，这些不合理的配伍。既导致了配伍药物失效可产生毒副作用，又无故增加了养殖成本。

（5）**随意接受新兽药** 一些人很容易听信兽药推销商不切合实际的游说宣传，随便接受使用一些新药。同时又忽视新药物的毒副作用。

（6）**不合理使用疫苗** 疫苗保存不当（没有冰箱的条件下保存疫苗）；使用生水稀释疫苗；注射疫苗时一个针头用到底，既不更换针头，也不严格消毒；使用超过有效期的疫苗；疫苗注射剂量不足（如皮下注射时穿透皮肤，注射时太匆忙等）。这些因素，使得疫苗很难发挥应有的效果。

182. 兔场常见的消毒方法有哪些?

所谓消毒，就是清除病源。消毒方法总体上分为三大类：物理消毒法、化学消毒法和生物热消毒法。

（1）常用的物理消毒法

①清扫、冲刷、擦洗、通风换气：此类为机械性的消毒法，是最常用、最基础的消毒法，简单易行。机械性消毒并不能杀灭病原体，但可大大减少环境中的病原体，有利于提高消毒效果，并可为家兔创造一个清洁、舒适的环境。

②阳光曝晒：阳光曝晒有加热、干燥和紫外线杀菌三个方面的作用，有一定杀菌能力。在日光下暴晒2～3小时可杀死某些病原体，此法适用于产箱、垫草和饲草饲料等的消毒。

③紫外线灯照射：紫外线灯发出的紫外线可杀灭一些微生物，主要用于更衣室、生产区入舍通道等的消毒，一般照射不少于30分钟。

④煮沸：煮沸30分钟，可杀灭一般微生物。适用于注射器、针头及部分金属、玻璃等小器械用具的消毒。

⑤火焰消毒：这是一种最彻底而又简便的消毒法，用喷灯（以汽油或液化气或酒精为燃料）火焰直接喷烧笼位、笼底板或产箱，可杀灭细菌、病毒和寄生虫。

（2）生物热消毒法 利用土壤和自然界中的嗜热菌，来参与对兔粪尿及兔舍垃圾（饲草、饲料残渣废物）的堆肥发酵，发酵产生大量的生物热来杀灭多种非芽孢菌和球虫等寄生虫的消毒法。

（3）化学药物消毒法 利用一些对人、畜安全无害，对病原微生物、寄生虫有杀灭或抑制作用的化学药物进行消毒的方法。此法在家兔生产中广为使用，不可缺少。

183. 兔场环境消毒常用的消毒药有哪些？

理想的消毒药应对人、兔无毒性或毒性较小，而对病源微生物有强大的杀灭作用，且不损伤笼具物品，易溶于水，价廉易得。

（1）菌毒敌（复合酚） 是一种广谱、高效、低毒、无腐蚀性的消毒药，可杀灭细菌、霉菌和病毒，对多种寄生虫卵也有杀灭作用。预防性喷雾消毒用水稀释300倍，疫病发生时喷雾消毒用水稀释100～200倍，水的温度不宜低于8℃。一次消毒可维持7天。禁与碱性药物或其他消毒药混用，严禁用喷洒过农药的喷雾器喷洒该药。主要适用于笼舍及附属设施和用具的消毒。

（2）**百毒杀** 是高效、广谱杀菌剂。配成0.015%～0.05%的水溶液。主要用于兔笼舍、用具和环境的消毒。使用时请详见说明书。

（3）**生石灰**（氧化钙） 一般用10%～20%的石灰乳，作墙壁、地板或排泄物的消毒。要求现配现用。

（4）**烧碱**（氢氧化钠） 对细菌、病毒，甚至对寄生虫卵均有强力的杀灭作用。一般对兔笼舍和笼底板、木制产仔箱等设备的消毒，宜用2%～4%的浓度；对墙、地面及耐碱能力强的笼具、运输器具，可用10%浓度。凡采用烧碱水消毒，事先应清除积存的污物，消毒后必须用清水冲掉碱水，否则易给兔造成伤害。

（5）**草木灰水浸液** 草木灰内含有氢氧化钾、碳酸钾，在一定条件下可替代烧碱的消毒作用。具体配制方法是，在50千克热水中加入15千克草燃烧的新鲜灰烬，经过滤后即喷洒墙、地面或浸泡笼具。是农村可自制的廉价消毒剂，须现配现用。

（6）**漂白粉**（含氯石灰） 灰白色粉末，有氯臭味，微溶于水。杀菌作用快而强，并有一定除臭作用。常用5%混悬液作兔舍地面、粪尿沟及排泄物的消毒。不能用作金属笼具的消毒。

（7）**来苏儿**（煤酚皂）**溶液** 是含50%煤酚的红棕色液体，除具杀灭病原菌作用外，对霉菌亦有一定的抑制效果。一般用2%～3%的浓度作笼舍、场地和器械的消毒，也可用作工作人员的手部消毒。

（8）**福尔马林**（甲醛） 主要用于家兔笼舍的熏蒸消毒。按每立方米20毫升甲醛加等量的水混合后，加热，密闭门窗熏蒸10小时。熏蒸时应转移兔子和饲料饲草。用5%～10%的甲醛溶液，亦可作粪尿沟等环境消毒。

（9）**过氧乙酸** 是一种高效杀菌剂。市售品为20%浓度的无色透明液体。以0.5%浓度喷洒，宜对笼舍、运兔车辆和笼具消毒。3%～5%的溶液作加热熏蒸消毒。过氧乙酸不稳定，有效期为半年，宜现配现用。

（10）**碘伏** 碘制剂也是养殖场的常用消毒药，消毒效果十分好。

184. 可用于家兔皮肤、黏膜、创口消毒的药物有哪些?

（1）**酒精**（乙醇） 是兔场最常用的皮肤消毒药。酒精是一种无色、易燃、易挥发的液体，具有较强的抑菌和杀菌作用，无明显毒副作用的消毒药。市售酒精为95%的浓度，可直接用于酒精灯作火焰消毒。但一般用于皮肤消毒的，须配成70%～75%的浓度，才能保证其消毒效果。

95的酒精配制成70%的酒精的方法：取95%酒精73.7毫升，加水至100毫升即可。

（2）**碘酒**（碘酊） 是兔场必备的消毒药物之一。碘酒能氧化病原体原浆蛋白活性基因，并与蛋白质的氨基结合而使其变性，故对细菌、病毒、芽孢菌、真菌和原虫均具强大的杀灭作用，对新创伤还有一定的止血作用。兔用碘酒一般为2%～3%的浓度。

消毒用碘酒的配制方法：取碘化钾1克，在刻度玻璃杯中加少许蒸馏水溶解，再加碘片2克与适量的70%～75%的酒精，搅拌至溶解后继续加同一浓度的酒精至100毫升即成。

（3）**高锰酸钾**（俗称锰强灰） 为深紫色结晶，易溶于水，无味。是一种强氧化剂，有杀菌、除臭作用。一般用0.05%～0.1%的水溶液冲洗黏膜、创伤口和化脓灶，有消毒和收敛的作用。其作用比双氧水(过氧化氢)持久。

（4）**新洁尔灭** 常用0.01%～0.05%水溶液冲洗黏膜、深部创感染，0.1%水溶液手术前皮肤消毒、器械消毒。

（5）**双氧水** 市售产品含过氧化氢26%～28%，配成3%的溶液用于清洗深部化脓创。

185. 家兔的饮水卫生应注意哪些问题?

（1）**水源应清洁，符合饮用标准**　家兔的饮水可用自来水或井水，微生物含量不能超标，井水中重金属和钙、镁、氟的含量不能超标，经检验合格才能饮用。水源应远离污染区，最好经消毒后饮用。

（2）**饮水用具定期消毒**　饮水池、饮水桶、饮水管道、饮水器应定期清洗和消毒，如用饮水管道供水，最好是一直保持流水，不留死水，做到流水不腐，以免孳生细菌。

（3）**饮水消毒的方法**　在50升水中加入1克漂白粉搅拌均匀，静置30分钟以上方可饮用；或者在饮水中加入高锰酸钾，使其终浓度为0.01%。饮水管道应先用水冲洗，再用0.1%的高锰酸钾溶液浸泡2小时以上，再用清水冲洗干净。

186. 影响消毒效果的因素有哪些?

（1）**消毒剂使用的时间**　一般情况下，消毒剂的效力同消毒作用时间成正比，与病原微生物接触并作用的时间越长，其消毒效果就越好。作用时间如果太短，往往达不到消毒的目的。

（2）**消毒剂的浓度**　一般来说，消毒剂的浓度越高，杀菌力也就越强，但随着消毒剂浓度的增高，对活组织（畜禽体）的毒性也就相应地增大。另一方面，有的消毒剂当超过一定浓度时，消毒作用反而减弱，如70%～75%的酒精杀菌效果要比95%的酒精好。因此，使用消毒剂时要按照使用说明书配成有效的消毒浓度。

（3）**消毒剂的温度**　消毒剂的杀菌效力与温度成正比，温度增高，杀菌效力增强，因而夏季消毒作用比冬季要强。

（4）**环境中有机物的存在**　当环境中存在大量的有机物如畜禽粪、尿、污血、炎性渗出物等，能阻碍消毒药与病原微生物直接接触，从而影响消毒剂效力的发挥。另一方面，由于这些有机物往往能中和并吸附部分药物，也使消毒作用减弱。因此，在进行环境消毒时，应先清扫污物、冲洗地面和用具，晾干后再消毒。

（5）**微生物的敏感性**　不同的病原微生物，对消毒剂的敏感性有很大的差异，例如病毒对碱和甲醛很敏感，对酚类的抵抗力很低。大多数的消毒剂对细菌有杀灭作用，但对细菌的芽孢和病毒作用很小，因此在消毒时，应考虑致病微生物的种类，选用对病原体敏感的消毒剂。

187. 兔场应该怎样进行消毒？

（1）**消毒池消毒**　入场口应设消毒池，池内装2%烧碱液或5%来苏儿或1：100稀释的菌毒敌溶液供入场人员、车辆消毒。定期更换消毒池的药物。

（2）**紫外线消毒**　兔场进出人员应更换工作服，用紫外线照射消毒15分钟以上。

（3）**常规定期消毒**

①规模化兔场每批兔应实行全进全出，对兔舍彻底打扫、冲洗、晾干，再用化学药物喷雾消毒，同时整个空间用甲醛溶液熏蒸消毒，密闭24小时。每周还要进行一次重点消毒，对兔笼用火焰消毒，仔兔窝应更换垫料，同时用火焰消毒。兔群用适宜的消毒剂带兔消毒。对走道、墙壁等用化学药物喷雾消毒。

②中小型兔场也应留有一定数量的空笼舍，供转笼用，便于对已使用过的笼舍消毒。兔舍、兔笼、用具应每月进行一次大清扫、消毒，每周进行一次重点消毒（方法同上）。

③运动场地消毒，在清扫的基础上（发生疫情时，铲除3厘米厚的表层土壤），用消毒药进行消毒。

④发生疫病时，兔场及所有用具应3天消毒一次，当疫病扑灭后或解除封锁前，要进行一次终末消毒。可选用100～300倍稀释的菌毒敌、2%的烧碱水、20%的石灰乳、30%热草木灰水、20%漂白粉水、0.5%过氧乙酸溶液等。兔笼、笼底板、用具应先清洗，晾干后用药物消毒，或火焰消毒（以杀灭螨虫、虫卵、真菌等），或阳光暴晒。木制品可用2%的烧碱水、0.5%过氧乙酸溶液、0.1%

新洁尔灭、0.1%消毒净、100～300倍稀释的菌毒敌消毒。金属用具可用0.1%新洁尔灭、0.1%消毒净、100～300倍稀释的菌毒敌、0.5%过氧乙酸溶液、0.1%洗必泰消毒。毛皮消毒，可用1%的石炭酸溶液浸泡、福尔马林或环氧乙烷熏蒸消毒。粪便及污物消毒，可用烧碱、深埋或生物发酵消毒。

（4）**带兔消毒**　可用0.2%的过氧乙酸溶液。

（5）**饲养员衣物和洗手**　工作人员进出兔舍、抓兔前后应用肥皂洗手，或用2%来苏儿或0.1%新洁尔灭消毒。工作服可用肥皂水煮沸消毒或高压蒸汽消毒。

188. 怎样加强管理以防止兔病发生?

（1）**加强种兔选育**　以自繁自养为主，防止购进兔时将疾病带入。

（2）**对病兔要实行"四早"，即早发现、早诊断、早治疗、早淘汰**　要做到早发现，则应要求饲管人员每日结合喂兔子和笼具清扫，进行大、小兔的健康检查。即根据观察兔子的食欲、饮水、排粪尿的状况、精神状态、毛被光泽和耳廓颜色等是否正常来判断兔子是否健康。这对实行病兔早诊断和早控制疫情，减少疫病对兔群的危害和减少经济损失至关重要。

经诊断后，除对病症较轻的种兔、生产价值较高的商品兔应进行及早治疗外，对病情较重的仔、幼兔，患传染性疾病的病兔，愈后可能影响繁殖的种兔和患有遗传疾病的青年兔、幼兔等则应坚决实行早淘汰。

（3）**强化综合性防制措施**　综合防制措施，是为预防和扑灭传染病而制定的。从兔场规划开始，就应考虑有关病兔隔离、消毒的设施，如病兔隔离舍、消毒池及病死兔处理场所等；强化日常饲养管理，保证饲料品质、环境的清洁卫生和定期消毒；根据本地疫病流行情况，制定适宜的免疫程序，适时接种疫苗；对兔群定期进行检疫；粪便无害化处理等。

189. 刈割家兔饲草及储存饲料应注意哪些问题?

为了更好地预防病从口入,刈割家兔饲草及储存饲料应注意以下问题。

①家兔饲草最好是种植,尽量不割或少割野草。割草时最好是晴天或阴天,待草的表面水分晾干后再割,切忌割露水草或带雨水的草直接喂兔。如在下雨天割草,应将草表面晾干后喂兔。如需要割野草,应在高、燥、向阳的地方去割,切忌在低洼、潮湿、阴暗的地方割草,因为这些地方容易孳生病原微生物。

②青草应放在干燥、清洁、通风的地面或草架上,应摊开,不应堆放。远离污染原,避免病兔、兔粪或其他病原微生物污染。

③干草、精饲料应储存在干燥、低温、避光和清洁的储藏室,控制水分,空气的相对湿度在70%以下,饲料的水分含量不应超过12.5%,避免在储存过程中遭受高温、高湿导致饲料发霉变质。

④储存时间不宜太长。一般情况下,颗粒状配合饲料的储存期为1～3个月,粉状配合饲料的储存期不宜超过10天,粉状浓缩饲料和预混合饲料因加入了适量的抗氧化剂,其储存期分别为3～4周和3～6个月。

190. 做好兔场防疫工作应注意哪几个重要环节?

①兔场布局应科学,应划分生产区、隔离区和生活区。生产区应在隔离区的上风口,应专设消毒池,兔舍不宜过大,以单列或双列式兔舍为好。隔离舍应远离生产用兔舍,办公和生活区必须与生产用兔舍分离。

②新引入的兔须至少隔离15天,确定无病后才能让其与健康兔合群。

③外来人员、车辆不消毒不得进入生产区,一般应谢绝参观。为接待来客参观,可在生产区外设"参观廊"或监控视屏。

④保持兔舍清洁卫生，定期消毒，创造良好的生活环境(主要指温度、湿度、通风和光照等)。注意灭鼠、防蚊蝇。

⑤适时接种疫苗，并建立防疫及疫情记录、上报、防制等责任制度。

191. 怎样对家兔进行临床检查?

（1）**病史调查** 病史调查即是通过向畜主或饲养员询问，了解与疾病相关的问题。询问时要有重点，针对性要强，对所获得的资料还要进行综合分析，以便为诊断提供真实可靠的信息。询问主要侧重于以下几个方面:

①了解发病时间、发病头数。用以推测疾病是急性还是慢性，是单个发病还是群体发病，以及病的经过和发展变化情况。

②了解发病后的主要表现，如精神状态、饮食欲、呼吸、排粪、排尿、运动等的异常表现。对于腹泻的，应进一步了解排便次数、排便量及粪便性状（有无黏液、血液、气味等），对于母兔应该了解产前、产后及哺乳情况。

③了解治疗情况，用过什么药物，疗效如何，以判断用药是否恰当，为以后用药提供参考。

④了解饲养管理情况，如饲料种类，精料、青料、粗饲料的来源及组合，调制方法与饲喂制度，水源及饲料质量。兔舍温度、湿度、光线、通风状况，养殖密度，卫生消毒措施以及驱虫情况等。

（2）**一般检查**

①外貌检查

a. 精神状态：精神状态是衡量中枢神经机能的标志。一般是通过观察家兔的姿势、行为表现、眼神及对外界刺激的反应能力加以判断。健康家兔双目有神，行为自然，对外界刺激反应灵敏，经常保持警戒状态。如受惊吓，立即抬头、竖耳、转动耳壳，有时后足踏地，发出啪啪的声响。如有危险情况，则呈俯卧状，似做隐蔽姿势。当中枢神经抑制时，则表现精神沉郁，反应迟钝，低头耷耳，闭目呆立，或蹲伏一隅，不关心周围事物。过度兴奋则呈现不安、狂奔、肌肉震颤、强直、抽搐等。

b. 体格发育和营养状态：体格一般根据骨骼和肌肉的发育程度及各部的比例来判定。体格发育良好的家兔，外观其躯体各部匀称，四肢强壮，肌肉结实。发育不良的兔，则表现体躯矮小，结构不匀称，瘦弱无力，幼龄阶段表现发育迟缓或发育停滞。判定家兔营养的好坏，通常以肌肉的丰满程度和皮下脂肪蓄积量为依据。营养良好的家兔，肌肉和皮下脂肪丰满，轮廓滚圆，骨骼棱角处不显露。反之，表现消瘦，骨骼显露。

c. 姿势：各种动物在正常情况下，都保持其固有灵活协调的自然姿势。健康家兔经常采取蹲伏姿势。蹲伏时两前肢向前伸直并相互平行，后肢置于身体下方，以蹄部负重。走动时臀部抬起，轻快而敏捷，白天除采食外，大部分时间处于休息状态。天气炎热时，为便于散发体热，采取侧卧或伏卧，前后肢尽量伸展。寒冷时则蹲伏，而且身体尽量蜷缩。家兔的异常姿势主要有跛行、头颈扭曲、走动不稳、全身强直等。检查家兔的姿势，对确诊运动系统和神经系统疾病有重要意义。

d. 性情：一般把家兔的性情分为性情温和、性情暴躁两种类型。性情与年龄、性别、个体差异等有关。判定性情主要依据家兔对外界环境改变所采取的反应与平素有无差别。若原来性情温和的变为暴躁，甚至出现咬癖、吃仔等，说明有病态反应。光线的明暗对性情也有影响，如暗环境可以抑制殴斗，并可使公兔性欲降低。

②被毛与皮肤：健康家兔被毛平滑，有光泽，生长牢固，并随季节换毛。如被毛枯焦、粗乱、蓬松、缺乏光泽时，则是营养不良或有慢性消耗性疾病的表现；如换毛延迟，或非换毛季节而大量脱毛，则是一种病态，应查明原因；如患螨病、脱毛癣、湿疹等，均可以出现成片的脱毛，这时常伴有皮肤的病变。皮肤检查应注意皮肤温度、湿度、弹性、肿胀及外伤等。

③可视黏膜检查：可视黏膜包括眼结膜、口腔、鼻腔、阴道

的黏膜。黏膜具有丰富的微血管，根据颜色的变化，大体可以推断血液循环状态和血液成分的变化。临床上主要检查眼结膜。检查时，一手固定头部，另一手以拇指和食指拨开下眼睑即可观察。正常的结膜颜色为粉红色。眼结膜颜色的病理变化常见的有以下几种：

a. 结膜苍白：是贫血的征象。急速苍白见于大失血，肝、脾等内脏器官破裂；逐渐苍白见于慢性消耗性疾病，如消化障碍性疾病、寄生虫病、慢性传染病等。

b. 结膜潮红：结膜潮红是充血的表现。弥漫性充血（潮红）见于眼病、胃肠炎及各种急性传染病；树枝状充血，即结脱。血管高度扩张，呈树枝状，常见于脑炎、中暑及伴有血液循环严重障碍的心脏病。

c. 结膜黄染：是血液中胆红素含量增多的表现。见于肝脏疾患、胆道阻塞、溶血性疾病及钩端螺旋体病等。

d. 结膜发绀：是血液中还原血红蛋白增多的结果。见于伴有心、肺机能严重障碍，导致组织缺氧的病程中。如肺充血、心力衰竭及中毒病等。

e. 结膜出血：有点状出血和斑片状出血，是血管通透性增高所致。见于某些传染病或紫癜症等。

④淋巴结检查：健康家兔体表淋巴结甚小，触诊不易摸到。如果能够摸到颌下淋巴结（下颌骨腹侧）、肩前淋巴结（肩胛骨前缘）、股前淋巴结（髂骨外角稍下方，股阔筋膜张肌前缘）等，表明淋巴结发炎、肿胀，应进一步查明原因。

⑤体温测定：一般采取肛门测温法。测温对于早期诊断和群体检查有重要意义。

⑥脉搏数测定：家兔多在大腿内侧近端的股动脉上检查脉搏，也可直接触摸心脏部位，计数0.5～1分钟，算出1分钟的脉搏数。健康家兔脉搏数为每分钟120～150次。热性病、传染病或疼痛时，脉搏数增加。黄疸、慢性脑水肿、濒死期可出现脉搏减慢。检查脉

搏应在家兔安静状态下进行。

⑦呼吸数检查：观察胸壁或肋弓的起伏次数，计数0.5～1分钟，算出1分钟的呼吸数。健康家兔的呼吸数1分钟为50～80次。肺炎、中暑、胸膜炎、急性传染病时，呼吸数增加。某些中毒、脑病、昏迷时，呼吸数减少。影响呼吸数发生变动的因素有年龄、性别、品种、营养、运动、妊娠、胃肠充盈程度、外界气温等，在判定呼吸数是否增加和减少时，应排除上述因素的干扰。

（3）系统检查

①消化系统检查

a. 饮食欲检查：健康家兔食欲旺盛，而且采食速度快。对于经常吃的饲料，一般先嗅闻以后，便立即放口采食，15～30分钟即可将定量饲料吃光。食欲改变主要有食欲减退、食欲废绝、食欲不定（时好时坏）、食欲异常（异嗜）。食欲减退是许多疾病的最早指征之一，主要表现是对饲料不亲，采食速度减慢，饲槽内有残食。食欲废绝是疾病重剧、预后不良的征兆。食欲不定是慢性消化道疾病。异嗜可能是因微量元素或维生素缺乏所致。

家兔的饮水也有一定的规律，炎热天气饮水多。有人做过试验，温度28℃时，平均每天每千克体重需水120毫升；9℃时，每千克体重需水76毫升。饮水增加见于热性病、腹泻等，饮水减少见于腹痛、消化不良等。

b. 腹部检查：家兔腹部检查主要靠视诊和触诊。腹部视诊主要观察腹部形态和腹围大小。如腹部上方明显膨大，肷窝突出，是肠积气的表现；如腹下部膨大，触诊有波动感，改变体位时，膨大部随之下沉，是腹腔积液的体征。

腹部触诊时，令助手保定好家兔的头部，检查者立于尾部，用两手的指端同时从左右两侧压迫腹部。健康兔腹部柔软并有一定的弹性。当触诊时出现不安、骚动、腹肌紧张且有震颤时，提示腹膜有疼痛反应，见于腹膜炎。腹腔积液时，触诊有波动感。肠管积气时，触诊腹壁有弹性感。

c. 粪便检查：检查时，注意排便次数、间隔时间、粪便形状、粪量、颜色、气味、是否混杂异物等。健康兔的粪便为球形，大小均匀，表面光滑，呈茶褐色或黄褐色，无黏液或其他杂物。如粪球干硬变小，粪量少或排便停滞，是便秘的表现。如粪便不成球，变黏稠或稀薄如水，或混有黏液、血液，表明肠道有炎症。

②呼吸系统检查

a. 呼吸式检查：健康家兔呈胸腹式（混合式）呼吸，即呼吸时，胸壁和腹壁的运动协调，强度一致。出现胸式呼吸时，即胸壁运动比腹壁明显，表明病变在腹部，如腹膜炎。出现腹式呼吸时，即腹壁运动明显，表明病变在胸部，如胸膜炎、肋骨骨折等。

b. 呼吸困难检查：健康家兔在安静状态下，呼吸运动协调、平稳，具有节律性。当出现呼吸运动加强，呼吸次数改变和呼吸节律失常时，即为呼吸困难，是呼吸系统疾病的主要症状之一。临床上主要表现为：

吸气性呼吸困难：以吸气用力、吸气时间明显延长为特征，常见于上呼吸道（鼻腔、咽、喉和气管）狭窄的疾病。

呼气性呼吸困难：以呼气用力、呼气时间显著延长为特征，常见于慢性肺泡气肿及细支气管炎等。

混合性呼吸困难：即吸气和呼气均发生困难，而且伴有呼吸次数增加，是临床上最常见的一种呼吸困难。这是由于肺呼吸面积减少，致使血中二氧化碳浓度增高和氧缺乏所引起。见于肺炎、胸腔积液、气胸等。心源性、血源性、中毒性和腹压增高等因素，也可引起混合性呼吸困难。

c. 咳嗽检查：健康兔偶尔咳一两声，借以排除呼吸道内的分泌物和异物，是一种保护性反应。如出现频繁或连续性的咳嗽，则是一种病态。病变多在上呼吸道，如喉炎、气管炎等。

d. 鼻液检查：健康家兔鼻孔清洁、干燥。当发现鼻孔周围有泥土粘着，说明鼻液分泌增加。应对它的表现、鼻液性状做进一步的检查。如鼻液增加，并伴有瘙痒感，用两前肢搔抓鼻部或向周围物体上摩擦并打喷嚏，提示为鼻道的炎症；如鼻液中混有新鲜血液、血丝或血凝块时，多为鼻黏膜损伤；如鼻液污秽不洁，且放恶臭味，可能为坏疽性肺炎，这时可配合鼻液的弹力纤维检查。

检查方法：取鼻液少许，加等量的10%氢氧化钠溶液，在酒精灯上加热煮沸使之变成均匀一致的溶液后，加5倍蒸馏水混合，离心沉淀5～10分钟，倾去上清液，取沉淀物1滴置于载玻片上，盖上盖玻片，进行显微镜检查。弹力纤维细长弯曲如毛发状，具有较强的折光力。如发现有弹力纤维，则为坏疽性肺炎。

e. 胸部检查：家兔的胸部检查应用不多。怀疑肺部有炎症时，进行胸部透视或摄片检查，可以提供比较可靠的诊断。

③泌尿生殖系统检查

a. 排尿姿势检查：排尿姿势异常主要有排尿失禁和排尿带痛。尿失禁是家兔不能采取正常排尿姿势，不自主地经常或周期性地排出少量尿液，是排尿中枢损伤的指征。排尿带痛是家兔排尿时表现不安、呻吟、鸣叫等，见于尿路感染、尿道结石等。

b. 排尿次数和尿量检查：家兔排尿次数不定，日排尿量约为100～250毫升。排尿量增多见于大量饮水后、慢性肾炎或渗出性疾病（渗出性胸膜炎等）的吸收期。排尿次数减少，尿量也减少，见于急性肾炎、大出汗或剧烈腹泻等。尿失禁见于腰荐部脊柱损伤或膀胱括约肌麻痹。

c. 生殖器检查：此项检查在选种时尤为重要。检查母兔时，注意乳腺发育情况及乳头数量（一般为8个），乳腺有无肿胀或乳头有无损伤，外生殖器有无变形；检查公兔时，要注意体质、性欲、睾丸发育等情况，合格种公兔应该是精神饱满，体质健康，性欲旺盛，睾丸发育良好、匀称。

192. 怎样测定家兔的体温?

一般采用肛门测温法，测温时，用左臂夹住兔体，左手提起尾巴，右手将体温表插入肛门，深度3.5～5厘米，保持3～5分钟。家兔的正常体温为38.5～39.5℃。对家兔进行体温测定，有助于推测和判定疾病的性质。若出现高热，多属于急性全身性疾病，无热或微热多为普通病，大失血或中毒以及濒死前，往往体温低于常温，预后不良。

193. 隔离病兔要采取哪些措施?

兔场一旦发生传染病，应迅速将有病和可疑病兔隔离治疗。饲料、饮水和用具应单独分开。在隔离舍进出口设消毒池，防止疫情的扩散和传播。由单独的人员饲养管理。

194. 剖解病死兔时有哪些注意事项?

进行尸体剖检，尤其是剖检传染病尸体时，剖检者既要注意防止病原的扩散，又要预防自身的感染。所以要做好如下工作:

(1) **剖检场所的选择** 为了便于消毒和防止病原的扩散，一般以在兽医解剖室内进行剖检为好，如条件不许可，也可在室外进行。在室外剖检时，要选择离兔舍较远，地势较高而又干燥的偏僻地点。并挖深达1.5米左右的土坑，待剖检完毕将尸体和被污染的垫物及场地的表面土层等一起投入坑内，再撒生石灰或喷洒消毒液，然后用土掩埋，坑旁的地面也应注意消毒。有条件的也可焚烧处理。

(2) **剖检人员的防护** 可根据条件穿着工作服，戴橡皮手套、穿胶靴等，条件不具备时，可在手臂上涂上凡士林或其他油类，以防感染。剖检传染病的尸体后，应将器械、衣物等用消毒液充分消毒，再用清水洗净，胶皮手套消毒后，要用清水冲洗、擦干、撒上滑石粉。金属器械消毒后要擦干，以免生锈。

(3) **剖检器械和药品的准备** 剖检最常用的器械有:解剖刀、镊子(有钩和无钩均要)，剪刀，骨钳等，剖检时常用的消毒液有0.1%新洁尔灭溶液或3%来苏儿溶液。常用的固定液(固定病变组织用）是10%甲醛溶液或95%的酒精。此外，为了预防人员的受伤感染，还应准备3%碘酊、2%硼酸水，70%酒精和棉花、纱布等。

（4）**剖检方法** 剖检时，将尸体腹面向上，用消毒液冲洗胸部和腹部的被毛。沿中线从下颌至性器官切开皮肤，离中线向每条腿作四个横切面，然后将皮肤分离。用刀或剪打开腹腔，并仔细地检查腹膜、肝、胆囊、胃、脾、肠道、胰脏、肠系膜及淋巴结、肾、膀胱以及生殖器官。进一步打开胸腔（切断两侧肋骨、除去胸壁）。并检查胸腔内的心脏、心包及其内容物、肺、气管、上呼吸道、食管、胸膜以及肋骨。如必要时，可打开口腔、鼻腔和颅腔。

（5）**剖检记录** 尸体剖检的记录，是死亡报告的主要依据，也是进行综合分析研究的原始材料。记录的内容力求完整详细，要能如实的反映尸体的各种病理变化，因此，记录最好在检查病变过程中进行，不具备条件时，可在剖检结束后及时补记。对病变的形态、位置、性质变化等，要客观地用描述的语言加以说明，切不要用诊断术语或名词来代替。

在进行尸体剖检时应特别注意尸体的消毒和无菌操作，以便对特殊的病例可以采取病料送实验室诊断。

195. 剖解病兔主要观察哪些脏器?

当家兔病因不明死亡时，应立即进行解剖检查，因尸体剖检是准确诊断兔病的一个重要手段。一般常见的家兔疾病，通过对病死兔的剖检，根据病理变化特征、结合流行病学等的特点和死前临床症状，基本上能够初步作出诊断。

在进行尸体检查时，先剥去毛皮，然后沿腹中线切开，暴露内部器官。重点检查以下脏器：

（1）**胸腔脏器检查**

①肺脏的检查：正常的肺是淡粉红色，是海绵状器官，分左右两叶，由纵隔分开。左肺较小，分前叶和后叶两片。右肺较大，由前叶、中叶、后叶和中间叶组成，充满空气的两瓣膨胀后呈圆锥

形，分为肋面、膈面和两肺之间由纵隔分开的纵隔面。首先分出左支气管入左肺。两侧支气管进入肺后分成无数的小支气管，并继续不断地分枝形成支气管树。末端膨大成囊状称为肺泡，是气体交换的主要场所。应该注意肺部有无炎症性的水肿、出血、化脓和结节等。如肺有较多的芝麻大点状、斑状出血，则为兔病毒性出血症（兔瘟）的典型病变；若肺充血或肝变，尤其是大叶，可能是巴氏杆菌病；肺脓肿可能是支气管败血波氏杆菌病、巴氏杆菌病。

②心脏的检查：心脏位于两肺之间偏左侧，相当于第2～4肋间处，心由冠状沟分为上下两部。上部为心房，壁薄，由房中隔分为左心房和右心房。主动脉、肺动脉及回心室静脉都通心房，下部为心室，壁较厚，心室也分左心室和右心室，两室之间有室中隔。左心室的肌肉层比右心室厚。与其他动物不同处是兔的右心房室瓣是由大小两个瓣膜组成，安静时兔心跳80～90次/分钟，运动或受惊吓后会剧烈增加，如心包积有棕褐色液体，心外膜附有纤维素性附着物可能是巴氏杆菌病。胸腔积脓，肺和心包粘连并有纤维素性附着物，可能是支气管败血波氏杆菌病、巴氏杆菌病、葡萄球菌病和绿脓假单孢菌病。

（2）腹腔脏器检查

①胃的检查：兔是单胃，前接食道，后连十二指肠，横于腹腔前方，住于肝脏下方，为一蚕豆形的囊。与食道相连处为贲门，入十二指肠处为幽门。凸出部为胃大弯，凹入部为胃小弯，外有大网膜。胃黏膜分泌胃液，胃液的酸度较高，消化力很强，主要成分为盐酸和胃蛋白酶。健康家兔的胃经常充满食物，偶尔也可见到粪球或毛球。粪球是由于兔吃进自己的粪便所致，毛球是由于吃进自身或其他兔子的毛所致。前者是一种正常现象，后者是一种病理现象。如胃浆膜、黏膜呈充血、出血、可能是巴氏杆菌病。如胃内有多量食物，黏膜、浆膜多处有出血和溃疡斑，又常因胃内容物太充满而造成胃破裂为魏氏梭菌下痢病。

②肠的检查：与其他动物相同，分小肠和大肠两部分。兔的小

肠由十二指肠、空肠、回肠组成。

十二指肠为"U"字形弯曲，较长，肠壁较厚，有总胆管和胰腺管的开口。空肠和回肠由肠系膜悬吊于腹腔的左上部，肠壁较薄，入盲肠处的肠壁膨大成一厚圆囊，外观为灰白色，约有拇指大，为兔特有的淋巴组织，称圆小囊。大肠由盲肠、结肠和直肠组成。兔的盲肠特别发达，为卷曲的锥形体。盲肠基部粗大，向尖端方向缓缓变细，内壁有螺旋形的皱褶瓣，是兔盲肠所特有的。盲肠的末端形成一细长，壁肥厚，色灰白，称为蚓突。蚓突壁内有丰富的淋巴滤泡。结肠有两条相对应的纵横肌带和两列肠袋。其肠内容物在结肠内通过缓慢，可以充分消化。梭状部把结肠分为近盲肠与远盲肠。结肠的这种结构可能与兔排泄软硬两种不同的粪便有关。结肠与盲肠盘曲于腹腔的右下部，于盆腔处移行为较短的直肠，最后开口即为肛门。

家兔发生腹泻病时，肠道有明显的变化，如发生魏氏梭菌下痢病时，盲肠肿大，肠壁松弛，浆膜多处有鲜红出血斑，大多数病例内容物呈黑色或褐色水样粪便，并常有气体。黏膜有出血点或条状出血斑。若患大肠杆菌下痢病时，小肠肿大，充满半透明胶样液体，并伴有气泡，盲肠内粪便呈糊状，也有的兔肠道内粪便像大白鼠粪便，外面包有白色黏液。盲肠的浆膜和黏膜充血，严重者会出血。

③肝、脾的检查：家兔脾脏呈暗红色，长镰刀状，位于胃大弯处，有系膜相连，使其紧贴胃壁，是兔体内最大的淋巴器官。同时，脾脏也是个造血器官。脾与胃相接面为脏侧面，上有神经、血管及淋巴管的经路，称为脾门。脾脏相当于血液循环中的一个滤器，没有输入的淋巴管。当感染病毒性出血症（兔瘟）时呈紫色，肿大。若感染伪结核病，常可见脾脏肿大5倍以上，呈紫红色，有芝麻绿豆大的灰白色结节。检查肝脏是否有肿大、瘀血、坏死或肝球虫结节。

④肾的检查：兔的肾脏是卵圆形，右肾在前，左肾在后，位于腹腔顶部及腰椎横突直下方。在正常情况下由脂肪包裹，呈深褐

色，表面光滑。有病变的肾脏可见表面粗糙、肿大，颜色有白、红点状出血或弥漫性出血等。

⑤膀胱的检查：膀胱是暂时贮存尿液的器官，无尿时为肉质袋状，在盆腔内；当充盈尿液时可突出于腹腔。家兔每日尿量随饲料种类和饮水量不同而有变化。幼兔尿液较清，随生长和采食青饲料和谷粒饲料后则变为棕黄色或乳浊状。并有以磷酸铵、磷酸镁和碳酸钙为主的沉淀。家兔患病时常见有膀胱积尿，如球虫病，魏氏梭菌病等。

⑥卵巢的检查：母兔的卵巢位于肾脏后方，小如米粒，常有小的泡状结构，内含发育的卵子。子宫一般与体壁颜色相似。若子宫扩大且含有白色黏液则表明可能感染了沙门氏杆菌病或巴氏杆菌病或李氏杆菌病等。

⑦公兔生殖器官的检查：公兔生殖器也应注意检查。

196. 怎样进行兔粪无害化处理?

为了防止粪便污染给兔群带来疾患，应对兔粪进行无害化处理。

（1）**粪便清理** 收集兔粪便集中堆放于贮粪池。贮粪池一般建在紧靠养兔场的围墙边，以便于粪车通过围墙的倒粪口向外倾倒粪便，避免场内外的疫病交叉感染。贮粪池应建有雨棚，及时清运粪便，不可让雨水冲淋粪便造成二次污染。

（2）**粪便堆肥发酵处理** 养兔场贮粪池中的粪便应及时作发酵处理。兔粪渣可直接堆肥发酵，如粪渣和尿液混杂在一起，含水量较高时，要加入适量砻糠、木屑、秸秆粉等调理剂，用量在10%左右，使湿粪含水量调节到60%，再堆肥发酵。在堆肥时应在粪堆外封塑料膜，使粪堆密封。也可就近挖坑，将粪便倒入坑中，按倒一层粪便加一层杂草，粪坑加满后用泥土密封粪坑。用这两种方式处理时，一般粪堆中的温度可达到60℃以上，发酵处理1个月后就能有效地杀死和消除兔粪便中所含的病原菌、寄生虫卵、蝇蛆、杂草种子及不利于植物生长的有毒有害物质，可作为肥料使用。

（3）**粪尿进入沼气池处理**　养兔场排出的粪污还可以直接进入沼气池进行沼气发酵。由于经过厌氧发酵的沼液中还原性有毒有害物质较多，因此要让沼液在贮液池内停留1～2天后再利用。沼液可作为大棚作物的营养液浇灌，也可通过喷滴灌系统适当稀释后施用。最好在养殖场周边专门设置一定面积的水塘或田，沼液可作肥水灌溉，种植莲藕、菱角、茭白等水生经济作物，并起到氧化、净化塘水的作用。

197. 兔常见的寄生虫病有哪些？

（1）**球虫病**　球虫寄生于兔的肠上皮细胞或肝胆管上皮细胞内。

（2）**螨病**　包括疥螨和痒螨。疥螨寄生于兔的皮内，痒螨寄生于兔的耳道皮肤表面。

（3）**虱病**　虱寄生于兔的体表。

（4）**蚤病**　蚤寄生于兔的体表。

（5）**弓形虫病**　弓形虫寄生于兔的血液、淋巴结、肺、肝、脾等组织器官内。有性繁殖阶段寄生于终末宿主猫的肠上皮细胞内。

（6）**住肉孢子虫病**　住肉孢子虫寄生于兔的横纹肌，有性繁殖阶段寄生于终末宿主猫的小肠上皮细胞内。

（7）**肝片吸虫病**　肝片吸虫寄生于兔的肝胆管内。

（8）**豆状囊尾蚴**　寄生于兔肝脏等腹腔脏器浆膜及网膜，其成虫为豆状带绦虫，寄生于犬、狐、猫的小肠内。

198. 寄生虫病对家兔的危害有哪些？

（1）**机械性损害**　吸血昆虫对兔叮咬，或侵入兔体，在体内移行、寄生在特定部位，对兔体造成机械性刺激，使兔的组织或器官造成不同程度的损害，如瘙痒、发炎、出血、肿胀等，使兔生长缓慢，严重时可引起兔死亡。

（2）**夺取兔的营养和血液**　寄生虫经兔口腔进入消化道，或由体表吸收的方式，争夺兔体内的营养物质，使兔营养不良、消瘦、贫血、抗病力减弱、生产性能降低，饲料报酬降低，经济效益差。

（3）**毒素的毒害作用**　寄生虫在兔体内的分泌物、排泄物等对兔体局部或全身都有不同程度的毒害作用，特别是对神经系统、血液循环系统等的毒害作用最强。

（4）**带入其他病原体，传播疾病**　寄生虫侵入兔体时还可以将某些病原体如细菌、病毒和原虫等带入兔体，使兔感染发病。

199. 寄生虫可以通过哪些途径感染兔？

（1）**经口腔食入感染**　兔采食了被感染性幼虫或虫卵污染的饲料、饮水、草或泥土等，或吞食了带有感染性阶段虫体的中间宿主等而遭受感染，如球虫、旋毛虫等。

（2）**经皮肤感染**　某些寄生虫（如钩虫、血吸虫等）的感染性幼虫可以主动钻入家兔的皮肤而引起感染。吸血昆虫在叮咬兔吸血时，可把感染期的虫体注入兔体内引起感染，如锥虫、孢子虫等。

（3）**接触感染**　健康兔与病兔通过皮肤或黏膜接触而直接感染，或与被感染阶段虫体污染的圈舍、垫料、用具及运动场等接触而间接感染，如疥螨病、毛滴虫病等。

（4）**经胎盘感染**　某些寄生虫如弓形虫等，在妊娠母体内寄生或移行时，可经胎盘进入胎儿体内而使胎儿感染。

200. 家兔患了寄生虫病怎么处理？

仔细观察家兔，如发现异常，应及时将病兔与健康兔隔离，准确诊断。

（1）对有治疗价值的兔应选用适宜的药物治疗。

（2）对病死兔或无治疗价值的兔，应根据疾病不同，分别妥善处理：

①对肉源性人、畜共患寄生虫病如弓形虫病等，应将尸体深埋或焚烧。

②对非肉源性人畜共患寄生虫病或只感染兔的寄生虫病，肉尸

可经高温处理后食用。

③对于具有高度传染性的寄生虫病如疥螨病等，其皮张、垫料应深埋或焚烧，圈舍、笼具、用具、场地等应用杀螨药处理。

在处理病兔或病死兔的同时，对同群未发病兔，要即时使用针对某种寄生虫病的药物进行预防，以免全群兔发病。

201. 抗寄生虫药物的使用方法有哪些?

（1）**群体给药法** 群体给药法简便、节省劳动力。

①混料法：将药物均匀地拌入饲料，常用于驱除体内寄生虫。

②混饮法：将水溶性药物均匀地拌入饮水中，家兔自动饮入，如抗球虫药常混饮。

③喷洒法：杀灭兔体外寄生虫常用喷洒法，如兔虱、螨等体外寄生虫在兔活动的场所、笼舍等存活，常将药物配成一定的浓度喷洒在兔体表及其活动场所，达到杀灭寄生虫的目的。

④撒粉法：在寒冷的季节，一般不用液体药物喷洒，常将杀虫粉剂药物撒布于兔体表及兔活动的场所。

（2）**个体给药法** 患病初期或少数兔患病，常采用此法。

①药浴法：在温暖的季节或饲养量少的情况下，将药物配成适当浓度对兔进行药浴，常用于杀灭体外寄生虫。

②涂搽法：对兔的某些外寄生虫病如螨病等可用此法，将药物直接涂于患部，杀虫效果很好。

③内服法：对于饲养量小，或不能自食、自饮的个别兔，可将片剂、粉剂、胶囊或液体制剂的驱虫药经口投服。

④注射法：在养兔生产中，有的驱虫药物如左旋咪唑等可通过皮下或肌内注射给药；有些药物如伊维菌素，对兔的各种蠕虫及体外寄生虫都有良好的杀虫效果，但只能通过皮下注射给药。

202. 规模化兔场如何驱虫?

（1）**驱虫程序** 根据兔场寄生虫病流行情况，筛选出高效驱虫药物。一般每年春、秋两季对全场兔群进行两次驱虫，用伊维菌素或阿维菌素皮下注射或内服。种兔在产后空怀期皮下注射伊维菌素或阿维菌素，仔兔断奶前一周左右皮下注射伊维菌素或阿维菌素，目的是防止个别带虫者混群后传染。仔兔混群后一周全部注射伊维菌素或阿维菌素，目的是杀死皮内虫卵孵的幼虫。引进种兔需注射伊维菌素或阿维菌素及饲喂抗球虫药物，并要隔离饲养一个月左右确诊无病后方可合群混养。预防球虫可以选择3～5种不同类别的抗球虫药按预防剂量拌料给药，交替使用，每个月连续喂10～15天，最好在一个喂药期之前和结束后抽粪样检查球虫卵囊，以观察预防效果，便于指导下一次用药。使用一种抗球虫药不超过3个月，以免产生耐药性，更换药物时不得使用同一类药。

（2）驱虫对象　兔寄生虫病的防治重点是球虫和螨虫，其次是囊虫病。4～5月龄的兔球虫感染率可高达100%。患病后幼兔的死亡率一般可达40%～70%。疥螨病是由疥螨和耳痒螨寄生而引起的一种慢性皮肤病。该病可致皮肤发炎、剧痒、脱毛等，影响增重甚至造成死亡。兔痒螨病是由兔痒螨寄生于兔外耳道而引起的慢性皮肤病，影响增重，病变延至筛骨及脑部可引起癫痫发作，甚至死亡。兔场严禁养犬，如必须养犬，要定期为犬内服吡喹酮，预防囊虫病；同时对兔群定期检查，对感染的兔群用吡喹酮治疗，效果十分好。

（3）药物选择与应用原则　首先应考虑选择抗虫谱广的药物；其次是合理安排用药时间，以免用药次数过多而造成应激反应；第三是选择药效好、毒副反应小、使用方便的药物。

①抗球虫药物：预防效果较好，毒副反应小的药物主要有莫能霉素和杀球灵。磺胺类药物虽然有较好的治疗作用，但由于长期用作预防药，易产生出血性综合征、肾损害及生长抑制等毒性反应，因此磺胺药物通常宜用作治疗药物。

莫能霉素：本品属于聚醚类离子载体抗生素，按0.002%剂量混于饲料中拌匀制成颗粒饲料饲喂1～2月龄幼兔有较好的预防作用，在球虫污染严重地区或暴发球虫病时，用0.004%剂量混于饲料中喂服可以预防和治疗兔球虫病。

杀球灵：其主要活性成分为氧嗪苯乙氰，其商品名有克利禽、伏球、扑球、地克珠利等，每千克饲料或饮水0.5毫克连续用药效果良好；混料预防家兔肠型球虫、肝型球虫，均有极好的效果，对氯苯胍有抗药性的虫株对该药敏感，可使卵囊总数减少99.9%，杀球灵应作为生产中预防兔球虫的首选药物。

氧嗪苯乙氰是一种非常稳定的化合物，即使在60℃的过氧化氢（氧化剂）中8小时亦无分解现象，即使置于100℃的沸水中5天，其有效成分亦不会崩解流失。因此，可以混入饲料中制作颗粒饲料而对药效不下降。

②杀螨药物和驱线虫药物：伊维菌素和阿维菌素既可杀螨又可驱线虫，而且效果颇好。阿维菌素和伊维菌素对兔疥螨和兔痒螨的有效率为100%，用药后一周即查不到活螨。使用剂量按药品的使用说明。但由于重复感染必须用药2次，间隔时间一般为2周左右。浇泼剂按每千克体重0.5毫克用药一次，对兔痒螨的防治效果显著。

203. 使用抗寄生虫药物注意事项有哪些?

（1）合理选择药物　应选择对兔安全范围较大的药物，有些药物如马杜霉素对家兔毒性较大，即便使用推荐剂量甚至低于推荐剂量都容易使兔中毒死亡，这种药物不宜选用防治兔寄生虫病。

（2）把握用药剂量和方法　抗寄生虫药物对机体都有一定的毒性作用，应根据药物的使用说明准确把握用药剂量，防止兔中毒，如有的农户使用伊维菌素给兔注射时盲目加大剂量10倍、甚至100倍，而且采取了肌内注射，导致兔很快中毒死亡。使用抗寄生虫药物拌料或混饮时一定要混匀，否则药物的局部浓度过高易导致兔中毒。

（3）适当控制药物的疗程和药物的种类，防止产生耐药虫株　小剂量或低浓度反复使用或长期使用某种抗寄生虫药物易使寄生虫产生耐药性或交叉耐药性。在养兔生产中使用抗寄生虫药物除了要掌握适宜的疗程和用药剂量外，还要定期或交叉使用不同类型的药物，防止产生耐药性。

（4）严格控制休药期，防止兔肉中的药物残留　特别是肉兔养殖过程中，肉兔出栏前应有一定的休药期，避免药物残留在兔肉中，危害人体健康。

204. 怀孕母兔可以驱虫吗?

对怀孕母兔一般不要进行驱虫，如果清洁卫生较好，一般不易发生寄生虫病。因为驱虫药物对怀孕母兔都有不良影响，如果用阿维菌素类药影响更大些。

205. 免疫接种有哪些注意事项?

免疫接种是用人工的方法将疫苗注入家兔体内，激发兔体产生特异性抗体，使家兔对病原体产生特异性的抵抗力，从而避免传染病的发生和流行。采用免疫接种是预防和控制家兔传染病的一种极为有效的措施。

家兔常规的免疫接种方法是皮下注射。进行免疫接种时应注意：

①注射器和针头要消毒。常用煮沸消毒法。

②注射部位要消毒。局部剪毛后，先用碘酒棉球消毒，再用酒精棉球消毒。

③进针不要过深，以免伤及颈椎。

④注射时药液不能漏出，确保剂量准确。药物注射完毕，注射部位应凸起一个小包。

⑤每注射一只兔更换一个针头，以免病原传染。

⑥检查疫苗。要使用农业部指定的正规生物药品厂家生产的疫苗。要检查疫（菌）苗是否在有效期内，包装有无破损，瓶口、瓶盖是否封严。过期、破损和瓶口封不严的均不得使用。疫苗不得有霉菌生长，灭活疫苗保存时应在4～8℃，不能冰冻保存。灭活疫

苗使用前应摇匀，不能有大的组织块或其他不易摇散的块状物。

⑦新打开的疫苗应尽快使用完，最好在当天用完，没用完的疫苗应废弃。

⑧疫苗注射完毕应逐一观察兔，看是否有不良反应，如有不良反应，应立即处理。

206. 家兔免疫接种后常见的不良反应有哪些? 如何处理?

家兔免疫接种后一般不出现明显的反应，极少数兔接种后可出现热反应，一般是轻度发热，可持续短时间；同时兔可出现食量下降，不愿活动；个别母兔可能流产；注射局部可有轻度红肿现象，这些轻微的反应一般不需要处理。但在免疫接种期间，可适当补充微量元素和多种维生素，以抗应激。如果极个别的兔出现严重的过敏反应，可注射抗过敏药，如肾上腺素。

207. 家兔常用疫苗的运输和保存注意事项有哪些?

疫苗运输时应注意包装严密，尽量缩短运输时间。使用正规疫苗运输工具，或装入有冰块的保温瓶或桶内运到目的地。途中避免日晒或其他高温。兔用疫苗一般是灭活疫苗，通常保存在4～8℃的普通冰箱，应避免结冰。

208. 怎样识别兔瘟疫苗的好坏?

（1）**仔细看瓶签**　疫苗应是农业部指定的正规生物药品厂生产的，有正规的批准文号、生产日期和有效期，疫苗应在规定的有效期内。

（2）**观察疫苗的外观性状**　兔瘟疫苗是组织灭活疫苗，静置观察，上层是液体，下层是沉淀，不应有霉菌生长。轻轻振摇，呈均匀浑浊，不应有较大的组织块或其他异物，注射时不应堵塞针头。

209. 怀孕母兔可以注射疫苗吗?

一般情况下，不主张给怀孕母兔注射疫苗，虽然兔用疫苗是灭活疫苗，对怀孕母兔没有什么副作用，但在给怀孕母兔注射疫苗时容易产生应激反应，如抓兔、注射等机械动作容易使母兔发生流产或不适等。但发生传染病时，怀孕母兔也必须紧急接种疫苗，否则，会造成更大的损失。

210. 导致家兔免疫失败的原因有哪些?

（1）**疫苗质量得不到保证**　由于市场上疫苗质量鱼龙混杂，购买者往往有贪图便宜的心理，经不住诱惑，听信销售商的"价格便宜，一样用"，买了劣质的疫苗使用，免疫效果自然是不好。

（2）**免疫程序不合理**　任何疫苗都有使用范围、免疫期，各种疫苗并不相同。同一种动物，不同日龄对疫苗免疫后产生的免疫反应不一；由于饲养的目的不同，对免疫期的要求也不一样，因此要根据养殖场自身的特点和各种疫苗的特性，制定合理的免疫程序。如30～40日龄幼兔对兔瘟灭活疫苗的免疫反应与成年兔不同，按常规注射1毫升兔病毒性出血症灭活疫苗，成年兔可以达到6个月的保护期，而30～40日龄的幼兔不能产生有效的免疫力，维持时间很短。对此很多人不认识这一点，误认为大兔打1毫升，小兔只要打0.5毫升，结果小兔打了疫苗后仍会发病。

试验结果表明，35～40日龄幼兔注射兔瘟苗1毫升，但不能长时间的维持，还必须在60～65日龄再加强免疫1次，每兔注射1毫升，以保证有4～6个月的免疫期，成年兔每年注射2～3次即可。一些非法产品由于质量低，常常让使用者每2～3月注射1次。

（3）**疫苗贮藏不当**　现有兔用疫苗都是灭活疫苗，长期保存温度是4～8℃，适合于存放在冰箱的冷藏室中。在4～8℃条件下，兔瘟疫苗保存期为10个月，其他疫苗为6个月，在保质期内，只要保存条件好，使用是有质量保证的。由于是灭活疫苗，在低温条件下，抗原持续有效期较长，不易失效，但高温则会加快这一过程，因此，灭活疫苗虽然不像活疫苗在较高温度下很快失效，但长期保存要注意保存在合适的温度条件下。短期保存也应尽可能放在避光、阴凉处。没有好的保存条件，购买疫苗时不要一次买很多，以免使用效果下降。在不方便的情况下，灭活疫苗在25℃以下避光保存1～2个月，其效果也不会有影响。兔用灭活疫苗保存更应注意的是不能冷冻，结冰后，由于兔瘟组织结块、免疫佐剂的效果下降，导致疫苗的免疫效力下降，因此结冰后的兔用灭活疫苗最好不要使用，或可加大用量，作为短期预防用。此外，超过保质期的疫苗最好不要使用，以免发生免疫失败。

（4）**家兔体质较差** 注射疫苗是为了让动物体自身产生特异性免疫反应，从而达到在一定时期内免疫动物避免发生某种疾病的目的。由于动物本身存在着个体差异，同样的疫苗、同样的剂量，不同动物所产生的特异性反应强弱不一。而不同养殖场饲养的动物体质也不同，特别是目前情况下，养兔生产技术普遍提高，但管理参差不齐，免疫效果难以得到充分体现。一些兔场30日龄断奶仔兔只有0.25～0.35千克，断奶后饲料质量跟不上，加上一些疾病的发生，兔群整体状况不佳，免疫注射效果也不会很好。注射疫苗时有的兔本身就已发生疾病或处在疾病的潜伏期，注射疫苗后兔可能会死亡或激发疫病，即使不发病，免疫效果也不理想。在免疫注射初期使用免疫抑制性药物也会影响免疫效果。

（5）**注射疫苗操作不当** 疫苗使用过程中未摇匀，兔用灭活疫苗多为混悬液，静置后会很快沉淀，下沉的部分主要是抗原，如不混匀，各兔注射的抗原量多少不一，会出现同批兔免疫效果部分好、部分差。特别提醒：一些规模大的兔场，用连续注射器注射，装疫苗的瓶较大，很容易产生上述现象，注射过程中要经常摇动瓶子，保持其中的液体均匀一致。

有时注射疫苗时兔子挣扎很厉害，注射针头从一侧皮肤扎进去，又从另一侧皮肤出来，疫苗根本未注入体内，自然没有免疫效果。

一部分兔可能漏免，小兔群养时最易出现，免疫了这只，漏了那只，有的是因为后备兔未能同种兔一起参加定期免疫，到期后又未及时补免，则超过免疫期后发生疾病。

注射部位消毒不严格、注射过浅，注射部位炎症较重，甚至化脓、溃破，抗原及佐剂流失，免疫效果下降。

211. 肉兔主要疫病的免疫程序是什么？

（1）商品肉兔的免疫程序 推荐商品肉兔的免疫程序见表5-1。

表5-1 商品肉兔的免疫程序推荐表

日龄	疫苗	方法及剂量
35～40	兔病毒性出血症灭活疫苗/兔病毒性出血症、多杀性巴氏杆菌病二联灭活疫苗	颈部皮下注射，1mL/只。

（2）种兔的免疫程序 推荐种兔的免疫程序见表5-2。

表5-2 种兔的免疫程序推荐表

日龄	疫苗	方法及剂量
35～40	兔病毒性出血症、多杀性巴氏杆菌病二联灭活疫苗	颈部皮下注射，1mL/只。
45～50	家兔魏氏梭菌病（A型）灭活疫苗	颈部皮下注射，2mL/只。
55～60	兔病毒性出血症灭活疫苗	颈部皮下注射，1mL/只。
间隔半年	兔病毒性出血症、多杀性巴氏杆菌病二联灭活疫苗	颈部皮下注射，1mL/只。
	家兔魏氏梭菌病（A型）灭活疫苗	颈部皮下注射，2mL/只。

第二节 常见兔病的防治技术

212. 怎样诊断和防制兔瘟？

兔瘟是由病毒引起的一种急性、热性、败血性和毁灭性的传染病。一年四季均可发生，各种家兔均易感。3月龄以上的青年兔和成年兔发病率和死亡率最高（可高达95%以上），断奶幼兔有一定的抵抗力，哺乳期仔兔基本不发病。但近年来兔瘟发病有趋向幼龄化的趋势，发病比较缓和，症状不典型，称为慢性兔瘟。兔瘟可通过呼吸道、消化道、皮肤等多种途径传染，潜伏期48～72小时。

[**临床症状**] 可分为3种类型。

（1）**最急性型** 无任何明显症状即突然死亡。死前多有短暂兴奋，如尖叫、挣扎、抽搐、狂奔等。有些患兔死前鼻孔流出泡沫状的血液。这种类型病例常发生在流行初期（图5-14）。

图5-14 兔瘟（鼻孔流出血液）

（2）**急性型** 精神不振，被毛粗乱，迅速消瘦。体温升高至41℃以上，食欲减退或废绝，饮欲增加。死前突然兴奋，尖叫几声便倒地死亡。

以上2种类型多发生于青年兔和成年兔，患兔死前肛门松弛，流出少量淡黄色的黏性稀便。

（3）**慢性型** 多见于流行后期或断奶后的幼兔。体温升高，精神不振，不爱吃食，爱喝凉水，消瘦。病程2天以上，多数可恢复，但仍为带毒者而感染其他家兔。

[**病理变化**] 病死兔出现全身败血症变化，各脏器都有不同程度的充血、出血和水肿。喉头、气管黏膜瘀血或弥漫性出血，以气管环最明显；肺高度水肿，有大小不等的出血斑点，切面流出多量红色泡沫状液体；肝脏肿胀变性，呈土黄色，或瘀血呈紫红色，有出血斑；肾肿大呈紫红色，常与淡色变性区相杂而呈花斑状，有的见有针尖状出血；脑和脑膜血管瘀血，脑下垂体和松果体有血凝块；胸腺出血。见图5-15至图5-19。

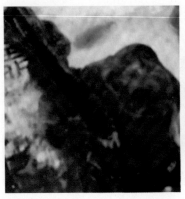

图5-15　兔瘟（气管黏膜和肺出血）

图5-16　兔瘟（肺出血）

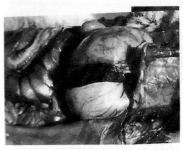

图5-17　兔瘟（张振华摄）（脾脏
　　　　肿大呈紫黑色）

图5-18　兔瘟（范国雄摄）（肺及心外
　　　　膜出血，肝呈土黄色）

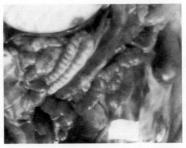

图5-19　兔瘟（范国雄摄）（胃肠
　　　　浆膜出血，肾肿大呈紫
　　　　黑色）

[**诊断**] 根据临床症状和病理变化可以作出初步诊断。

（1）**本动物接种试验** 选择体重1.5～2千克的健康敏感家兔4只，试验组2只，对照组2只。将死亡兔的心、肝、脾、肺、肾混合捣碎，用生理盐水按1∶10稀释（重量/体积），4层纱布过滤，滤液中加入青霉素和链霉素各1 000单位。试验组家兔皮下注射组织液1.0毫升/只，对照组家兔注射生理盐水1.0毫升/只。试验组兔应于接种后48～96小时全部死亡，且具有典型的兔瘟病变。对照组家兔连续观察10天应健活。

（2）**本动物免疫攻毒试验** 将死亡兔的心、肝、脾、肺、肾混合捣碎，按常规方法制成组织灭活疫苗。选择体重1.5～2千克的健康敏感家兔4只，分成免疫组2只，对照组2只，免疫组皮下注射疫苗1.0毫升/只，对照组注射生理盐水1.0毫升/只，7天后试验组和对照组均注射兔瘟强毒1.0毫升/只。对照组家兔应于攻毒后48～72小时全部死亡，且具有典型的兔瘟病变，试验组家兔连续观察10天应健活。

（3）**血凝试验** 将死亡兔的肝脏磨碎，用生理盐水按1∶10稀释（重量/体积），加入氯仿处理，10 000转/分钟离心5分钟，取上清作为待检样品。将人"O"型红细胞用生理盐水反复洗3～5次（每次3 000转/分钟离心3～5分钟），配成1%的红细胞悬液。用"V"型孔板将待检样品以生理盐水按2倍稀释法作系列稀释，每孔加入等量的1%的红细胞悬液，混匀，同时设阳性、阴性、生理盐水、红细胞对照，室温下静置30分钟后观察结果。待检样品对人"O"型红细胞呈明显的凝集反应，凝集价不低于1∶256，阳性对照对红细胞呈明显的凝集反应，阴性、生理盐水、红细胞对照均不凝集。

（4）**血凝抑制试验** 将含有4个血凝单位稀释度的病料上清液加入96孔"V"形板内，每孔25微升，再加入经56℃灭能的1∶10的兔瘟高免血清25微升，同时设生理盐水对照，混匀，置37℃温箱作用30分钟，再每孔加入1%人"O"型红细胞悬液25微升，混匀，室温静置15分钟，观察结果。血清组不出现凝集反应，对照组出现凝集，即可确诊。

（5）RT-PCR检测

①反应模板的制备

a.取组织块50～100毫克用液氮在研钵中研成粉末，移入1.5毫升离心管中加入1毫升Trizol试剂，充分混匀，静止15分钟。

b.加入250毫升氯仿，震荡，冰上放置15分钟。

c.4℃ 12000转/分钟离心10分钟，吸上清液至新的离心管中，加入等体积的异丙醇，-20℃静置40分钟。

d.4℃ 12000转/分钟离心10分钟，弃上清液，加入1毫升DEPC水配制的75%乙醇，洗涤1分钟。

e.4℃ 12000转/分钟离心5分钟，弃上清液，干燥后加入30～50微升DEPC水溶解总RNA，-20℃保存备用。

② RT-PCR检测

a.引物（表5-3）

表5-3 兔瘟RT-PCR引物序列

引物编号	序列（5→3'）	片段大小
up	5-GAGTTAGGTTTTGCCACTG-3	629 bp
down	5-TGAATTCAGACATAAGA-3	

b.RT-PCR反应体系与反应条件（表5-4、表5-5）

表5-4 反转录体系

反应成分	体积
5*buffer	5 μL
dNTP	2 μL
反转录引物（down）	1 μL
反转录酶	0.5 μL
RNA酶抑制剂	1 μL
模板	2 μL
ddH$_2$O	13.5 μL

表5-5　PCR反应体系

反应成分	体积
PCR Master	12.5 μL
RHDV -up	1 μL
RHDV -down	1 μL
反转录产物	2 μL
ddH$_2$O	8.5 μL

反转录反应条件：42℃ 水浴45分钟，98℃灭活3分钟，-20℃保存备用。

PCR反应条件：94℃预变性5分钟；94℃ 1分钟，55℃ 30秒，72℃ 30秒（循环30次）；72℃延伸5分钟。

c. 电泳检测

取扩增产物4微升，2000 DNA Marker在1%的琼脂糖凝胶（含Gold view 0.1μL/mL）上电泳(8V/Cm)，电泳缓冲液1×TAE，电泳时间45分钟，凝胶成象系统观察结果。

[**防制**] 预防接种是防制兔瘟的最佳途径。

（1）**选用优质的疫苗** 严禁使用无批准文号或中试字的疫苗，要选用正规厂家生产的有批准文号的疫苗。因为无批准文号或中试字的疫苗未经过国家的批准，质量得不到保证。

（2）**制定合理的免疫程序** 规模兔场要根据本场实际制定适合本场的免疫程序。一般35日龄用兔瘟单苗或兔瘟巴氏杆菌二联苗首免，每只颈部皮下注射1毫升；60～65日龄用兔瘟单苗或兔瘟、巴氏杆菌二联苗二免，每只颈部皮下注射1毫升。如留用种兔，以后每隔4～6个月免疫注射一次，每只颈部皮下注射1毫升。

（3）**合理把握疫苗的免疫剂量** 根据母源抗体效价的测定情况，合理使用疫苗。在有母源抗体的情况下，首免1毫升，而不是想象中的小兔0.5毫升、大兔1毫升。

（4）**做好综合防制** 兔场实行封闭式饲养，合理通风，饲喂全价饲料，及时清理粪污，定期进行消毒，病死兔要进行焚烧、深埋等无害化处理。

（5）**发病后及时诊断紧急免疫**　一旦发病及时进行诊断，确诊后对假定健康兔或症状较轻微的兔进行紧急免疫，用兔瘟单苗2毫升注射。

213. 为什么免疫后兔群还会发生兔瘟？

（1）**免疫程序问题**　一些养殖户沿用传统的免疫程序即断奶后注射一次到出栏或宰杀。据有关报道，注射一次疫苗到80日龄，机体已不能抵抗兔瘟病毒的感染，因此必须进行二次免疫。

（2）**疫苗质量问题**　注射未经农业部许可生产的兔瘟疫苗，或者使用了过期的疫苗，质量得不到保证，因此建议必须使用正规厂家生产的疫苗，在有效期内使用。

（3）**疫苗保存不当**　目前使用的兔瘟疫苗都是组织灭活疫苗，应保存于4～8℃冰箱，保存期10个月，严禁结冰。

（4）**注射方法不正确**　正确的注射方法是颈部皮下注射，不要注入肌肉或注漏。

（5）**认识问题**　超过免疫保护期的兔群，有些家兔生产者存在侥幸心理或因农忙未及时再注射疫苗而导致发生本病。

214. 怎样诊断和防制兔轮状病毒病？

仔兔轮状病毒感染是由轮状病毒引起幼龄兔以呕吐、腹泻、脱水为主要特征的一种急性胃肠道传染病。

[**流行特点**]　主要发生于2～6周龄仔兔，尤以4～6周龄仔兔最易感，发病率可达90%～100%，死亡率极高。青年兔和成年兔呈隐性感染而带毒。病兔和隐性感染兔是主要的传染源。病毒通过消化道感染。该病发病突然，传播迅速，兔群一旦发病，以后将每年连续发生，不易根除。晚秋至早春为多发季节，发病后2～3天内常因脱水而死亡。

[**症状**] 患兔初期精神不振、厌食，继而腹泻、昏睡、废食、体重减轻和脱水为主要特征。体温不高，常排出半流质或水样粪便，内含黏液或血液。一般多数兔出现下痢后2～4天死亡，只有少数病兔康复。青年兔和成年兔常无明显症状。

[**病变**] 轮状病毒主要侵害消化道，尤其是小肠和结肠黏膜上皮细胞，使肠黏膜脱落。小肠广泛充血肿胀，结肠肿胀瘀血，盲肠扩张并充满大量液体内容物。

[**防制**] 坚持自繁自养，不从有本病流行的兔场引进兔。必须引进时要做好疫情调查工作。平时加强饲养管理，提高兔抗病力，减少疾病发生。

本病尚无特效药治疗。兔场发生本病时，要立即隔离，全面消毒；病死兔、排泄物、污染物要深埋或焚烧，对病兔加强护理，及时补液，可内服人工补液盐，或用电解质多种维生素饮水，同时使用抗生素进行治疗，防止继发感染。使用兔轮状病毒抗血清有一定疗效。

215. 怎样诊断和防制兔痘？

[**症状**] 本病是由兔痘病毒引起的兔的一种高度接触性传染病，以鼻腔、结膜渗出液增加和皮肤红疹为特征。本病可发生于各种年龄的兔，但以青年兔和妊娠母兔最易感。病原体主要通过口鼻分泌物的飞沫在空气中传播。也可经污染的饲料或饮水传染。呼吸道与消化道是主要的感染途径。本病传播迅速，但病兔康复后不带毒。

本病潜伏期2～14天，病初发热至41℃，流鼻液，呼吸困难。全身淋巴结尤其是腹股沟，腘淋巴结肿大坚硬。同时皮肤出现红斑，发展为丘疹，丘疹中央凹陷坏死成脐状，最后干燥结痂，病灶多见于耳、口、腹、背和阴囊处。结膜发炎，流泪或化脓；公、母兔生殖器均可出现水肿，发炎肿胀，孕兔可流产。通常病兔有运动失调、痉挛、眼球震颤、肌肉麻痹的神经症状。

[**病变**] 皮肤、口腔、呼吸道及肝、脾、肺等出现丘疹或结节；淋巴结、肾上腺、唾液腺、睾丸和卵巢均出现灰白色坏死结节；相邻组织发生水肿和出血。

本病常伴发鼻炎、喉炎、支气管炎、肺炎、胃肠炎以及怀孕母兔流产等。

[**防制**] 除一般性防制措施外，目前本病尚无有效的治疗办法，主要是坚持兽医卫生制度，严格消毒，隔离检疫等措施。在本病流行地区和受威胁地区可接种牛痘疫苗进行免疫预防。暴发本病的兔群可用牛痘疫苗进行紧急接种。对病兔可选用人的抗天花病毒新药或中药进行尝试性治疗。

216. 怎样诊断和防制兔传染性水疱性口炎？

本病多发生于春、秋两季，自然感染的主要途径是消化道。对家兔口腔黏膜人工涂布感染，发病率达67%；肌内注射也可感染。主要侵害1～3月龄的幼兔，最常见的是断奶后1～2周龄的幼兔，成年兔较少发生。健康兔食入被病兔口腔分泌物或坏死黏膜污染的饲料或水，即可感染。饲喂发霉饲料或存在口腔损伤等情况时，更易发病。

[**症状**] 潜伏期5～7天。被感染的家兔病初舌、唇和口腔黏膜潮红、充血，继而出现粟粒大至扁豆大的水疱和小脓疱，水疱和脓疱破溃，发生烂斑，形成大面积的溃疡面，同时有大量唾液（口水）沿口角流出。若病兔继发感染坏死杆菌，则可引起患部黏膜坏死，并伴有恶臭。由于流口水，使得唇外周围、颌下、颈部、胸部和前爪的被毛湿成一片，局部皮肤常发生炎症和脱毛。病兔不能正常采食，继发消化不良，食欲减退或废绝，精神沉郁，并常发生腹泻，日渐消瘦，一般病后5～10天衰竭而死亡。死亡率常在50%以上。患兔大多数体温正常，仅少数病例体温升至41℃左右。

[**预防**]

①加强饲养管理，不喂霉烂变质的饲料。笼壁平整，以防尖锐

物损伤口腔黏膜。不引进病兔，春秋两季做好卫生防疫工作。

②对健康兔可用磺胺二甲基嘧啶预防，每千克精料拌入5克，或每千克体重0.1克内服，每日1次，连用3～5天。

［治疗］

①发病后要立即隔离病兔，并加强饲养管理。兔舍、兔笼及用具等用0.5%过氧乙酸消毒。

②进行局部治疗，可用消毒防腐药液（2%硼酸溶液、2%明矾溶液、0.1%高锰酸钾溶液、1%盐水等）冲洗口腔，然后涂擦碘甘油。

③用磺胺二甲基嘧啶治疗，每千克体重0.1克内服，每天1次，连服5天。

④采用中药治疗，可用青黛散（青黛10克、黄连10克、黄芩10克、儿茶6克、冰片6克、明矾3克研细末即成）涂擦或撒布于病兔口腔，每天2次，连用2～3天。

217. 怎样诊断和防制兔黏液瘤病？

兔黏液瘤病是由兔黏液瘤病毒引起的一种高度接触传染性和高度致死性传染病，特征为全身皮肤尤其是面部和天然孔周围发生黏液瘤样肿胀。因切开黏液瘤时从切面流出黏液蛋白样渗出物而得名。

［症状］ 潜伏期4～11天，平均约5天，由于病毒不同，毒株间毒力差异较大，兔的不同品种及品系间对病毒的易感性高低不同，所以本病的临诊症状比较复杂。

感染强毒力南美毒株的易感兔，3～4天即可看到最早的肿瘤，但要第6、7天才出现全身性肿瘤。病兔眼睑水肿，黏液脓性结膜炎和鼻漏，头部肿胀呈"狮子头"状。耳根、会阴、外生殖器和上下唇显著水肿。身体的大部分、头部和两耳，偶尔在腿部出现肿块。病初硬而凸起，边界不清楚，进而充血，破溃流出淡黄色的浆液。病兔直到死前不久仍保持食欲。病程一般8～15天，死前出现惊厥，病死率100%。

感染毒力较弱的南美毒株或澳大利亚毒株，轻度水肿，有少量鼻漏和眼垢以及界限明显的结节，病死率低。

感染加州毒株的易感兔，经6～7天眼睑、肛门、外生殖器以及口、鼻周围发生炎性水肿。第9或10天皮肤出血，伴有坏死。病兔肿瘤症状不明显。病死率90%以上，死前也常有惊厥。

感染强毒力欧洲毒株病兔，全身各部都可出现肿瘤，但耳部较少见到。10天后肿瘤破溃，流出浆液性液体。颜面明显水肿，头呈"狮子头"外观。眼鼻流出浆液性分泌物。病死率100%。

自然致弱的欧洲毒株，所致疾病比较轻微，肿块扁平。病死率较低。

近年来，在一些集约化养兔业较发达的地区，本病常呈呼吸型。潜伏期长达20～28天。接触传染，无媒介昆虫参与，一年四季都可发生。病初呈卡他性鼻炎，继而脓性鼻炎和结膜炎。皮肤病损轻微，仅在耳部和外生殖器的皮肤上见有炎症斑点，少数病例的背部皮肤有散在性肿瘤结节。

痊愈兔可获18个月的特异性抗病力。

[**防制**] 严禁从有黏液瘤病发生和流行的国家或地区进口兔及兔产品。毗邻国家发生本病流行时，应封锁国境。引进兔种及兔产品时，应严格港口检疫。新引进的兔须在防昆虫动物房内隔离饲养14天，检疫合格者方可混群饲养。在发现疑似本病发生时，应向有关业务国际单位报告疫情，并迅速作出确诊，及时采取扑杀病兔，销毁尸体，用2%～5%福尔马林彻底消毒污染场所，紧急接种疫苗，严防野兔进入饲养场，杀灭吸血昆虫等综合性防制措施。

本病目前无特效的治疗方法。预防主要靠注射疫苗。国外使用的疫苗有Simpe氏纤维瘤病毒疫苗，预防注射3周龄以上的兔，4～7天产生免疫力，免疫保护期1年，免疫保护率达90%以上。近年来推荐使用的MSD/S株和MEI116005株疫苗，都安全可靠，免疫效果更好。

218. 怎样诊断和防制兔巴氏杆菌病？

兔巴氏杆菌病是由多杀性巴氏杆菌所引起的一种传染病，家兔较常发生，一般无季节性，以冷热交替、气温骤变，闷热、潮湿多雨季节发生较多。当饲养管理不善、营养缺乏、饲料突变、过度疲劳、长途运输、寄生虫感染以及寒冷、闷热、潮湿、拥挤、圈舍通风不良、阴雨绵绵等，使兔子抵抗力降低时，病菌易乘机侵入体内，发生内源性感染。病兔的粪便、分泌物可以不断排出有毒力的病菌，污染饲料、饮水、用具和外界环境，经消化道而传染给健康兔，或由咳嗽、喷嚏排出病菌，通过飞沫经呼吸道而传染，吸血昆虫作为传播媒介可通过皮肤、黏膜、伤口传染。

[**临床症状**] 潜伏期长短不一，一般从几小时到5天或更长。

（1）**鼻炎型** 此型是常见的一种病型，其特征是有浆液性黏液或黏液脓性鼻漏。鼻部的刺激常使兔用前爪擦揉外鼻孔，使该处被毛潮湿并缠结。此外还有打喷嚏、咳嗽和鼻塞音等异常呼吸音存在。

（2）**地方流行性肺炎型** 最初的症状通常是食欲不振和精神沉郁，病兔肺实质病变很厉害，但可能没有呼吸困难的表现，前一天体况良好的兔，次日早晨则可能发病死亡。病兔也有食欲不振，体温升高的，有时还出现腹泻和关节肿胀等症状，最后以败血症而死亡。

（3）**败血症型** 该型可继发其他病型之后，也可在它们之前发生，以鼻炎和肺炎联合发生的败血症最为多见。病兔精神差，食欲差，呼吸急促，体温高达41℃左右，鼻腔流出浆液型或脓性分泌物，有时也发生腹泻。临死前体温下降，四肢抽搐，病程短的24小时死亡，稍长的3～5天死亡。最急性的病兔，未见有临床症状就突然死亡。

（4）**中耳炎型**（又叫斜颈病） 常不表现临床症状，能识别的病例中斜颈是主要的症状。斜颈的程度也不一致，严重病例，兔向着头倾斜的方向翻滚，一直倾斜到抵住圈栏为止。病兔吃食和饮水较困难，体重减轻，可能出现脱水现象。如果感染扩散到脑膜和脑组织，就可能出现运动失调和其他神经症状。见图5-20。

图5-20　中耳炎型病兔斜颈、转圈、倒地（李成喜摄）

（5）**结膜炎型**　主要发生于未断奶的仔兔及少数老年兔。临床症状主要是流泪，结膜充血发红，眼睑中度肿胀，分泌物常将上下眼睑粘住。

（6）**脓肿、子宫炎及睾丸炎型**　脓肿可以发生在身体各处。皮下脓肿开始时，皮肤红肿、硬结，后来变为波动的脓肿。子宫发炎时，母体阴道有脓性分泌物。公兔睾丸炎可表现一侧或两侧睾丸肿大，有时触摸感到发热。

[剖检病变]

（1）**鼻炎型**　病死兔鼻腔内有多量鼻漏。急性型病兔，鼻黏膜充血，鼻窦和副鼻窦黏膜红肿，鼻腔内有多量浆液或黏液性鼻漏。慢性型病兔，鼻漏为黏液性或黏液脓性，鼻黏膜呈轻度水肿、增厚。

（2）**地方流行性肺炎型**　病变常见于肺部的前下部，有实变、萎缩不全、灰色小结节、肺脓肿等。胸膜、肺、心包膜上有纤维素絮片。也有的病兔胸腔内充满浑浊的胸水，见图5-21至图5-23。

（3）**败血症型**　对于迅速死亡的病例，剖检看不到变化。病程稍长者，以败血性变化为主。败血症型病兔的解剖变化主要表现为全身性出血、充血或坏死。鼻腔黏膜充血，有黏液脓性分泌物；喉头和气管黏膜充血、出血，伴有多量红色或白色泡沫；肺严重充血、出血，高度水肿；心内外膜有出血斑点；肝脏变性，有许多小坏死点；脾、淋巴结肿大、出血；肠黏膜充血、出血；胸、腹腔有黄色积液，见图5-24～图5-26。

图5-21　兔巴氏杆菌病（李成喜摄）（肺左膈叶气肿，尖叶、心叶、中间叶实变）

图5-22　兔巴氏杆菌病（范国雄摄）（肺出血、脓肿）

图5-23　兔巴氏杆菌（范国雄摄）（纤维素性肺炎）

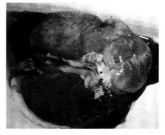

图5-24　兔巴氏杆菌病(肺出血、肿大)

图5-25　兔巴氏杆菌病（杨正摄）（肺出血、肿大，气管内有白色泡沫）

图5-26　兔巴氏杆菌病（杨正摄）（肝脏有白色坏死灶）

（4）**中耳炎型**　在一侧或两侧鼓室腔内有白色、奶油状的渗出物。病的初期鼓膜和鼓室腔内膜呈红色。化脓性渗出物充满鼓室腔，内膜上皮含有许多杯状细胞，并在黏膜下层浸润淋巴细胞和浆细胞。有时鼓膜破裂，渗出物溢向外耳道。中耳和内耳炎向脑蔓延可造成化脓性脑膜脑炎。

（5）**结膜炎型** 病兔病眼羞明流泪，结膜潮红，分泌物增多。严重病例，分泌物由浆液性转为黏液性或脓性，眼睑肿胀，常被分泌物粘住。炎症可转为慢性，红肿消退，但流泪经久不止。

（6）**脓肿、子宫炎及睾丸炎型** 脓肿可能发生于全身皮下和多种实质器官。脓肿内含有白色、黄褐色奶油状的脓汁，病程长者多形成纤维素性包囊。母兔子宫炎和子宫蓄脓，公兔睾丸炎和附睾炎。感染母兔阴道可能有浆液性、黏性或脓性分泌物流出。剖检可见母兔子宫扩张，常有水样渗出物或者脓性渗出物。公兔主要表现为一侧或两侧睾丸肿大，质地硬实。

[预防]

（1）**加强饲养管理** 严格消毒和隔离，严禁其他畜禽和野生动物进场，防止病原传入。经常检查兔群，看是否有患病个体，对流涕、喷嚏的可疑兔及时检出，隔离饲养、治疗或淘汰，对确诊而又不可救治的兔要扑杀，与死兔一同进行深埋、焚烧等无害化处理，对病兔所在的群体和环境、用具等进行消毒，并对群体进行药物防治。

（2）**坚持自繁自养** 以自繁自养为主，如必须引进兔，要进行疫情调查，不引进疫区兔。创造卫生清洁、隔离完善的环境条件，对引进的兔要隔离饲养一定时间（约15天），确无病害时，方可入群。

（3）**定期对环境和用具消毒** 菌体对环境及普通的消毒药抵抗力不强，在干燥和直射阳光下很快死亡，一般常用的消毒药可立即将其杀死。场地用20%的石灰乳或2%的烧碱水溶液消毒，用具可用3%的来苏儿溶液洗刷消毒。

（4）**定期接种疫苗** 35日龄进行初免，用兔瘟-巴氏杆菌二联苗皮下注射1毫升/只，以后每4～6个月免疫一次，一年免疫2～3次。

[治疗] 本病可用抗生素进行治疗。

①青霉素每千克体重2万单位、链霉素每千克体重2万单位肌内注射，每天2次，连用3～5天，可有效控制本病。

②卡那霉素每千克体重2万单位肌内注射，每天2次，连用3天，效果好。

③庆大霉素每千克体重2万单位肌内注射，每天2次，连用3天，效果也很好。

④磺胺二甲嘧啶每千克体重0.1克内服，每天1～2次，连用5天；或用磺胺嘧啶每千克体重0.1～0.3克内服，每天2次，连用5天，首次量加倍。

⑤还可用氟苯尼考肌内注射，每千克体重0.05～0.1毫升，隔48小时后再用一次，效果十分好。

⑥对鼻炎型慢性病例，可用青霉素、链霉素滴鼻，每毫升含2万单位，每天2次，连用5天，同时肌内注射卡那霉素每千克体重2万单位，每天2次，连用3天，配合土霉素每千克体重0.025～0.04克混料饲喂，每天1次，连用5天，效果十分显著。

219. 怎样诊断和防制兔波氏杆菌病?

兔波氏杆菌病是由支气管败血波氏杆菌引起的。

[临床症状] 病兔主要表现为鼻炎型和支气管肺炎型。前者表现为鼻黏膜充血，流出浆液或黏液，通常不见脓液。后者表现为鼻炎长期不愈，自鼻腔流出黏液或脓液，打喷嚏，呼吸加快，食欲减退，日渐消瘦，病程可持续达几个月。一般根据病兔出现鼻炎、鼻黏膜充血和流出多量不同的鼻液，可做初步诊断。

[解剖病变] 支气管充血，内有黏液脓性分泌物。肺脏有多量粟粒大或少量如栗子大的脓疱，切开脓疱流出乳白色奶油样脓液。有的病例胸腔有多量黄色稀薄的脓性积液，胸膜及心包均呈纤维素性化脓性炎症。心肌上有广泛灰白色坏死灶。有的病兔肝脏上有大量粟粒大至豌豆大的脓疱。偶见腹腔充满脓液，呈弥漫性化脓性腹膜炎。肝表面被覆灰白色脓液，肝脏边缘处有多量大小不等的灰白色坏死灶，肝膈面中部有大小不等的坏死区。大网膜出血，盲肠浆膜广泛出血。

[预防]

（1）建立无波氏杆菌病的兔群　坚持自繁自养，避免从不安全的兔场引种。从外地引种时，应隔离观察30天以上，确认无病后再混群饲养。

（2）加强饲养管理，消除外界刺激因素　保持通风，减少灰尘，避免异常气体刺激，保持兔舍适宜的温度和湿度，避免兔舍潮湿和寒冷。

（3）保持兔舍清洁，定期进行消毒　搞好兔舍、笼具、垫料等的消毒，及时清除舍内粪便、污物。平时消毒可使用3%来苏儿、1%～2%氢氧化钠溶液、1%～2%福尔马林液等。

（4）进行免疫接种　可使用兔波氏杆菌灭活苗，每只兔皮下注射1毫升，免疫期为4～6个月，每年于春、秋两季各接种一次。

（5）做好兔群的日常观察　及时发现并隔离或淘汰有鼻炎症状的病兔，以防引起全群感染。

[治疗]

（1）隔离消毒　隔离所有病兔，并进行观察和治疗；兔波氏杆菌的抵抗力不强，常用消毒药物均对其有效，可应用1%煤酚皂溶液或0.05%百毒杀溶液彻底消毒全场。

（2）紧急接种　应用兔波氏杆菌灭活疫苗每只兔皮下注射1毫升。

（3）药物治疗　对重症无治疗效果及长期不愈的病兔应及时淘汰，减少传染源。对轻型病例应隔离治疗，使用抗生素治疗虽能使症状消失，但停药后又可复发，要进行脉冲式用药，即先用药治疗一个疗程后，停药2天，再治疗一个疗程，才能控制复发。一般可选用氟苯尼考、卡那霉素、庆大霉素、链霉素及磺胺类药物治疗。鼻炎型病兔可结合使用链霉素滴鼻有效，采用注射、滴鼻、饮水或拌料用药以及两种以上的药物同时使用效果更佳，但要注意药物的配伍禁忌。

青霉素、链霉素每千克体重各2万单位肌内注射，每天2次，连用3～4天；卡那霉素每千克体重2万～4万单位肌内注射，每天2次，连用3～4天；庆大霉素每千克体重2万～4万单位肌内注射，每天2次，连用3～4天。氟苯尼考注射液每千克体重0.05～0.1毫升，隔48小时再用一次。

220. 怎样诊断和防制兔魏氏梭菌病？

本病主要是由A型魏氏梭菌及其外毒素引起的以泻大量水样粪便和脱水死亡为特征的一种急性传染病。感染后死亡率很高。

[**流行特点**]　除哺乳仔兔外的各种品种、年龄的家兔均可感染发病，但以1～3月龄的幼兔发病率最高，毛用兔尤其是纯种毛用兔和獭兔的易感性高于本地毛用兔、杂交毛兔和皮肉用兔。本菌广泛分布于土壤、污水、粪便和消化道中，在饲养管理不当、突然更换饲料、长期饲喂高淀粉低纤维饲料、气候骤变、长途运输等各种因素导致抵抗力下降、肠道正常菌群失调和厌氧状态时，均可导致病原菌在肠道内大量繁殖并产生外毒素而引发本病。消化道是主要的感染途径。本病一年四季均可发生，但以冬春两季常见。

[**症状**]　突然发病、急性下痢（水样粪便）是本病特征性的临诊症状。开始下黑褐色软粪，很快变为排黑色水样或带血的胶样粪便，有特殊的腥臭味。病兔体温不高，精神沉郁，食欲下降或不食。肛门周围及后肢局部为粪便所污染，外观兔子腹部膨胀，轻轻摇晃可以听到"咣当咣当"的水声，有的病兔提起来，粪水随即从肛门流出，后期患兔可视黏膜发绀，四肢无力，严重脱水，消瘦，体温均不高。发病最快的常无任何症状，在几个小时内突然死亡。多数病例在当日或次日死亡，少数可拖至一周或更长时间，但最后大多死亡。

[**病变**]　尸体脱水、消瘦，腹腔有腥臭气味，胃内积有食物和气体，胃黏膜脱落，有的有出血和大小不一的溃疡。肠壁弥漫性充血或出血，肠内充满气体和稀薄的内容物，肠壁薄而透明。肠系膜淋巴结充血、水肿，盲肠浆膜明显出血，盲肠和结肠内充满气体和

黑绿色水样粪便，有腥臭气味。心外膜血管怒张，呈树枝状。肝和肾瘀血、变性、质脆。膀胱多有茶色尿液。见图5-27至图5-30。

图5-27 魏氏梭菌病（肠道出血、胀气）　　图5-28　魏氏梭菌病
（肠道出血）

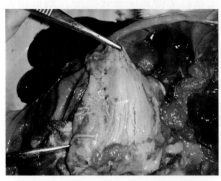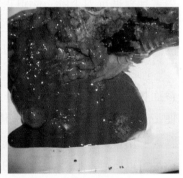

图5-29　魏氏梭菌病（胃黏膜脱落、　　图5-30　魏氏梭菌病（粪便
胃出血、溃疡）　　　　　　稀薄、带有气泡）

[预防]　合理搭配饲料，加强饲养管理。保证饲料里的粗纤维含量不低于12%，尽量少喂含过高蛋白质的饲料、过多谷物类及多汁菜类饲料，可减少本菌在肠道内大量繁殖。避免使用质量较差的鱼粉等动物性饲料，如果草粉、玉米发霉变质，弃去不用。减少对兔子的应激，消除诱发因素。夏季做好防暑降温工作。换料时要采取过渡性换料的方法。搞好环境卫生，尤其是对粪便的清理工作，

对兔舍、用具、兔场要进行定期的消毒。平时定期投喂活菌制剂，以平衡肠道菌群。定期进行疫苗接种，仔兔45日龄用魏氏梭菌灭活疫苗皮下注射2毫升，以后4～6个月免疫一次，可有效控制本病的流行。

[治疗] 发生疫情时，应迅速做好隔离和消毒工作，对无治疗价值或较为严重的患兔予以淘汰，进行无害化处理。兔舍、兔笼及用具等要彻底消毒。

①对未发病或患病较轻的兔用魏氏梭菌灭活疫苗进行紧急接种，皮下注射2毫升/只。

②有治疗价值的兔可进行治疗，用魏氏梭菌高免血清，按每千克体重注射3～4毫升，每天2次，连用2～3天。同时配合抗生素治疗，内服磺胺类药物，剂量按产品说明书进行，连用3天。

在使用抗生素药物治疗的同时，可喂多种维生素电解质，进行补液，或内服人工补液盐。对利用价值高的兔（如种兔），可以静脉注射5%葡萄糖盐水30～50毫升。对治疗后的康复兔可饲喂微生态制剂，或饲喂健康兔的软粪少许，以调整肠道菌群平衡。

221. 怎样诊断和防制兔大肠杆菌病？

兔大肠杆菌病又称黏液性肠炎，是由一定血清型的致病性大肠杆菌极其毒素引起的一种暴发性、高死亡率的兔肠道传染病。患兔主要是以出现胶冻样或水样腹泻及严重脱水为特征。大肠杆菌广泛存在于自然界，正常情况下存在于兔的肠道内不引起发病，当各种原因（饲养和气候条件变化等）引起机体抵抗力下降时，致病性大肠杆菌大量繁殖并产生毒素、毒力增强而引起发病。主要侵害20日龄及断奶前后的仔兔、幼兔（1～3月龄），成年兔极少发生。主要经过消化道传染。

[症状] 主要表现为排粥样或胶冻样粪便和一些两头尖的干

粪，随后出现水样腹泻。体温正常或降低，四肢冰凉，磨牙，消瘦，衰竭而死。病程短的 1 ~ 2 天死亡，长的 7 ~ 8 天死亡。

[病变]　肛门及后肢被毛粘附粪便。整个胃肠道有卡他性炎症，气体较多，胃壁明显水肿，结肠与回肠壁呈灰白色，黏膜有重度黏液性卡他，肠腔内有大量黏稠的胶样物。粪粒细长或粪便较少，并被胶样物包裹，有的肠壁有出血，见图 5-31、图 5-32。

图 5-31　大肠杆菌病（肠道　　　图 5-32　大肠杆菌病（范国雄摄）
　　　　　胶冻样渗出物）

[预防]　加强饲养管理，搞好环境卫生，定期消毒，尽量减少各种应急因素，在仔兔断奶前后的精料配方不要突然改变，以免引起肠道菌群的紊乱。平时定期在饲料或饮水中添加微生态制剂，维持肠道正常菌群的平衡。对经常发生本病的兔场，可使用由本场分离的大肠杆菌制成自家疫苗进行免疫，20 ~ 30 日龄的仔兔皮下注射 1 毫升；或对断奶前后的幼兔，可用庆大霉素或阿莫西林、大蒜液内服，有一定的预防效果。

[治疗]　经常发生本病的兔场，最好是先从病兔分离到大肠杆菌做药敏试验，选用敏感的药物治疗。

①庆大霉素肌内注射或内服，每千克体重 2 万 ~ 3 万单位，每天 2 次，连用 3 天。

②复方新诺明（片剂，每片含增效剂 TMP0.08 克、新诺明 0.4

克）内服，每千克体重0.03克，每天1次，连用3天。

③大群用药，可用恩诺沙星或环丙沙星饮水，每千克水加药物30～50毫克；如拌料，可按饮水剂量加倍。治疗后期可喂活菌制剂或健康兔的软粪少许，以平衡肠道菌群，促进康复。

222. 怎样诊断和防制兔葡萄球菌病？

兔葡萄球菌病是养兔场常见的传染病之一，家兔非常易感，可危害各种年龄的家兔。幼龄兔和一些敏感兔常呈败血型经过，但多数病例只引起一些器官组织发生化脓性炎症。世界各地均有发生。葡萄球菌感染的潜伏期为2～5天。由于兔的年龄、抵抗力、病原侵入的部位和在体内继续扩散的情况不同，常表现以下几种病型。

（1）**仔兔脓毒败血症**　仔兔出生2～3天在多处皮肤(尤其是腹、胸、颈、颌下、腿内侧皮肤)上出现粟粒大的脓肿，多数病兔在2～5天因败血症死亡。较大(10～21日龄)乳兔的皮肤现出黄豆至蚕豆大脓肿，多消瘦而死；不死者逐渐变干，消散而痊愈。剖检时肺和心脏多有小脓疱。

（2）**仔兔急性肠炎**　又称仔兔黄尿病，是因仔兔吃患葡萄球菌乳房炎母兔的乳汁而引起的。一般全窝发生，病兔肛门周围及后肢被稀粪污染而有腥臭味；病兔昏睡，体弱发软，病后2～3天死亡，死亡率很高。剖检可见肠尤其是小肠黏膜充血、出血，肠内有稀薄的内容物；膀胱极度扩张，充满黄色尿液。

（3）**乳房炎**　常见于母兔分娩后的头几天，往往经乳头或乳房皮肤损伤而感染。急性乳房炎时病兔体温升高，精神沉郁，食欲不振，乳房肿胀呈紫红色或蓝紫色；乳汁中有脓液、凝乳块或血液。慢性乳房炎时乳头或乳房皮下或实质形成大小不一，界限明显的硬块，以后软化变为脓肿，见图5-33。

图5-33　母兔乳房炎
（乳房红肿）

（4）**脓肿** 可发生于全身各组织和各器官，原发性脓肿常位于皮下或某一脏器，以后可引起脓毒血症，并进而在肺、肝、肾、心等部位发生转移脓肿或化脓性炎，这些脓肿大小不等，数量不一，初期量少的红色硬结，以后增大变软，有明显包囊，内含乳白色糊状脓汁。皮下脓肿经1～2个月可自行破溃，流出乳白色，油状，黏稠，无味的脓汁，破口经久不愈合，流出的脓汁可沾到别处，或因伤口瘙痒引起病兔抓咬而使病原扩散，或脓肿中的病菌进入血流随血流到别处形成新脓肿。当脏器或浆膜脓肿破裂时则引起胸腔或腹腔积脓；有时引起全身性感染即脓毒败血症，病兔很快死亡，见图5-34、图5-35。

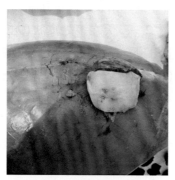 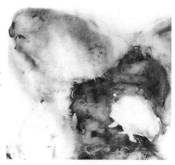

图5-34 葡萄球菌病（腹部 图5-35 葡萄球菌病（李成喜摄）
　　　　皮下脓肿） 　　　　（颈部皮下脓肿）

（5）**脚皮炎** 常见后脚掌下皮肤，前脚掌少见。初期充血，肿胀，脱毛，继而化脓，破溃并形成经久不愈的易出血的溃疡。病兔不愿走动，食欲减退，消瘦，有时转化为全身败血症而死亡。

（6）**鼻炎** 病兔打喷嚏，鼻流出大量浆液性或黏脓性分泌物，在鼻孔周围结成痂；严重时发生呼吸困难，病兔常用前爪抓鼻，使鼻部周围被毛脱落，常并发或继发肺脓肿，肺炎和胸膜炎。

（7）**外生殖器炎** 各种年龄的兔都可发生，尤其是母兔，主要表现为阴户周围和阴道溃烂，或阴户周围和阴道发生大小不一的脓肿，可从阴道内流出或挤出黄白色脓性分泌物或脓液，孕兔感染后常发生流产，公兔主要是发生在包皮上的小脓肿，溃烂或结棕色痂皮。

[预防]　经常保持兔舍、兔笼和运动场的清洁卫生，定期消毒。消除所有的锋利物品，以防兔体发生外伤。笼养兔不能拥挤，性暴好斗者应分笼饲养。产仔箱内要用柔软、干燥、清洁的垫料，以免兔的皮肤擦伤。观察母兔的泌乳情况，适当调整精料与多汁饲料的比例，防止母兔发生乳房炎。新生仔兔用3%碘酒或5%龙胆紫乙醇溶液或3%结晶紫石炭酸溶液等涂擦脐带开口部，防止脐带感染。发现皮肤和黏膜有外伤时应及时进行外科处理。患病兔场中母兔分娩前3～5天，应在饲料中添加一些葡萄球菌敏感的抗菌药以预防本病发生。本病发生较严重的兔场可用金黄色葡萄球菌培养物制成灭活菌苗，通过免疫接种可以预防本病的发生。

[治疗]　可选用敏感的药物进行全身和局部治疗，且治疗越早效果越好，有条件时用分离菌株做药敏试验以确定最敏感的抗菌药物。

（1）全身治疗　注射和拌料相结合进行全身治疗。肌内注射氨苄青霉素，每千克体重5～10毫克，每天2次，连用4天。也可用磺胺二甲嘧啶内服，每千克体重首次量0.1～0.3克，维持量减半，每天2次，连用3～5天。

（2）局部治疗　对于局部脓肿、溃疡、脚皮炎和外生殖器炎，按常规外科方法处理，先以外科手术排脓和清除坏死组织，再用0.1%雷佛奴尔溶液或0.1%新洁尔灭溶液或0.1%高锰酸钾溶液清洗患部，然后撒布青霉素和链霉素（1∶1）的混合粉，或涂青霉素软膏等药物。对深部化脓创，可用3%双氧水处理。乳房炎较轻者，先用0.1%高锰酸钾溶液清洗乳头，局部涂以鱼石脂软膏或青霉素软膏；严重者用0.1%普鲁卡因注射液10～20毫升加青霉素20万～40万单位，在乳房硬结周围分点封闭注射，每天1次，连续3～5天。对鼻炎患兔，先用0.1%高锰酸钾溶液清洗鼻部干痂后，用青霉素滴鼻处理。

223. 怎样诊断和防治兔沙门氏菌病?

兔沙门氏菌病是由鼠伤寒沙门氏菌和肠伤寒沙门氏菌引起的，以败血症和急性死亡并伴有下痢和流产为特征。断奶幼兔和怀孕25天后的母兔最易发病，多数病例有腹泻症状。主要经消化道感染和内源性感染，当健康兔食入被病菌污染的饲料、饮水及其他因素使兔体抵抗力降低，体内病原菌的繁殖和毒力增强时，均可引起发病。幼兔可经子宫和脐带感染。

[症状] 该病潜伏期为3～5天。少数病兔无明显症状而突然死亡外，多数病兔腹泻并排出有泡沫的黏液性粪便，体温升高，废食，渴欲增加，消瘦。母兔从阴道排出黏液或脓性分泌物，阴道潮红、水肿，流产胎儿皮下水肿，很快死亡。孕兔常于流产后死亡，康复兔不能再怀孕产仔。流产胎儿体弱、皮下水肿，很快死亡。

[病变] 急性病例常无特征性病变。其他病例，肠黏膜充血、出血、水肿。肝有散在或弥漫性灰白色粟粒大小的坏死小灶。胆囊肿大，脾脏肿大、充血。流产病兔的子宫粗大，宫内有脓性渗出物，子宫壁增厚、黏膜充血、有溃疡。未流产的兔子宫内有木乃伊或液化的胎儿。阴道黏膜充血，表面有脓性分泌物。

根据临床症状和病理特征可作出初步诊断。

[预防] 搞好环境卫生，加强兔群的饲养管理，严防怀孕母兔与传染源接触。定期应用鼠伤寒沙门氏杆菌诊断抗原普查兔群，对阳性兔进行隔离治疗，兔舍、兔笼和用具等彻底消毒，消灭老鼠和苍蝇，兔群发病要迅速确诊，隔离治疗，兔场进行全面消毒。对怀孕前和怀孕初期的母兔可用鼠伤寒沙门氏杆菌灭活疫苗，每只兔颈部皮下注射1毫升，疫区养兔场兔群可全部注射灭活疫苗，每年每兔注射2次。

[治疗]

①链霉素每千克体重2万单位肌内注射，每天2次，连用3天。

②也可选用下列药物之一进行治疗：

磺胺二甲嘧啶：每千克体重首次剂量0.2～0.3克，内服，每天2次，维持量减半，连用3～5天。

庆大霉素：每千克体重2万单位，肌内注射，每天1～2次。

环丙沙星或恩诺沙星：饮水，每千克水50毫克；或拌料，每千克饲料100毫克。

洗净的大蒜充分捣烂，1份蒜加5份清水，制成20%的大蒜汁，每只兔每次内服5毫升，每天3次，连用5天，效果较好。

224. 怎样诊断和防制兔泰泽氏病？

本病是由毛样芽孢杆菌引起的，以肝脏多发性灶样坏死、严重下痢、脱水和迅速死亡为特征。病菌在细胞内寄生。本病可以危害兔和其他多种动物，各种年龄的动物都可发病，多发于幼龄和断奶动物，隐性感染较为常见。兔对本病有较高的易感性，多发生于4～12周龄的兔群中，发病率和死亡率都较高。主要通过消化道感染，还可通过胎盘感染。

[症状]　成年兔多为慢性散发或隐性感染，主要表现为下痢，且时好时坏。断奶前后的幼兔一般呈急性经过，主要症状表现为急性腹泻，粪便呈褐色、糊状或水样。病兔脱水、消瘦，黄疸，一般发病后12～48小时内死亡，少数可耐过。

[病变]　尸体广泛脱水，消瘦。肠黏膜脱落、坏死。盲肠和结肠内有水样带血的内容物。肝脏有点状白色坏死小灶。心肌有针尖状或条纹状灰白色坏死小灶。

[预防]　加强饲养管理，搞好环境卫生，定期消毒，消除各种应急因素。平时在饲料中添加土霉素，对控制本病的发生有一定作用。注意及时隔离或淘汰病兔，粪便及被污染的废物予以发酵或烧毁。

[治疗]　本病无特效治疗药物，早期使用抗生素有一定的效果。

青霉素每千克体重2万～4万单位，链霉素每千克体重20毫克，肌内注射，每天2次，连用3～5天。

225. 怎样诊断和防治兔密螺旋体病？

本病只发生于家兔和野兔，病原体主要存在于病变部位组织。被污染的垫草、用具、饲料是传播媒介。主要在配种时经生殖道感染，故多见于成年兔，幼兔极少发生。育龄母兔的发病率比公兔高，放养兔的发病率比笼养兔高。兔群流行本病时发病率高，但几乎无一死亡。

[**症状和病变**]　潜伏期2～10周。发病后呈慢性经过，可持续数月。无明显全身症状，仅见局部病变。病初期公兔的龟头、包皮和阴囊皮肤，母兔的阴唇和肛门皮肤、黏膜红肿，并形成粟粒大的结节，以后结节及肿胀部位湿润，有黏液脓性分泌物并结成棕色的痂，痂皮剥下时可见稍凹陷的溃疡面，溃疡边缘不齐，易出血。病兔因搔抓可将部分分泌物中的病原体带至其他部位，如鼻、眼睑、唇和爪等。慢性者病变部位呈干燥鳞片状，稍突起，睾丸也会有坏死灶，腹股沟淋巴结肿大。此病对兔性欲影响不大，但母兔则失去配种能力，受胎率下降，所生仔兔生活力差。诊断本病可由外生殖器的典型病变作出初步诊断，但确诊应以病原体的检出为根据。

[**防治**]　严防引进病兔，严禁用病兔或疑似病兔配种。发现病兔后应及时治疗或淘汰，彻底清除污物，用1%～2%烧碱水或2%～3%来苏儿消毒兔笼和用具等。病兔早期可用新胂凡纳明（九一四）以灭菌蒸馏水配成5%溶液，静脉注射，每千克体重40～60毫克，必要时2周后重复1次。同时用青霉素每天50万单位，分2次肌内注射，连用5天。病变局部用0.1%高锰酸钾溶液或2%硼酸溶液冲洗干净后，涂搽碘甘油或青霉素软膏。

226. 怎样诊断和防制兔绿脓杆菌病？

兔绿脓杆菌病是由绿脓杆菌引起的一种散发性传染病，临床上以出血性肠炎、肺炎、皮下脓肿为主要特征。各年龄阶段的兔、各个季节均易发该病。

[症状]　突然发病，病兔多表现为精神高度沉郁、嗜睡、流泪、鼻腔流出不同性状的分泌物，呼吸急促、体温升高、下痢、排血样粪便。最急性病例在数小时或十余小时内死亡，慢性病例的病程为1周左右，一般是1～3天死亡。有的生前无任何症状，死后剖检才发现病变。

[病变]　鼻腔出血，肺有出血点，有的肿大，气管内有红色泡沫，气管黏膜出血。有些病例在肺部及其他器官形成淡绿色或褐色黏稠的脓液。心外膜有点状出血，心包液、腹水增多、混浊。胃内有血样液体。肠道黏膜出血，肠腔内充满血样液体。腹腔内也有多量液体。肝、脾肿大，脾呈樱桃红色。

[预防]　定期消毒，防止污染；平时做好饮水和饲料卫生，防止水源及饲料的污染。本病发生时，对病兔及可疑病兔要及时隔离治疗。

[治疗]
①恩诺沙星：饮水，50毫升/升。
②新霉素：每千克体重2万～3万单位，肌内注射，每天2次，连用3～4天，效果较好。

227. 怎样诊断和防治兔链球菌病？

兔链球菌病主要由C型溶血性链球菌引起的以仔兔急性败血症或下痢为特征的传染病。发病兔主要表现为发热，皮下组织出血性浆液浸润，脾脏急性肿大，出血性肠炎，肝脏和肾脏脂肪变性。

[症状]　病兔初期出现精神沉郁、食欲下降、体温升高、随着时间的延长，后期病兔俯卧地面、四肢麻痹、伸向外侧、头贴地，强行运动呈爬行姿势，重者侧卧，流白色浆液性或黄色脓性鼻液，鼻孔周围被毛潮湿，粘有鼻液，重者呼吸困难，时有明显呼吸音。

[病变]　剖检可见喉头、气管黏膜出血，肝脏肿大、瘀血、出血、坏死，切面模糊不清，有血水渗出。有的病兔肝脏出现大量淡黄色索状坏死灶，坏死灶连成片状或条状，表面粗糙不平，病程较

长者坏死灶深达肝脏实质。肝脏、肾脏出血，心肌色淡，质地软，肺脏轻度气肿，有局灶性或弥漫性出血点，有的肠黏膜出血。

[**预防**]　平时加强饲养管理，防止受凉感冒，减少各种应急因素，消除发病诱因。发现病兔立即隔离治疗，用3%的来苏儿或1：100稀释的菌毒敌消毒兔舍、兔笼、场地，用0.2%的农乐消毒用具。未发病的兔可用磺胺药预防。

[**治疗**]

①青霉素：每只兔5万～10万单位，肌内注射，每天2次，连续3天。

②磺胺嘧啶钠：每千克体重0.1～0.3克，内服或肌内注射，每天2次，连续3天。

228. 怎样诊断和防治兔坏死杆菌病？

兔坏死杆菌病是由坏死杆菌引起的一种散发性传染病，以皮肤和皮下组织，尤其是面部、头部、颈部、舌头和口腔黏膜的坏死、溃疡和脓肿为主要特征。患病动物是主要传染源，但健康带菌动物在一定程度上也起着传播作用。本菌能侵害多种动物，幼兔比成年兔易感性高。动物在污秽条件下易受感染。病原一般通过皮肤、黏膜的伤口的侵入，在内脏引起坏死病变。本病常呈散发或地方流行性、潮湿、闷热、昆虫叮咬、营养不良等可促发本病。

[**症状**]　病兔停止采食、流涎，体重迅速减轻。在唇部、口腔黏膜、齿龈、颈部、头面部及胸部等处出现坚硬肿块，随后出现坏死、溃疡，形成脓肿。病原也可在病兔腿部和四肢关节的皮肤内繁殖，发生坏死性炎症，或侵入肌肉和皮下组织形成蜂窝织炎。坏死病变具有持久性，可连续存在数周或数月，病灶破溃后散发恶臭气味，病兔体温升高，最后衰竭死亡。

[**病变**]　剖检可见病兔的口腔、齿龈、颈部和胸前皮下组织及肌肉组织等坏死。淋巴结(尤其是颌下淋巴结)肿大，并有干酪样坏死灶。多数病兔在肝、脾、肺等外有坏死灶。并伴有心包炎、胸

膜炎。腿部有深层溃疡病变。皮下肿胀，内含黏稠脓性或干酪性物质。坏死组织有特殊臭味。

[预防]

①兔舍要清洁，干燥，光线充足，空气流通。除去兔笼、兔舍内尖锐物，以避免兔体皮肤、黏膜损伤。

②从外地引进种兔时，必须进行隔离检疫1个月，确定无病时方可入群。

③兔群一旦发病，要及时进行隔离治疗，淘汰病、死兔。彻底清扫兔舍并进行消毒。

[治疗]

①青霉素每千克体重2万单位，肌内注射，每天2次，连用3天。

②磺胺二甲嘧啶每千克体重50～100毫克，肌内注射，每天2次，连用3天。

③进行局部治疗时，首先清除坏死组织，再用3%双氧水或0.1%高锰酸钾溶液冲洗，每天2次。皮肤炎症肿胀期，用5%来苏儿冲洗，再涂上鱼石脂软膏。出现溃疡后，清理创面，涂搽青霉素软膏。同时配合全身治疗。

229. 怎样诊断和防治兔李氏杆菌病？

本病是由李氏杆菌引起的家畜、家禽、鼠类及人共患的传染病。以突然发病死亡或流产、出血坏死性子宫炎和结膜炎等为特征。病畜禽为传染源，经消化道、呼吸道及损伤的皮肤、黏膜而传染，啮齿类动物为贮存宿主，大都经吸血昆虫传播。发病率不高，死亡率很高。本病呈散发性，有时呈地方性流行。幼畜和妊娠母畜易感。

[症状]　潜伏期2～8天，症状表现可分三种类型。急性型，常见幼兔。病兔体温升高40℃以上，精神沉郁，不吃，鼻腔流出浆液性或黏液性分泌物，经1～2天内死亡。亚急性型，出现神经症

状，如痉挛，全身震颤，眼球凸出，作圈状运动，头颈偏向一侧，运动失调等。怀孕母兔流产或胎儿干化，经4～7天死亡。慢性型，主要表现为母兔子宫炎、流产，并从阴道内流出红褐色分泌物。康复后长期不孕。

[病变] 急性和亚急性病死兔剖检可见肝、心肌、肾、脾有散在针头大坏死点，肠系膜淋巴结和颈部淋巴结肿大和水肿。胸腔、腹腔和心包内有清澈的液体。皮下水肿，肺出血性梗死和水肿。慢性病例同急性病例相似，脾和淋巴结肿大，子宫内积有脓性渗出物或暗红色液体，子宫壁有坏死灶和增厚。

[预防] 本病预防要做好灭鼠、灭虫，防止其他畜禽进入，一旦发病及早隔离治疗或淘汰，进行彻底消毒。防止人感染本病。

[治疗] 病初期可用药治疗。

①青霉素每千克体重2万～4万单位，肌内注射，每天2次。

②磺胺5-甲氧嘧啶每千克体重0.3克，肌内注射，每天2次。

③新霉素拌料，每只兔2万～4万单位，每天饲喂3次。

230. 怎样诊断和防治野兔热？

野兔热是由土拉伦斯杆菌引起的一种人畜共患的急性、热性、败血性传染病。临床上以体温升高、淋巴结肿大、肝和脾肿大、充血及其他内脏器官多发性灶状坏死为主要特征。该病的易感动物非常广泛，各种野生动物、家畜和家禽都可感染，人也可感染发病。在自然界中啮齿动物是本病的主要携带者和传染源，野兔群是最大的保菌宿主。病菌通过污染的饲料、饮水、用具以及吸血昆虫而传播，并通过消化道、呼吸道、伤口及皮肤与黏膜而入侵。本病常呈地方性流行，多发生于春末夏初啮齿动物与吸血昆虫繁殖孳生的季节。

[症状] 急性病例多无明显症状而呈败血症死亡，体温升高达41℃。多数病例病程较长，机体消瘦、衰竭，颌下、颈下、腋下和腹股沟淋巴结肿大、质硬，有鼻液，体温升高，白细胞增多。

[病变] 急性死亡者，尸僵不全，血凝不良，无特征病变。如病程较长，尸体极度消瘦，皮下脂肪呈污黄色，肌肉呈煮熟状。淋巴结显著肿大，色深红，切面见大头针头大小的淡黄或灰色坏死点；淋巴结周围组织充血、水肿；脾肿大、色深红，表面与切面有灰白或乳山色的粟粒至豌豆大的结节状坏死；肝肿大，有散发性针尖至粟粒大的坏死结节；肾的病变和肝相似。

[预防]

①严防野兔进入兔场，按防疫规定引进种兔。

②消灭鼠类、吸血昆虫和体外寄生虫。

③病兔及时治疗，对病死兔应采取烧毁等严格处理措施。

④剖检病尸时要注意防止感染人。

[治疗] 病初，可选用以下抗生素治疗，均有疗效。在病的后期治疗效果不佳。

①链霉素每千克体重20毫克，肌内注射，每天2次，连用3～5天。

②卡那霉素每千克体重10～30毫克，肌内注射，每天2次，连用3～5天。

231. 怎样诊断和防治兔结核病？

本病是人、畜共患的一种慢性传染病。以肺、消化道、肝、肾、脾和淋巴结的肉芽肿及机体消瘦为特征。一般通过呼吸道感染，经飞沫传播。患有结核病的人、牛和鸡的粪便、分泌物等污染了饲料和饮水后，被家兔饮食后也可染病。还可通过交配和皮肤创伤感染。有抵抗力的家兔感染较轻。在易感兔体内病原菌可迅速繁殖。适宜的传播条件、饲养管理不善可促发本病。但在临床上家兔发病很少见。

[症状] 本病潜伏期长，常呈隐性经过，不表现明显的临床症状。发病兔食欲不振，消瘦，黏膜苍白，被毛粗乱，咳嗽气喘，呼吸困难，眼虹膜变色，晶状体透明，体温稍高。肠结核病例有腹泻

症状，呈进行性消瘦。有些病例常见肘关节、膝关节和跗关节的骨骼畸形，外观肿大。

[病变] 病兔尸体消瘦，内脏器官有大小不一、灰色或淡褐色的结节。结节通常发生于肝、肺、肾、腹膜、心包、支气管淋巴结和肠系膜淋巴结等部位，脾脏少见。结节具有干酪样坏死中心和纤维组织包膜。肺结核病灶可发生融合形成空洞，肠浆膜面有稍突起的、大小不等的结节，黏膜面上呈现溃疡，溃疡周围为干酪样坏死。支气管和纵隔淋巴结肿大，内有干酪样坏死。

[预防]

①加强饲养管理，严格执行兽医卫生防疫制度，定期对兔舍、兔笼和用具等进行消毒。

②兔场要与鸡场、猪场、牛场等隔开，防止其他动物进入兔舍。结核病人不能当饲养员。

③新引进的兔必须隔离观察1个月以上，经检疫无病方可混群。

④发病兔要立即淘汰，被污染的场地要彻底消毒，严格控制病原传播给健兔。

[治疗] 本病的治疗意义不大，关键要靠预防，发病时应即时淘汰。必要时，可肌内注射链霉素，每千克体重4万单位，每天2次，连用7天。

232. 怎样诊断和防治兔伪结核病？

本病由伪结核耶尔森氏杆菌引起的一种消耗性疾病。许多哺乳动物、禽类和人，尤其是啮齿和复齿动物都能感染发病。本菌广泛存在于自然界，感染动物和带菌啮齿动物是自然贮存宿主和传染源。家兔主要通过接触带菌动物和鸟类，或食入带菌食物而发病，也可通过皮肤、呼吸道和交配传染。本病多见散发，有时也呈地方流行，冬、春季节多发。营养不良、应激和寄生虫病等使兔抵抗力降低时，易诱发本病。

[症状] 病兔不表现明显的临床症状。一般表现为食欲不振，

精神沉郁，腹泻，进行性消瘦，被毛粗乱，最后极度衰弱而死，多数病兔有化脓性结膜炎，腹部触诊可感到有肿大的肠系膜淋巴结和肿大坚硬的蚓突。少数病例呈急性败血性经过，体温升高，呼吸困难，精神沉郁，食欲废绝，很快死亡。

[病变]　常见病变在盲肠蚓突和回盲部的圆小囊。严重时蚓突肥厚，圆小囊肿大变硬，浆膜下有许多灰白色干酪样粟粒大的结节，单个存在或连成片状，此外肠系膜淋巴结肿大，有小的结节或灰白色的坏死灶。黏膜、浆膜、肝、脾、肺有无数灰白色干酪样小结节。这些病灶与结核病的病灶极相似，因此称伪结核。死于败血症的病例，肝、脾、肾严重瘀血肿胀，肠壁血管极度扩张，肺和气管黏膜出血，肌肉呈暗红色。

[预防]

①加强饲养管理，定期消毒灭鼠，防止饲料、饮水及用具污染。

②引进种兔要隔离检疫，严禁带入病原。平时对兔群可用血清凝集试验进行检疫，淘汰阳性兔，培育健康兔群。

③屠宰时如发现患本病的兔，要销毁尸体，不得食用，以防止人感染此病。

④可用伪结核耶新氏杆菌多价灭活菌苗进行预防注射，每只兔颈部皮下注射1毫升，免疫期6个月，每年注射2次。

[治疗]　由于本病活体难以确诊，又无特效药物治疗，同时，本病亦可引起人的急性阑尾炎、肠系膜淋巴结炎和败血症，所以对患病动物一般不做治疗，而即时淘汰。如病初期有必要治疗时，可用链霉素、卡那霉素、磺胺类药物有一定的疗效，但效果不太稳定。

233. 怎样诊断和防制兔毛癣病?

本病是由真菌感染皮肤表面及毛囊、毛干等附属结构所引起的一种人畜共患传染病。其特征是感染皮肤呈不规则的块状或圆形毛、断毛及皮肤炎症，有结痂性癣斑并覆盖有皮屑，剧烈发痒。本病主要的传播方式是健康兔与病兔的直接接触，也可通过用具及人员间接传播。潮湿、多雨、污秽的环境条件，兔舍及兔笼卫生不好，可促使本病发生。本病多呈散发，幼兔比成年兔易感。

[**症状**] 　开始多发生在头部，口周围及耳，而后感染四肢、腹部及其他部位。患部环形脱毛、皮肤潮红，附着有灰色或黄色痂皮。痂皮脱落后呈现小的溃疡，造成毛根和毛囊感染，引起毛囊脓肿。有时，皮肤可出现环形、被覆珍珠灰（闪光鳞屑）的秃毛斑。患兔奇痒。见图5-36至图5-38。

[**病变**] 　病变部通常为环形，但并不完全一致。病变部皮肤表面脱毛，呈痂皮样外观，痂皮下组织有炎症反应。

图5-36 毛癣病（口、
　　　鼻周围脱毛）　　　图5-37 毛癣病（眼周
　　　　　　　　　　　　　　　　围脱毛）

[**诊断**] 　根据临床症状和病理变化可作出初步诊断。采集病料送实验室进行显微镜检查、真菌培养、PCR检测，即可确诊。

[**预防**]

（1）**不能引进带有真菌的种兔** 　严格调查供种兔场的兔群，确信无真菌病的健康兔群才能引种。引种后待其繁殖的仔兔无真菌病时才能混入原来的兔群。

图5-38 毛癣病（李
　　　　成喜摄）

（2）**加强日常管理** 　发现兔舍有可疑患兔，应立即隔离治疗或淘汰，患病种兔停止配种，对兔场及所有用具全面消毒。对初生仔兔用克霉唑水剂全身涂搽，能有效预防本病。平时对兔舍经常消毒，如用2%的碳酸钠或3%的烧碱消毒，兔笼用火焰消毒。儿童应严禁接触病兔，工作人员应注意自身防护。

[治疗]

（1）**局部治疗** 患部剪毛，用肥皂液洗拭，以软化除去痂皮。然后涂搽克霉唑水剂或10%的水杨酸软膏或制霉素软膏或5%的碘酊，每2天1次，连续搽2～3次。同时用10%～15%的水杨酸乙醇溶液喷患兔体表，1次/3天。

（2）**全身治疗**

①灰黄霉素每千克体重25～60毫克，内服，每天1次，连用15天，停药15天后再用15天，有良好的疗效。但治疗后易复发。

②两性霉素B按每千克体重0.125～0.5毫克，用生理盐水配成0.09%的浓度，缓慢静脉注射，每2天1次，连注5次，疗效较好。

③克霉唑片，每只兔0.7克，分2次内服。

234. 怎样诊断和防制兔螨虫病？

兔螨病俗称生癞，是家兔常见、多发的寄生虫病。病原主要是疥螨和痒螨。本病全年均可发生，秋、冬及春季多发。主要通过病兔与健康兔的直接接触感染，兔笼、用具等间接接触也能感染。该病具有高度侵袭性，少数兔患病后如未及时采取有效防治措施，会迅速感染整群。

螨病主要分为耳螨和体螨两类。

耳螨常发生于家兔耳壳内面，病原是痒螨。始发于耳根处，先发生红肿，继而流渗出液，患部结成一层粗糙、增厚、麸样的黄色痂皮，进而引起耳壳肿胀、流液、痂皮愈积愈多，以致呈纸卷状塞满整个外耳道。螨在痂皮下生活、繁殖，患兔表现焦躁不安，兔经常摇头并用后肢抓耳部，

图5-39 耳痒螨病（李成喜摄）耳壳内有黄色

食欲下降，精神不振，逐渐消瘦，最后死亡（图5-39）。

体螨的病原叫疥螨，多发于头部、体表、脚趾。感染部位的皮肤起初红肿、脱毛，渐变肥厚，多褶，继而龟裂，逐渐形成灰白色痂皮。由于患部奇痒，病兔经常用嘴啃咬脚趾，鼻端周围也易被感染，严重时身体其他部位也被感染。患部常因病兔趾抓、嘴啃或在兔笼锐边磨蹭止痒，以致皮肤抓伤、咬破、擦伤并发炎症。病兔因剧痒折磨饮食减少，消瘦、死亡（图5-40～图5-44）。

图5-40　疥螨病（眼、口、鼻周围、四肢脱毛）

图5-41　疥螨病（脚和腿部脱毛、结痂）

图5-42　疥螨病（鼻骨部皮肤脱毛、皲裂）

图5-43　疥螨病（鼻骨部皮肤脱毛）

图5-44　疥螨病（面颊部皮肤脱毛）

[**诊断**]　根据临床症状和病理变化可作出初步诊断。采集病料送实验室进行显微镜检查，发现螨虫即可确诊。

[**预防**]

①首先从引种把关抓起，从无本病的种兔场购买种兔。

②兔舍、兔笼经常清扫，定期用杀螨类药液消毒，可用2％敌百虫溶液消毒。兔笼、笼底板、用具应先清洗，晾干后用药物消毒，或火焰消毒。保持兔舍干燥、清洁、通风良好。笼底板要定期替换，浸泡于杀虫、消毒溶液中洗刷消毒。

③对兔群经常检查，发现病兔应隔离、治疗和消毒，或淘汰患病种兔，停止配种，尽量缩小传播范围。

④种兔应定期饲喂或注射伊维菌素，至少在每年春秋两季各用药1次，或每季度用药1次，也可根据兔场的实际情况制定用药程序。

[**治疗**]

（1）**治疗原则**　先剪去患部周围被毛，刮除痂皮，放在消毒液中，再用药物均匀涂擦患部及其周围。隔7～10天重复一次，以杀灭由虫卵新孵出的幼虫。不能多次连续用药或全身药浴，以免中毒。每次治疗结合全场大消毒，最好用火焰消毒，特别要对兔笼周围及笼底板严格细致消毒，以减少重复感染。兔舍内严禁处理螨病，毛、痂皮等病料应就地烧毁。

（2）**药物治疗**　伊维菌素每千克体重0.2毫克(0.02毫升)，皮下注射，一周后可再用一次。也可涂搽患部。

235. 使用抗螨病药物时应注意哪些问题？

（1）**试用**　杀虫药通常对动物都有一定的毒性，甚至在规定的剂量内，也会出现不同程度的不良反应，因此在使用杀虫药时，应严格掌握剂量和使用方法，在大群用药前应选少量动物试用，确定安全后再大群用药。

（2）**局部用药问题**　在局部用药时，应先剪去患部及周围的毛，用生理盐水洗去患部痂皮后，再涂搽药物。在用敌百虫进行局部治疗时，切忌先用肥皂水患部，再用敌百虫涂搽，以免中毒；而且使用敌百虫只能局部涂搽，切忌药浴，否则，易引起中毒。

（3）**全身治疗问题**　在全身治疗时，如用伊维菌素注射，应进行皮内或皮下注射，尽量不要将药物注漏，以确保疗效。

（4）**续用**　外寄生虫的生活周期一般在1周以上，多数杀虫药仅对虫体有效而对虫卵无效，因此为防止螨虫重复感染，应在兔体和环境首次用药后，隔1周再用1次，连续用2～3次，可达到根治的目的。

（5）**环境用药**　在进行兔体治疗时，应对兔场所有的环境和用具进行彻底消毒，才能达到根治的目的。

236. 怎样诊断和防制兔球虫病?

兔球虫病是由艾美耳属的多种球虫（已知的有14种，我国已发现13种，常见的有7种）所引起的，为家兔常见而危害(斯氏爱美耳球虫寄生在胆管上皮细胞内，其余各种都寄生在肠上皮细胞，且多为混合感染，造成组织细胞的损伤)极其严重的一种寄生虫病，死亡率很高。球虫可危害多种动物，家兔是易感动物之一，危害极其严重，多呈地方性流行。断奶后到3月龄的幼兔最易感染发病，特别是卫生条件差的兔场，感染率可达100%，死亡率达40%～70%。成年兔抵抗力较强，多呈隐性感染，不表现临床症状，但生长发育受阻，成为主要的传染源。本病经消化道感染，易流行于温暖、潮湿、多雨的季节，每年4～9月份最为流行。

[**症状**]　病程数日至数周。病初食欲减退，以后废绝，精神沉郁，喜卧，眼、鼻分泌物及唾液增多，体温略升高，贫血、消瘦，被毛粗乱，下痢乃至血痢，腹胀，尿频或常做排尿姿势。有的有神经症状，最后因极度衰竭而死亡。

[**病变**]　尸体消瘦，可视黏膜苍白或黄染。肠球虫病：肠腔充满气体和褐色糊状或水样内容物，肠黏膜炎性充血甚至出血，有的

有许多小而硬的白色结节。肝球虫病：可见肝肿大，肝表面及实质内有白色或淡黄色粟粒大至黄豆大的结节。混合型球虫病：患兔具有肠型和肝型球虫病的病变。见图5-45～图5-47。

[**诊断**] 用显微镜检查患兔粪便，可见到球虫卵囊。因成年兔常为带虫者，而隐性球虫病初期时粪便内尚无球虫卵囊排出，镜检常不能发现球虫卵囊，因此诊断时，不能单凭粪便中能否检出卵囊而诊断是否患球虫病，必须结合临诊症状和病理变化综合判断。

图5-45 肠球虫病（肠壁上白色结节）

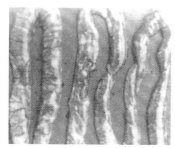

图5-46 肠球虫病（肠壁上有许多白色小结节）（范国雄摄）

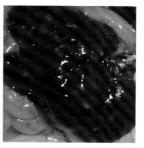

图5-47 肝球虫病（肝脏白色结节）

[**预防**]

①兔舍常做清洁卫生，阳光暴晒，保持通风、清洁、干燥，定期消毒兔笼、食具，最好用火焰消毒。

②兔粪应发酵处理，杀死其中的卵囊，青饲料地严禁用未发酵处理的兔粪作肥料；妥善保存饲草料，防止兔粪污染；病兔尸体要深埋或焚烧；种兔须经常做粪便检查，调整球虫药的预防用药方案。

③哺乳期母兔乳房应经常擦洗；仔兔箱垫料要常更换，箱子要常消毒，阳光暴晒；断奶幼兔和母兔隔离饲养。

④定期对成年兔进行驱虫。

⑤发现病兔应立即隔离治疗或淘汰。病死兔要深埋或焚烧。

[**药物防治措施**] 选择3～5种不同类别的抗球虫药按预防剂量拌料给药，如：氯苯胍、地克珠利、磺胺氯吡嗪钠、氯羟吡啶、球痢灵、氢溴酸常山酮等，交替使用，使用方法和剂量按产品说明书进行。使用一种球虫药不超过3个月，以免产生耐药性，更换药物时不得使用同一类药。每个月连续喂10～15天，最好在一个喂药期之前和结束后抽粪样检查球虫卵囊，以观察预防效果，便于指导下一次用药。

发生球虫病时，可选用抗球虫药按治疗剂量拌料给药，连用5天，抽粪样检查球虫卵囊，观察疗效，停药2天后再用药5天。

237. 怎样选择对兔球虫敏感的药物？

选择五种抗球虫药，分别制成药饵。在兔场随机选择日龄相同或相近的幼兔五窝，喂药饵之前分别采集五窝兔的粪便，用饱和氯化钠盐水漂浮法检查每窝兔粪便中的卵囊，并计数，计算1克粪便中的球虫卵囊数。将五种药饵分别饲喂五窝兔，连续饲喂5天后，再分别采集五窝兔的粪便，计数每窝兔1克粪便中所含的球虫卵囊数。对饲喂球虫药饵前后的两次球虫卵囊数进行比较，卵囊数减少最多的那一种药物则是对球虫最敏感的药物，可以用这种最敏感的药物进行全场用药，效果最好。

238. 使用抗球虫药要注意哪些问题？

（1）**防止球虫产生耐药性** 如果长时间、低浓度单一使用某种抗球虫药，球虫必然会对该药物产生耐药性，而且会对与该药结构相似或作用机理相同的同类药及其他药产生交叉耐药现象。随着养殖业的发展和抗球虫药的大量、广泛使用，这种耐药现象越来越严重。因此，在生产中应采用短时间内有计划地交替、轮换或穿梭使用不同种类的抗球虫药，防止球虫产生耐药性。

（2）合理选用抗球虫药　根据抗球虫药抑制球虫生长发育阶段和作用峰期，合理选择适宜的抗球虫药，及时用药、停药。作用峰期是指抗球虫药作用于球虫发育的主要阶段。不同药物抑制球虫发育的阶段不同，其作用峰期也不相同，掌握药物作用峰期，对合理选择和使用药物具有指导意义。如：氯羟吡啶抑制球虫子孢子和第一代裂殖体，作用峰期是感染后第一天；聚醚离子载体类抑制球虫第一代裂殖体，作用峰期是感染后第二天；球痢灵抑制球虫第一代裂殖体，作用峰期是感染后第三天；氯苯胍主要作用于球虫第一代裂殖体，对第二代裂殖体、配子体和卵囊亦有作用，作用峰期是感染后第三天；磺胺类主要作用于球虫第二代裂殖体，对第一代裂殖体亦有作用，作用峰期是感染后第四天；呋喃类主要作用于球虫第二代裂殖体，作用峰期是感染后第四天。

通常情况下，作用峰期在感染后第一、二天的药物，其抗球虫作用较弱，多用作预防和早期治疗；作用峰期在感染后第三、第四天的药物，其抗球虫作用较强，多用作治疗用药。

在交叉或轮换用药时，通常先使用作用于第一代裂殖体的药物，再换用作用于第二代裂殖体的药物，这样既可提高疗效，又可减少或避免耐药性的产生。

研究表明，球虫刺激机体产生免疫力的阶段主要是第二代裂殖体。因此，抗球虫药抑制球虫发育阶段的不同，直接影响动物对球虫主动免疫力的产生。作用于第一代裂殖体的药物，影响机体产生免疫力，故多用于肉兔，种兔不用或不宜长期使用；作用于第二代裂殖体的药物，不影响机体产生免疫力，故可用于种兔。

（3）注意药物残留　抗球虫药使用时间较长，有些药物如磺胺类、莫能霉素、盐霉素、氯苯胍、呋喃类等，会在肉中残留，人食用后会危害人体健康。因此，使用这些药物应在动物屠宰前有一定的停药期。

（4）**加强饲养管理，提高药物防治效果**　实践证明，完全依靠药物来控制球虫病是非常困难的，因此在用药的同时，必须加强和改善饲养管理。切实搞好环境卫生，以提高动物的抵抗力，减少球虫的感染机会。饲喂全价饲料，而且在用药期间，应补充维生素A、维生素K及其他多种维生素，从而提高抗球虫药的疗效，达到事半功倍的效果。

239. 怎样诊断和防制兔囊虫病？

兔囊虫病的病原是豆状囊尾蚴，家兔吃了被犬、猫及啮齿类动物的粪便污染的草料、饲料、饮水等而感染、发病，主要寄生在兔的肝脏、肠系膜及腹腔脏器浆膜，兔的发病率很高。

[**临床症状**]　感染兔往往不表现明显的症状。起初有少部分兔出现精神沉郁，嗜睡，食欲下降，腹胀，腹围增大，可视黏膜苍白，逐渐消瘦，有的兔出现轻微腹泻，极度衰竭死亡。

[**病理变化**]　病兔营养不良，被毛粗糙，极度消瘦；气管、肺脏、心脏、脾脏、肾脏都无眼观病变；肝脏表面有许多纤维样痕迹；腹腔积液，呈淡黄色；大网膜上有许多黄豆大小的白色、半透明的包囊，包囊呈圆形或椭圆形，囊壁薄，破开包囊，流出半透明的囊液和米粒大小的乳白色幼虫结节；肠道无明显病变，粪便基本正常；膀胱积尿。见图5-48、图5-49。

 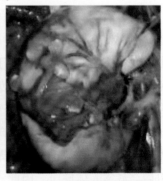

图5-48　兔肝脏上的豆状囊尾蚴　　图5-49　兔胃网膜上的豆状囊尾蚴

[诊断] 根据病理解剖，发现特征性的囊虫结节，即可确诊。

[预防] 严禁犬、猫进入兔场。如要养犬、猫，必须定期用吡喹酮给犬、猫驱虫。

[治疗] 发病兔场应深埋病死兔，全场打扫卫生，彻底消毒。全群用吡喹酮按每千克体重35毫克饲喂，每天1次，连续饲喂5天，停药3天，再喂药5天。甲苯咪唑或丙硫咪唑，按每千克体重35毫克饲喂，每天1次，连续饲喂3天。

240. 怎样诊断和防治兔弓形虫病？

兔弓形虫病是多种动物和人共患的疾病，兔吃入被猫粪污染的饲料、饮水或草料等可引起感染和发病，幼兔发病和死亡率较高，成年兔死亡率较低。

[症状] 兔弓形虫病的急性症状为突然废食，体温升高，呼吸急促，眼内出现浆液性或脓性分泌物，流清鼻涕。病兔精神沉郁，嗜睡，发病后数日出现神经症状，后肢麻痹，病程2～8天，常发生死亡。慢性病例的病程则较长，病兔表现为厌食，逐渐消瘦，贫血。随着病程的发展，病兔可出现后肢麻痹，并导致死亡，但多致病兔可耐过。

[病变] 急性病例的肠系膜淋巴结、心、肝、脾、肺广泛坏死，肺水肿，有粟粒样坏死灶，胸腔和腹腔内有大量黄色渗出液。慢性型主要以肠系膜淋巴结肿胀和坏死为特征，肝、脾、肺有白色坏死硬结节，可检查到弓形虫包囊，脾肉芽状肿胀。

[诊断] 根据流行特点、症状、病变以及对磺胺类药物有良好的疗效而对抗生素无效等可作出初步诊断。取病变组织如肝、脾、肺、淋巴结及腹水，送实验室染色镜检，可看到虫体。

[预防] 兔场严禁养猫。防止猫进入兔舍，以免猫粪污染饲料、饮水。兔场一旦发病，及时淘汰发病兔，所有用具用沸水消毒。对发病率高的兔场或发病兔场的可疑兔，可用磺胺类药物进行预防性治疗，一般3～5天为一个疗程，停药数天后再预防治疗1次。

[治疗] 使用磺胺类药物治疗，每天2次，连用3～5天，使用剂量按产品说明书进行。

241. 怎样诊断和防制兔流行性腹胀病？

本病最早发生在2004年春季，先由个别兔场发生，后在多个兔场陆续发生。一旦有该病发生，由于缺乏特效的治疗手段，则很难得到有效的控制，发病率30%～70%，病死率高达90%以上。

[病因] 兔流行性腹胀病的致病因素一直备受关注，但目前尚不清楚。

[流行特点] 本病一年四季都可发生，秋后至次年春季发病率较高。任何品种和年龄的兔都可发病。以断奶后至4月龄的兔发病为主，特别是2～3月龄的兔发病率最高，成年兔很少发病，断奶前的兔未见发病。在某个地区流行一段时间后，自行消失，暂时不再发生。

[临床症状] 病兔精神不振，食欲、饮欲全无，蜷缩于兔笼一角，捉起兔摇晃，可听见响水声；腹部膨大似鼓，呼吸急促，一旦出现停食、呆立则蜷缩后1～3天内死亡。发病初期粪便变化不大，随后粪便渐渐变少直到停止，触诊腹部有硬块；有的兔子出现腹泻，多数病兔拉出的不是粪便，而是白色胶冻样的黏液。

[病理变化] 盲肠病变是本病的特征，内容物干燥结块，有的坚硬如石，堵塞肠道，盲肠壁变薄。这种病变约占发病兔的20%。小肠发酵、臌气严重，充盈有大量水样液体和气体，使得肠围膨大2～3倍。肺肿大、充血甚至出血。可能是腹压增大而受到压迫所致。胃内充盈有糊状食糜，外观能见到有黑斑，剖开后胃壁可见到大小不等的溃疡斑。结肠和直肠内常常有胶冻样内容物，似果冻样，堵塞肠道。图5-50～图5-53。

[诊断] 根据临床症状和病理变化可作出诊断。

[防治] 该病比较顽固，常用环丙沙星、磺胺类等各种抗菌药及抗霉菌药物治疗均无明显疗效，无法控制病情。发病兔场几乎分离到纯的大肠杆菌，耐药性强。治疗的原则应以"润肠通便"为

图5-50　胃臌胀

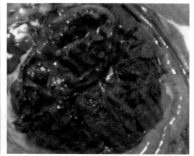
图5-51　盲肠粪便干燥

图5-52　肠道臌气、充满胶冻样
　　　　分泌物

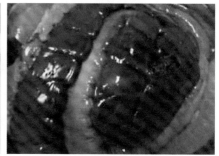
图5-53　盲肠浆膜面出血、粪便干燥

主，只要盲肠畅通了，该病就可以得到有效控制了。

①多喂草料，降低精料或停喂精料。

②饲喂微生态制剂，调整肠道菌群。

③在饮水中添加B族维生素。

④常用液体石蜡或植物油灌肠、用蓖麻油内服。

242.怎样诊断和防制兔霉饲料中毒病？

[病因]　本病是家兔采食了霉败的饲料而引起的急性或慢性中毒病，常见的有黄曲霉毒素、赤霉菌毒素、甘薯黑斑霉菌毒素、白霉菌毒素、棕霉菌毒素等，临床上难以区分是何种毒素中毒，常是多种毒素综合作用的结果。黄曲霉毒素中毒主要是饲料保管不当，在温度和湿度适宜时，黄曲霉大量繁殖而产生毒素。

[**临床症状**]　急性中毒，病兔表现为精神沉郁、食欲骤减，消化紊乱，便秘，继而拉稀，粪便带黏液或血液，口唇皮肤发绀，可视黏膜黄染，流涎，随后出现四肢无力，软瘫，全身麻痹而死。配种母兔不受孕，孕兔流产。见图5-54、图5-55。

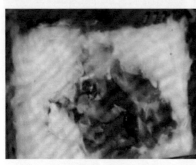

图5-54　兔霉饲料中毒（流产、死胎）　图5-55　兔霉饲料中毒（拉黑色粪便）

[**病理变化**]　肝质脆、肿大、颜色变淡呈黄白色，表面有出血、坏死点，胆囊扩张，胃、小肠、肺充血、出血，肾稍肿大，苍白色。慢性病例表现为食欲减退，消瘦，肝脏呈淡黄色。

[**诊断**]　根据饲料的霉变特点、临床症状、病理变化可作出诊断。

[**防治**]

（1）**妥善保管饲料，禁用霉败饲料**　发病后立即停用以前的饲料，换喂新鲜的饲料。给予充足的饮水，在饮水中加入葡萄糖、电解质多种维生素。

（2）**病重的兔**　5%的葡萄糖生理盐水30毫升、维生素C 2毫升，静脉注射，1～2次/天，连用3～5天。

243. 兔马杜霉素中毒的症状是什么？如何防治？

马杜霉素是聚醚类载体抗生素的新成员，其毒性较大，安全范围窄，剂量稍大即引起中毒，国家推荐添加浓度为每千克饲料5毫克。

[**症状**]　兔一般于吃料后8小时发病死亡，最迟在第3天发病死亡，兔死亡率约在20%以上。病兔开始精神沉郁，个别兔饮欲增

强，以后饮欲、食欲废绝，气喘，头斜向一侧，颈部软弱无力，反应迟钝，行走不稳，陷入瘫痪和昏睡。

[**病变**]　肝脏肿大，质地脆，有的可见坏死灶；肾脏肿大，皮质出血；脾肿大；胃黏膜脱落、出血；肠道广泛出血；心肌松软；肺瘀血、水肿，有的可见出血斑；气管黏膜出血，气管和支气管内有大量分泌物。

[**防治**]　准确计算用药剂量，拌料一定要混匀。兔发病后，应喂复合维生素B；饮水中加3%～5%的葡萄糖，或加内服补液盐；静脉注射10%维生素C注射液，每次0.5毫升，与5%葡萄糖溶液同时应用。

244. 母兔流产、死胎的病因是什么？如何防治？

[**病因**]

（1）**营养性死胎流产**　主要是饲料搭配不当，过于单一，营养价值不全，营养不良等。特别是蛋白质日粮不足时，形成胎儿的基本原料贫乏，胎儿发育受阻，甚至中断，造成死胎，极度缺乏造成流产。

维生素和矿物质缺乏时，妊娠母体对生活环境的适应性及对疾病的抵抗力降低，也会引起死胎流产。维生素A缺乏时，对上皮组织机能失去促进作用，往往导致子宫黏膜和绒毛膜的上皮细胞角质化、脱落，使胎盘的机能缺乏"黏合性"，胎膜容易脱离，造成死胎。维生素E缺乏时，胚胎发育初期即死亡，被兔吸收，俗称"化崽"。妊娠后期缺乏维生素E时易早产。

矿物质钙、磷缺少或微量元素硒、碘、锌、铜、铁缺乏时，胎儿营养补给不足，引起胎儿发育中断或产弱胎和畸形胎。妊娠期饲料骤变，刺激胎儿营养吸收，也易引起死胎和流产。

（2）**中毒性死胎流产**　喂饲发霉、腐败、变质的饲料易引起母兔死胎流产。如饲喂过量的菜籽饼、棉籽饼（含棉酚）、喂有黑穗病、锈病的饲料，喂饲苦、辣的饲料，喂饲酸度过高的饲料，喂饲农药污染的饲料，喂腐败的动物饲料，在饲料中长期或过量添加喹乙醇等，均能引起母兔中毒，造成消化系统紊乱，胎儿发育中断，直接刺激子宫而引起死胎和流产。

（3）**机械性死胎流产** 各种机械因素，如剧烈运动，捕捉方法不当，摸胎妊娠检查用力过大，产箱过高，洞门太小或笼舍狭小使腹部受挤压撞击等均可造成流产。音响、猎狗窜入受惊吓，有的母兔在产第一窝时高度神经质、母性差，也会造成死胎。兔咬架斗殴、拥挤、压、咬、撞、跳、跌时易引起流产死胎。

（4）**疾病性死胎流产** 妊娠母兔患流感、流行性肠炎、乙脑病毒，细小病毒、沙门氏菌病、李氏杆菌病、妊娠毒血症、中暑，高热，生殖器官发育不全，子宫体如子宫颈过短、子宫颈内松弛、子宫内膜炎及患寄生虫病，对患病的妊娠母兔投大量的泻剂、利尿剂、子宫收缩剂或一些烈性药等均会造成流产。病毒也会造成母兔流产、死胎。

（5）**产程过长** 当胎儿发育过大，妊娠期延长，母兔产仔困难，胎儿在产道内停留时间过长，产道压迫脐带，造成胎儿供氧不足而窒息死亡。这类病例多发生于怀胎数少和早期配种的初产母兔，占死胎总数的8%左右。

（6）**遗传性疾病** 由于某些致死或半致死基因的重合，使母兔在妊娠后期胎儿发育停止。规模较小、血缘关系较近的兔群出现此类病症的概率较大。

[**防治**]

①加强管理，防止应激和机械性损伤。使用标准化的兔笼和产仔箱，防止惊吓和其他应激反应。

②饲喂全价饲料和青饲料，防止钙、磷、硒、碘、维生素A和维生素E等缺乏。

③防止中毒。不喂发霉变质的饲料，不用菜籽饼或棉籽饼喂兔，不能在饲料中长期或过量添加喹乙醇，以防中毒。

④对细菌或病毒引起的流产、死胎，应早诊断，即时隔离、治

疗或淘汰。

　　⑤发现有流产先兆的母兔，可肌内注射黄体酮15毫克保胎。

245. 母兔产后瘫痪的病因和症状是什么？如何防治？

　　母兔产后瘫痪多发生于产后2～5天，且产仔率较高的母兔和饲养管理条件较差的兔场多发本病。

　　[病因]　母兔营养不良，致使产后血糖、血钙浓度降低和血压下降。夏季炎热，母兔采食量减少，有过度配种，使母兔营养缺乏。此外，母兔产后受雨水淋湿和冷风侵袭等不良因素的影响，使肌肉、神经等机能失调均可诱发本病。

　　[临床症状]　患兔精神萎靡，食欲下降，消瘦。初期粪便少而干硬，继而停止排粪、排尿，泌乳量减少以至于停止。发病初期两后肢之一或两肢同时发生跛行，行走困难，不愿活动。后期严重时后肢麻痹，行走靠两前肢爬动以拖动后肢。

　　[预防]　本病应以预防为主，同时加强饲养管理，保持兔舍干燥、通风，避免潮湿，并做到定期消毒。要喂给怀孕母兔易于消化和营养丰富的饲料，并保证饲料中含有充足的钙、磷和维生素等营养物质。保证母兔适度运动，增强体质，使怀孕母兔保持良好的体况。夏天应减少配种繁殖，加强营养供给。

　　[治疗]　发病时，应立即采用补充糖、钙和恢复肌肉、神经机能等措施。

　　①10%葡萄糖酸钙5～10毫升、50%葡萄糖10～20毫升，混合1次静脉注射，每天1次，连用5天。也可用10%氯化钙5～10毫升与葡萄糖静脉注射。

　　②50%葡萄糖20毫升、生理盐水30毫升、维生素C注射液2毫升、维生素B_2注射液2毫升混合，静脉注射，每天1次，连用5天。

　　③对有食欲的兔，饲料中添加糖钙片1片，每天2次，连用3～6天；或内服鱼肝油丸，每次1粒，2次/天；或肌内注射维生素B_6，每次0.2毫升，内服复合维生素B片，每次0.25克，每天1

次，连用3~5天。

④ 对有便秘症状的病兔，可采取灌服硫酸钠5克，加水50~80毫升，或直肠灌注植物油、肥皂水的方法，以润肠通便、清除积粪。同时，调整日粮鱼粉、骨粉和维生素D的含量。

246. 怎样防治母兔产后食子癖?

针对不同的病因采用不同的方法。

（1）**饲料营养不全** 大多由于饲料中缺乏维生素和矿物质。措施：给予母兔的饲料(尤其是在繁殖期内)营养必须全面，且富含蛋白质、矿物质和维生素，并经常供给青绿多汁饲料，使之营养更加完善。

（2）**缺水** 母兔产子后由于羊水流失，胎儿排出，感觉腹中空、口中渴，往往产完子后跳出产箱找水喝，若无水喝，则有可能食子。措施：母兔分娩前要供足洁净饮水，分娩后最好供给10%葡萄糖生理盐水溶液，同时供给鲜嫩多汁饲料。

（3）**惊吓** 母兔产子期间或产后，突然的噪声或兽类闯入等，使其受到惊吓而在产箱里跳来跳去，用后躯踏死仔兔或将仔兔吃掉。措施：保持周围环境安静，防止犬、猫等动物闯入。

（4）**异味刺激** 产子箱或垫料有异味，母兔生疑，误将仔兔吃掉。措施：母兔分娩前4天左右将产箱洗净消毒，放在阳光下晒干，然后铺上干净垫草，放在兔舍内适当的位置。另外，母兔产子后不要用带有异味的手或用具触摸仔兔。

（5）**寄子不当** 寄子时间太晚或两窝仔兔气味不投，被母兔识别出来而咬死或吃掉寄养仔兔。措施：仔兔寄养时间以不超过3日龄为宜，寄养仔兔放入产箱1小时后再让母兔哺乳，用母兔的尿液涂在仔兔体表。

（6）**产后缺乳** 仔兔在奶不够吃时相互争抢乳头，甚至咬伤母兔乳头，而母兔则由于疼痛拒哺或咬食仔兔。措施：给母兔加强营养，多喂多汁饲料，产子多者可将仔兔部分或全部寄养。

（7）**食子癖**　母兔产子后将死子或弱子当做胎盘吃掉，此后便形成食子的恶癖。防范措施：产子时要人工监护或人工催产，产子后将产箱单独放在安全处，每天定时给仔兔喂奶。或将有食子癖的母兔淘汰。

第六章　废弃物处理

第一节　废弃物特点

247. 养殖场废弃物及液体废弃物的主要来源有哪些?

养殖废弃物通常是对在养殖过程中产生的粪、尿、垫料、冲洗污水、动物尸体、饲料残渣等的统称,本书中的养殖废弃物主要是指肉兔规模养殖场在肉兔养殖过程中产生的粪尿及其冲洗水形成的混合物。

肉兔规模养殖场养殖液体废弃物主要来源于圈舍清洁、消毒等冲洗用水,圈舍降温用水以及员工生活污水等,其中肉兔规模养殖场圈舍的日常清洁用水是养殖场液体废弃物最大的来源。

248. 废弃物产生量是多少? 影响因素有哪些?

废弃物排泄产生量通常受到肉兔品种、年龄、季节、温度以及饲喂饲料等多方面的影响,但即使同一肉兔品种,饲养的环境一致,其废弃物排泄产生量也会因为肉兔性别、日龄、体重、健康等个体情况的差异而有所区别。总的来看,影响肉兔废弃物排泄产生量的因素很多,任何因素的改变都会使得废弃物的排泄产生量发生一定变化。

全国第一次污染普查未将兔的粪尿产生量纳入普查范围,故目前在全国第一次污染普查资料中未标明兔废弃物产生量的具体参考数值,关于其废弃物产生量多见于相关研究文献。在《畜禽养殖业污染物排放标准》GB 18596—2001 中没有将兔的养殖量换算成猪的养殖量，生产实践中一般认为兔场污染物的排放量与蛋鸡相当，按30只兔折合1个猪当量计算粪污排放量。据相关研究表明，兔日平均粪便排泄量0.37千克/只，年粪便排泄总量135.05千克/只。体重2～3千克的成年家兔，每天的尿液产生量约300毫升。

249. 兔场废弃物的主要成分有哪些？有什么特点？

由于肉兔尿液的产生量相对较少，故规模肉兔养殖场废弃物以固体的兔粪便为主。兔粪便中主要有水分、粗蛋白、粗脂肪、粗纤维和无氮浸出物等成分。据美国《家兔实用研究》（1984）报道，风干兔粪含水7.9%，干物质92.1%。无水兔粪含粗蛋白20.3%（其中可消化粗蛋白5.7%）、乙醚浸出物2.6%、粗纤维16.6%，无氮浸出物40.7%，矿物质10.7%。此外粪便中还含有很多微生物、病原菌、寄生虫以及虫卵等。

兔粪尿是一种优质高效的有机肥，每千克含氮、磷、钾和有机质平均质量分别为25.55克、5.07克、6.59克和660.4克，粪尿中含的氮、磷、钾比其他畜禽粪便都高，此外粪尿中还含有多种微量元素和维生素。有资料表明，每100千克兔粪相当于硫酸铵10.85千克、过磷酸钙10.9千克、硫酸钾1.79千克的肥效。施用兔粪尿的土壤，能减少蝼蛄、红蜘蛛、黏虫等地上和地下害虫的危害，在棉苗期施用稀兔粪尿能防治侵害棉苗的地老虎，用兔粪尿熏烟可杀死僵蚕菌。粪尿中的氨态氮、钾、磷等都能被植物直接吸收利用，其中未消化吸收的蛋白质需要经过发酵腐熟后才能被利用。

第二节 废弃物收集和存贮

250. 为什么要清除舍内废弃物？

肉兔在生长、繁育等过程中，因为新陈代谢，会产生许多养殖废弃物，如果废弃物不及时清理，粪尿废弃物将会在微生物的作用下发生一定程度的降解，会产生氨气、硫化氢等有害气体，此外，由于粪便中还含有大量的致病微生物，若不及时清理，会导致兔舍内空气环境质量的下降，容易造成疾病的传播，轻者会影响肉兔的生长和繁育，严重时可能引起肉兔的疾病或者死亡。

251. 主要清粪方式有哪些？如何确定？

规模肉兔场清粪方式主要包括干清粪、水泡式清粪、水冲式清粪三大类型的清粪方式。目前采用较多的是干清粪。

规模肉兔场清粪方式的选择首先应综合考虑肉兔种类、饲养方式、饲养规模、处理成本、养殖场周边环境等多方因素。其次，清粪方式应与粪便的后期处理方式需要前后衔接，以便于养殖废弃物的后期无害化处理和资源化利用。

（1）**干清粪** 规模肉兔场的干清粪是指采用人工或机械方式从肉兔养殖舍收集全部或者大部分的固体粪便，残余的肉兔废弃物通过少量的水进行冲洗，从而使大部分的固体粪便和液体尿液分离的清粪方式。干清粪的优点是水用量较少，节约资源，液体污水中的有机质含量相对较低，污水后期处理工艺及设备要求相对简单，污水处理成本相对较低；固体粪便的营养物质保存较好，经处理加工后的有机肥肥效较好，有利于粪便的资源利用。人工清粪方式主要用于家庭肉兔养殖场和小规模肉兔养殖场；机械清粪方式主要应用于较大规模养兔场。

（2）**冲清粪** 水冲清粪是指用水将笼舍内产生的废弃物一起混合冲进笼舍内的粪沟，并用水将笼舍内粪沟内的废弃物混合物冲洗出笼舍，冲进舍外废弃物收集主沟，最后进入场内专用贮粪池。该清粪方式优点是劳动强度相对较小，效率相对较高。缺点是耗水量大，后期固液分离后，固体营养含量较低，肥效价值降低，液体有机物含量较高，后期处理工艺要求相对较高。

252. 固体废弃物贮存池体积如何计算?

肉兔场固体废弃物贮存池体积的计算参照《畜禽粪便贮存设施设计要求》(GB/T 27633-2011)进行计算确定,其计算如下:

贮存设施的容积为贮存期内粪便的产生总量,其容积大小 S (m³)计算公式为:

$$S=\frac{N \cdot Q_w \cdot D}{P_m}$$

式中:

N——动物单位的数量;

Q_w——每动物单位的动物每天产生的粪便量,单位为千克每天(kg/d);

D——贮存时间,具体贮存天数根据粪便后续处理工艺确定,单位为天(d);

P_m——粪便密度,其单位为千克每立方米(kg/m³)。

253. 固体废弃物贮存设施建造要求有哪些?

肉兔场固体废弃物贮存设施宜采用带有雨棚的堆粪房。

(1)**地面** 为混凝土结构,地面向"∏"型槽的开口方向倾斜,坡度为1%,坡底设排污沟;污水排入污水贮存设施。地面应能满足承受粪便运输车以及所存放粪便荷载的要求,地面应进行防水、防渗处理。

(2)**墙体** 不宜超1.5米,采用砖混或混凝土结构、水泥抹面,墙体厚度不少于240毫米,墙体需进行防渗处理。

(3)**顶部** 设置雨棚,雨棚下玄与设施地面净高不低于3.5米。

(4)**设施周围** 应设置排雨水沟,防止雨水径流进入贮存设施内,排雨水沟不得与排污沟并流。设施周围应设置明显的标志以及围栏等防护设施,设专门通道直接与外界相通,避免粪便运输经过生活及生产区。

254. 液体废弃物贮存池体积如何计算?

肉兔场液体废弃物贮存池体积计算参照《畜禽养殖污水贮存设施设计要求》(GB/T 26624—2011),其具体计算公式如下:

畜禽养殖污水贮存设施容积 V (m^3) 计算公式为:

$$V=L_w+R_0+P$$

式中:

L_w——养殖污水体积,单位为立方米 (m^3);

R_0——降雨体积,单位为立方米 (m^3);

P——预留体积,单位为立方米 (m^3)。

其中养殖污水体积 L_w 计算公式为:

$$L_w=NQD$$

N——动物的数量,猪和牛的单位为百头,鸡的单位为千只(计算兔的数量时可将其换算为猪);

Q——畜禽养殖业每天最高允许排水量,猪场和牛场的单位为立方米每百头每天〔m^3/(百头 d)〕,计算中兔的最高允许排水量可将其换算为猪。

D——污水贮存时间,单位为天 (d),其值依据后续污水处理工艺的要求确定。

此外,降雨体积 (R_0) 按25年来该设施每天能够收集的最大雨水量 (m^3/d) 与平均降雨持续时间 (d) 进行计算。预留体积 (P) 宜预留0.9米高的空间,预留体积按照设施的实际长和宽以及预留高度进行计算。

255. 液体废弃物贮存池建造要求有哪些?

液体废弃物贮存池有地下式和地上式两种。土质条件好、地下水位低的场地宜建造地下式贮存设施;地下水位较高的场地宜建造地上式贮存设施。根据场地大小、位置和土质条件确定,可选择方形、长方形、圆形等形式。内壁和底面应做防渗处理,底面高于地下水位0.6米以上。高度或深度不超过6米。地下污水贮存设施周围应设置导流渠，防止径流、雨水进入贮存设施内。进水管道直径最小为300毫米。进、出水口设计应避免在设施内产生短流、沟流、返流和死区。地上污水贮存设施应设有自动溢流管道。污水贮存设施周围应设置明显的标志和围栏等防护设施。设施在使用过程中不应产生二次污染。制定检查日程，至少每两周检查一次，防止意外泄漏和溢流发生。

第三节　废弃物的处理

256. 废弃物处理的原则有哪些?

（1）**减量化原则**　根据场内废弃物产生的来源，通过饲养工艺及相关的技术、设备的改进和完善，减少场内废弃物的产生总量。

（2）**资源化原则**　结合实际情况，选择适当的处理工艺及模式，实现对废弃物丰富的氮、磷等养分的资源化利用。

（3）**无害化原则**　废弃物中含有各种微生物，其中包含部分病原微生物，在处理废弃物时必须进行无害化处理。

257. 废弃物固液分离的作用有哪些?

固液分离包括废弃物在肉兔养殖笼舍收集时采取固体废弃物和液体废弃物分开收集以及对规模养殖场专用贮存池内的废弃物进行固体和液体分离两个环节。笼舍内废弃物收集环节的固液分离，是减少废弃物总量的有效方式；贮存池的固液分离是废弃物在进行处理前的重要环节，通常是采用机械设备，通过挤压或者离心等方式，将贮存的废弃物中的固体和液体分开，固体便于运输、加工，制作为有机肥，液体经固液分离后，有机质含量大幅降低，便于后期处理。

258. 废弃物的主要处理方法有哪些?

废弃物处理的主要方法通常包括干燥处理、生物发酵法以及焚烧等方法。

（1）**干燥处理** 主要是利用能量对废弃物进行加热，从而减少粪便中的水分，达到除臭和灭菌的效果。

（2）**生物发酵法** 其原理是通过微生物利用粪便中的营养物质在适宜的温度、湿度、通气量和pH等环境条件下，大量生长繁殖，降解粪便中的有机物，实现脱水、灭菌的目的。

（3）**焚烧法** 主要是利用粪便有机物含量高的特点，借用垃圾焚烧技术，将其燃烧为灰渣。

259. 常用的废弃物干燥法有哪些?

目前常用的有自然干燥、高温快速干燥、微波干燥等方法。

（1）**自然干燥法** 主要是利用太阳能自然干燥固体废弃物的处理方法，其投资较少、易操作、成本低，但需要有专用的干燥场地，其占地面积大，效率较低、灭菌杀虫不彻底，养分损伤较多。

（2）**高温快速干燥法** 主要是通过一系列的加热干燥设备机，高温作用下短时间内降低废弃物含水量。该法不受天气、季节、场地等影响，具有连续、批量和高效性，但其能耗大，成本较高。

（3）**微波干燥法** 主要是采用大型的微波干燥设备，在利用微波使废弃物温度上升，降低水分的同时，微波破坏废弃物内主要物质的分子结构，引起蛋白质、核酸等的变性，实现杀虫灭菌的目的。

260. 常用的生物发酵方法有哪些?

目前常用的生物发酵方法有好氧发酵和厌氧发酵。

（1）**好氧发酵** 主要是依靠好氧微生物，在有氧的条件下，微生物对废弃物中的有机物进行分解，使其稳定固化。好氧发酵是目前使用较为普遍的粪便处理方式，堆肥便是最常见的废弃物好氧发酵方式。

（2）**厌氧发酵**　主要是依靠厌氧微生物，在无氧的条件下，微生物对废弃物中的原糖和氨基酸进行分解利用。沼气发酵是废弃物厌氧发酵的主要形式。

261. 常用的堆肥方式有哪些?

废弃物堆肥是一个好氧发酵的过程，通发酵过程中必须确保堆体中有足够的氧气。根据堆肥过程中供氧方法的不同以及是否有专用设备，通常又可将堆肥分成以下四种方式:

（1）**条垛堆肥**　通过定期对条垛进行翻堆实现供氧。

（2）**静态通气堆肥**　在堆体底部或中间安装带空隙的管道，通过与管道相连的风机运行实现供氧。

（3）**槽式好氧堆肥**　搅拌机器沿着堆肥槽往复运动搅拌给堆体供氧。

（4）**容器堆肥**　其供氧方式与静态通气堆肥相似，但堆肥是在专用的设备中进行，如各种堆肥箱、堆肥罐以及发酵塔。

262. 堆肥包括哪些阶段?

堆肥过程大致可分为升温阶段、高温维持阶段和腐熟三个阶段。

（1）**升温阶段**　该阶段主要是在堆肥初期，该阶段堆料中嗜温性微生物较为活跃，它利用堆料中的可溶性有机物进行大量生长繁殖。微生物在转换和利用化学能的过程中会释放部分热能，从而使堆料温度不断上升。此阶段微生物以中温型、好氧型为主，主要是一些无芽孢细菌。适合于中温阶段的微生物种类极多，其中最主要的是细菌、真菌和放线菌。细菌特别适应水溶性单糖类，放线菌和真菌对于分解纤维素和半纤维素物质具有特殊功能。

（2）**高温维持阶段**　当堆肥温度升到45℃以上时，即进入高温阶段。在此阶段，嗜热性微生物逐渐替代嗜温性微生物，堆肥中残留的和新形成的可溶性有机物质继续被分解转化，当温度继续上升到70℃以上时，大多数嗜温性微生物已不适宜，微生物大量死亡或进入休眠状态。

（3）**腐熟阶段**　该阶段堆料中只剩下部分较难分解的有机物和腐殖质，此时微生物活动下降、发热量减少、温度下降。在此阶段堆料中以嗜温性微生物为主，对难分解的有机物作进一步分解，腐殖质不断增多且稳定化。

263. 堆肥的影响因素有哪些?

影响堆肥的因素很多，主要包括堆料有机质含量、含水率、碳氮比、pH、温度和通风（供氧）等因素。

（1）**有机质含量**　有资料表明，堆肥中合适的有机物含量为20%～80%，若有机质含量过低，发酵过程中所产生的热量不足以维持堆肥所需要的温度，最终造成堆肥肥效低；若有机质含量过高，又将影响通风供氧，易造成厌氧发酵，并散发臭味。

（2）**含水率**　在堆肥过程中，40%～50%的含水率最有利于微生物分解，水分过高（超过70%），微生物分解速度明显降低；水分过低（低于40%），则不能满足微生物生长需要，有机物难以分解。

（3）**碳氮比**　若堆料碳氮比高，细菌和其他微生物的生长会受到限制，有机物分解速度会变慢，发酵过程变长，同时导致成品堆肥的碳氮比过高。若堆料碳氮比过低，可供消耗的能量来源较少，氮素相对过剩，则氮将变成氨氮而挥发，导致氮元素大量损失而降低肥效。

（4）**pH**　一般微生物最适宜的pH是中性或弱碱性，pH过高或过低都会对堆肥发酵不利。

（5）**温度**　堆肥开始后，经1～2天，堆肥温度可迅速上升到50～65℃，在此温度下，通过5～6天堆肥即可使废弃物达到无害化要求。如果温度过低，会推迟堆肥达到腐熟的时间，若温度大于70℃，高温会伤害微生物，影响堆肥腐熟过程。

（6）**通风**　氧气是好氧微生物生存的必要条件，供氧量的多少与微生物的活跃程度和对有机物的分解速度密切相关。

264.未腐熟的废弃物有哪些危害?

未腐熟的废弃物如果被当做有机肥直接施入农田,是有危害的,其主要表现在以下几方面:

(1)**人畜患病威胁** 废弃物中含有大量的大肠菌、蛔虫卵等病原菌和寄生虫,未发酵腐熟的废弃物不能达到杀菌灭虫的效果,将其用作有机肥使用,可能会导致疾病的传播,影响人类身体健康。

(2)**烧根烧苗** 未充分发酵腐熟的废弃物施到农田中,在条件适宜的情况下,会发生"二次发酵",在好氧微生物的活动下,"二次发酵"产生的高热会影响作物生长,引起"烧根、烧苗"等现象,严重时会导致作物的死亡。

(3)**有害气体** 未酵腐的废弃物在土壤分解过程中会产生氨气、硫化氢等有害气体,容易造成土壤酸化,从而损伤根系和叶片。

(4)**土壤缺氧** 未腐熟的废弃物在分解的过程中会大量消耗土壤中的氧气,使土壤暂时性缺氧,从而抑制作物根系生长。

(5)**肥效缓慢** 未腐熟的废弃物中的养分多为大分子的有机态或缓效态,不能被作物直接吸收利用,若将其作为有机肥施用到农田,肥效不高,效果不理想。

265.怎样确定废弃物堆肥完成腐熟?

(1)**现场检定方法** 废弃物正常堆腐情况下,几天后堆肥的温度可达到60℃以上,在进行翻倒后温度会有所降低,然后又会升高。反复几次堆腐—翻倒后,堆肥的温度会逐渐降低并恒定,略高于周围环境温度,此时通常可认为堆肥过程已经完成。

(2)**化学检定方法** 包括pH法和碳氮比(C/N)法。堆肥初期有机酸的生成,pH通常在6.5 ~ 7.0之间,接近中性,而后随着氨气的生成pH逐渐升高,变为碱性,而堆肥后期,pH则呈现下降趋势。pH法主要是根据pH变化趋势,来检定堆肥的腐熟度,但该法存在一定的不准确性。对于C/N高的有机物,在堆肥过程中,C/N

会逐渐降低，一般20以下可作为堆肥达到腐熟阶段的判断指标。

（3）种子发芽试验法　通常是利用蒸馏水浸泡风干的堆肥，取其浸出液培养种子，将浸出液与蒸馏水培养相同的种子的发芽率和根长指数进行对照，通常发芽指数高于90%才能确定堆肥已经成功。

266. 怎样减少堆肥过程中臭气挥发？

通常通过以下几种方法，实现减少臭气的产生和挥发。

（1）饲料改进　饲料原料及加工工艺等均会影响动物对养分的利用，从而直接影响恶臭的产生，通常可以通过提高饲料的利用率，在饲料中添加臭气吸附剂以及微生物生态制剂等方式从源头减少臭气的产生。

（2）科学堆肥　堆肥时，控制堆体内氧气浓度也能降低臭气的产生，氧气含量宜控制在8%以上；过高的温度会造成原料大量的水分散失，因此，将堆肥温度宜控制在65℃以下，不但能满足微生物的发酵分解，又可减少水溶性的氨气和硫化氢随水分挥发至空气中，从而减少臭气的挥发；此外粪便废弃物通常含氮量较高，碳氮比较低，利用废弃秸秆或其他有机物料将粪便堆肥原料的碳氮比调节至（25～35）：1能有效减少臭气的产生。

（3）添加除臭剂　在粪便中添加以氧化剂（高锰酸钾、二氧化氯、臭氧）、中和剂（石灰、甲酸、稀硫酸）、掩蔽剂（香油、精油）、吸附剂（活性炭、沸石、腐殖质）以及酶制剂为代表的除臭剂，可达到较少臭气产生的目的。

第四节　废弃物的利用

267. 沼渣主要利用途径有哪些？

沼渣是沼气发酵后的残余悬浮物，由部分未分解的原料和新生微生物菌组成，其中无机营养元素和有机营养含量丰富，目前主要用于以下几方面：

（1）**用作肥料**　沼渣中含有大量的氮、磷、钾等速效养分，以及丰富的中量元素和微量元素，可促进作物的生长发育。此外沼渣中还含有大量的有机质和腐殖质，将其用作肥料施入土中，能改善土壤结构、理化性质，增强土壤肥力，可用于无公害、绿色、有机农产品的生产。

（2）**配置营养土**　将沼渣与肥沃的田土按一定的比例混匀，可作为营养土使用，能较好的防治枯萎病、立枯病、地下害虫的危害，起到壮苗的作用。

（3）**人工基质**　沼渣不仅富含丰富的植物生长所需的营养成分，而且质地疏松，酸碱适中，安全可靠，可制作成食用菌栽培的优质人工基质。

268. 沼液的主要利用途径有哪些？

沼液是粪便等废弃物经沼气发酵后形成的液体，目前对其主要的利用方式有以下两种。

（1）**沼液施肥**　通常是将沼液作为液体肥料用于农田作物、蔬菜、果树等种植，用沼液进行施肥时，既可进行浇灌使用，也可作为叶面施肥用。

（2）**沼液浸种**　主要是利用沼液中所含的活性物质和速效养分，对种子进行预处理，从而刺激、活化种子内的营养物质，促进细胞分裂生长，在为种子提供发芽和幼苗生长所需营养的同时还能起到杀虫灭菌的效果。

第七章　供应和销售

第一节　兔场物资采购

269. 怎样完善采购合同?

规模养兔场在采购饲料及药械等物资时，按照以下几点要求完善采购合同：

①物资的名称、规格型号、数量和价格。

②物资的技术质量要求，以甲方提供的样品、技术质量文件及双方签订的《技术质量协议书》为准。

③交货的时间、地点和运输方式。

④包装标准、包装物的供应与回收。

⑤验收的标准、方法及提出异议的期限。

⑥结算方式、付款方式及期限。

⑦售后服务。

⑧供货保障措施。

⑨保密责任、知识产权及环境保护的约定。

⑩甲乙双方均应按合同的约定全面履行，如有违约，违约方应向守约方支付违约金；违约金按其他条款中的约定支付，给守约方造成损失的，违约方还须赔偿损失，违约金不能冲抵损失赔偿金额。

⑪双方在履行本合同的过程中如发生争议或纠纷，应友好协商解决；如协商不成，由甲方所在地人民法院或提交××××仲

裁委员会仲裁解决。

⑫其他约定：本合同一式四份，双方各执贰份，自双方签字并盖章之日起生效；本合同的有效期为自合同生效日起至××年12月31日止。

270. 肉兔场器械采购有哪些?

肉兔场器械设备按照使用功能分为四大类。

（1）**饲养设备**　兔笼、食盆、水盆、产箱、饮水器、送料车、自动喂料机、保温灯、水帘、风机、水管、水龙头等。

（2）**兽医防疫设备**　冷藏箱、注射器、温度计、剪子、镊子、针头、手术刀、手术剪、消毒喷雾器、防护服、防疫手套、防护口罩等。

（3）**人工授精设备**　输精枪、输精管、接精管、采精器、过滤纸、显微镜、水浴锅、恒温箱、烧杯、量杯、玻棒、精液瓶、消毒柜、蒸馏水机等。

（4）**粪便处理设备**　清粪机、接粪板、刮粪板、皮带送粪机、沼气设备、运输设备等。

271. 肉兔饲料采购应注意哪些问题?

肉兔饲料一定要采购大厂家大品牌产品，必要时可以做饲养对比增重试验。采购时，要注意以下几个问题：

（1）**看颜色**　某一品牌某一种类的饲料，颜色在一定的时间内相对稳定，由于各种饲料原料颜色不一样，不同厂家有不同配方，因而不能用统一的颜色标准来衡量，但我们在选购同一品牌时，如果颜色差别过大，应引起警觉。

（2）**闻气味**　好的浓缩料应有较纯的鱼腥味，而不应有臭味或其他异味；有些劣质饲料为了掩盖原料变质发生的霉味而加入较高浓度的香精，尽管特别香但不是好饲料；好的饲料应有大豆、玉米特有的香味。

（3）**看匀细**　正规厂家的优质饲料一般都混合得非常匀细，表面光滑、颗粒均匀、制粒冷却良好，不会出现分极现象；劣质饲料因加工设备简陋，很难保证饲料品质，从每包饲料的不同部位各抓一把，即可比较出区别。

（4）**看商标** 正规厂家包装应美观整齐，厂址、电话、适应品种明确，有在工商部门注册的商标，经注册的商标右上方都有R标注；许多假冒伪劣产品包装袋上的厂址、电话都是假的，更没有注册商标。

（5）**看生产日期** 尽管有些饲料是正规厂家生产的优质产品，但如果过了保质期，难免变质；应选购包装严密、干燥、疏松、流动性好的产品；如有受潮、板结、色泽差，说明该产品已有部分变质失效，不宜使用。

（6）**了解售后服务质量细则** 饲料生产厂家的售后服务包括他们对饲料的养殖效益和由饲料本身引起的问题所负的责任，以及对非饲料因素引起疾病所提供的义务咨询。

（7）**看饲喂效果** 鉴别饲料的优劣，主要看饲喂后效果如何。选购前，应了解产品的性能、成分、含量、销价以及用途，结合自己所饲养畜禽的种类、条件、体重、生长发育阶段，选择产品。购买时做到有的放矢，克服盲目性，可先小批量试用，若能达到厂家承诺的饲养效果，再大批量购买。一次购买的饲料最好在保质期内喂完。

272. 肉兔场兽药采购应注意哪些问题？

（1）**选择有兽药生产许可证的正规药厂生产的产品**

①选择目前已经通过兽药GMP验收的药厂的产品，选产品包装、标签、说明书符合部颁标准规范的产品。

②在兽药外包装上，必须在醒目的位置上注明"兽用"或"兽药"字样，盒内的标签或说明书上也应标明，没有标注的，不能随便作为兽药使用。兽药的外包装盒或盒内的说明书应明确注明商标名称、兽药名称、企业名称、生产地址、通联方式、剧毒或外用药标记、主要成分、药理作用、适应证（用途）、用法用量、不良反

应、注意事项、停药期、包装规格、用药禁忌、储存条件、有效期等。

（2）选择农业农村部畜牧兽医局兽药产品质量通报中合格产品

①选择有省、部审核的广告批准文号产品，选择农业农村部、中国动保协会等推荐的产品或质量信得过企业的产品。

②兽药产品必须注明批准文号，兽药批准文号的有效期为5年，原兽药批准文号期满后即行作废。若使用的批准文号超过了有效期限，兽药即视为假药；兽药批准文号必须按农业部规定的统一编号格式，如果使用文件号或用其他编号代替，同样也应视为假药；

③产品批号是用于识别"批"的一组数字或字母加数字，一般由生产时间的年月日各两位数加生产批次组成，没有产品批号的，应禁止使用。对相当一部分兽药同时还规定了有效期或失效期，标注多少年的有效期，是从生产日期（以产品批号为准）算起的，有时也以具体的年月日标出，失效期多以具体的年月日标出；超过了有效期或已达到失效期的，即为过期药，即使没有任何眼观质量问题也不宜再使用。

（3）拆开外包装后的检查事项

①拆开兽药外包装后要注意检查内包装箱（袋）上是否附有说明书和产品质量合格证，合格证上应有企业质检专用章、质检员签章、装箱日期。没有产品合格证的，不是正规厂家的产品，不能使用。

②检查兽药的内部封装也能看出兽药是否合格，用塑料袋封装的，注意检查封口是否严密；用玻璃瓶封装的，注意检查瓶盖是否密封，有无松动和裂缝，瓶塞有无明显的针孔；用安瓿封装的，注意检查安瓿是否洁净，封头是否圆整，安瓿上喷印的字迹是否清晰、完整，出现任何封装问题的兽药都不能购买和使用。

③有些药物需要密封避光保存，如碘酊、甲酚皂、甲醛、双氧水等，若使用无色不遮光的回收输液瓶包装，就无法达到保存要求，不能使用；另外需要避光保存的片剂和预混剂，若使用无色塑料袋包装，容易出现降解等变质现象，也是不合格的。

（4）不能购买农业部规定的违、禁药品

273. 怎样采购安全合格的疫苗?

①选择规范而信誉度高且有批准文号的生产厂家生产的疫苗。

②到有生物制品经营许可证的经营单位购买。

③疫苗应是近期生产的，有效期只有2~3个月的疫苗最好不要购买。

④为了避免购入伪劣产品，疫苗保管前要清点数量，逐瓶检查疫苗瓶有无破损，瓶盖有无松动，标签是否完整，并记录生产厂家、批准文号、检验号、生产日期、失效日期、药品的物理性状与说明书是否相符等。

第二节　兔场产品销售

274. 近年我国肉兔生产情况如何?

（1）**生产区域不平衡**　我国年生产兔肉在78万吨以上，但生产区域不平衡，主要生产省市在四川、重庆、山东、河北、河南、山西和江苏等，生产量约占全国总量的80%；其他地区尽管也在不断增加，但限于养殖习惯、技术和市场等因素，在短期内其养殖基本格局不会出现大的变化。而且，由于政策、资金和资源等方面的影响，西部地区将成为肉兔生产新的增长点。

（2）**消费区域不平衡**　受传统习惯的影响，我国多数省份兔肉的消费量很少。除了四川和重庆的生产和消费基本同步，广东、福建消费大于生产外，其他省份兔肉消费成为主流很难。

（3）**价格区域不平衡**　兔肉价格历来存在着时间差和地区差。

①由于一年四季肉兔生产的不均衡性，消费的不均衡性，存在供求差异，也导致价格上的时间差。

②地区消费量的差异和供求矛盾的差异，导致价格的地区差。一般来说，广东和福建等兔肉的价格比北方省份高，这种价格上的差异导致北养南销，北兔南运的局面，也是南北合作，优势互补的具体体现。

275.什么是产品销售策略?

（1）**从兔肉消费者的生活细节中寻找卖点**　要挖掘出成功的卖点，必须深入探测消费者的内心，如各地夜市的烤兔、卤兔等；描述性的市场调研只能得到大众化的结论。

（2）**兔肉产品概念的市场定位**　产品概念其实质就是围绕产品带给消费者的独特利益点，对产品组成结构的系统描述；产品概念必须体现产品在消费者心目中的认知层级，体现与竞争产品的差异，并要以具体的产品特性来支持，如兔肉的高蛋白、低脂肪、低胆固醇特点与猪肉及其他动物源性食品的差异。

（3）**产品的品牌结构、产品结构**　需要统筹考虑新兔肉产品的品牌结构、产品结构和市场推广，才能确保新产品拓展全程的策略性和系统性，避免盲目的硬性推销；如兔肉可以开发多种休闲食品、旅游食品、烧腊制品等。

276.怎样完善销售合同?

在销售肉兔、兔肉及其产品时，如果需要签订合同的，可以按照以下几点完善销售合同。

①品名、规格、产地、质量标准、包装要求、计量单位、数量、单价、金额、供货时间及数量。

②供方对质量负责的条件和期限。

③交(提)货方式及地点。

④运输方式到达站(港)及收货单位。

⑤运输费用负担。

⑥合理损耗计算及负担。

⑦包装费用负担。

⑧验收方法及提出异议的期限。

⑨结算方式及期限。

⑩违约责任。甲乙双方均应全面履行本合同约定，一方违约给另一方造成损失的，应当承担赔偿责任。

⑪其他约定事项。包括本合同一式两份，自双方签字之日起生效。如果出现纠纷，双方均可向有管辖权的人民法院提起诉讼。

277. 何时是肉兔的最佳出售时间?

现在的规模养兔场都是使用肉兔全价颗粒饲料，同时大多数场的品种都是优良品种。根据肉兔销售市场的需求，2 ~ 2.5千克体重是消费者最适合的重量，一般饲养管理情况下在70天左右就可以达到，所以肉兔的最佳出售时间是70天左右。但是，农户利用农副产品和种植牧草饲养的肉兔，饲养育肥时间稍长一些，达到2 ~ 2.5千克体重的出售时间相对延长。

278. 肉兔的运输应注意哪些问题?

①托运人应当预先与承运人联系，说明肉兔的数量、运输路线及在运输过程中的特殊要求，经承运人同意后方要可办理托运。

②托运人托运的肉兔应当健康状况良好，无传染性疾病，并具有动物卫生检疫证明。

③运输工具应当利于装卸，并能防止肉兔破坏、逃逸或接触外界，底部应当有防止肉兔粪便外溢的措施，运输工具应当保证通风，防止肉兔窒息。

④托运人应当向承运人提出注意事项或者在现场进行指导，托运人应当在运输工具上标明运输该肉兔的注意事项。

⑤托运人不得将肉兔混装于其他货物中托运。

279. 怎样开展网上销售？

可以从以下几点考虑农产品网络销售：

（1）**朋友圈** 农产品一般由于其季节性、时间性、区域性等原因，很多人针对不同的农产品比较偏爱会在线寻找相应的物品等，这一类的人群一般对于网购不是特别的敏感，可以通过一些熟人圈、相应的朋友圈等在线推荐，能在这里推销，成功力度是非常强的。

（2）**店铺** 对于一些网络操作比较好的业主，建议在兔产品网站上开通个人店铺或是企业店铺，直接把兔产品上线推广给全国各地需要兔产品的人群，这里需要注意的则是售前、售中、售后服务三个环节。

（3）**批发、分销** 若是人手充足的情况下，可以适当开通批发、分销入口，让更多的人员参与进来销售，把兔产品推荐给更多的潜在人群，带动更多的销售成交量。

（4）**售后服务** 把兔产品销售出去后，需要提前考虑到的是退货、换货、再次购买的服务。兔产品类型很多，如保存期、安全运输方式、退换货等问题处理要提前做好相应的准备与处理方式；总之，网络只是一个销售渠道，不是把产品放上去就会有订单，还需要针对不同的平台做相应的优化调整、在线沟通、细节产品搭配等问题。建议依照各个不同的平台在线设置不同的推广模式，同时了解网络动态发展方向。

第八章 兔场管理

第一节 兔场目标管理

280. 什么是目标管理？其特点有哪些？

（1）**目标的概念** 目标是一个人或者一个单位在一定的时间范围内要达到的量化的指标。一是时间性，二是量化指标。目标按时间跨度又分近期目标和远期目标，年度目标和季度目标等等。按生产性质分有生产目标、经营目标、市场目标、产品目标等等。

目标管理是依据单位或个人外部环境和内部条件的综合平衡，确定在一定时期内预期达到的成果，制订出目标，并为实现该目标而进行的组织、激励、控制和检查该工作的管理方法。

（2）**目标管理的特点**

①强调活动的时间性和目的性，重视未来研究和目标体系的设置，是一种系统整体管理。

②强调用目标来统一和指导全体人员的思想和行动，以保证组织的整体性和行动的一致性，是一种民主的管理。

③强调根据目标进行系统整体管理，使管理过程、人员、方法和工作安排都围绕目标运行，是一种自觉的管理。

④强调发挥人的积极性、主动性和创造性，按照目标要求实行自主管理和自我控制，以提高适应环境为主的应变能力，是一种成果的管理。

⑤强调根据目标成果来考核管理绩效，以保证管理活动获得满意的效果，是一种提高职工能力的管理。

281. 怎样定位兔场建设目标?

兔场建设目标分为阶段性目标和终极目标。建设目标的确定应该根据投资者的资金、技术和资源情况等三个方面的因素确定。其中，资金包括自有资金和可融入的资金的总和，技术是自己团队养殖技术和技术支撑单位的技术力量，资源包括自然资源和社会资源两个部分之和。在定位上建议注意考虑以下几个方面:

①适应现代畜牧业发展的要求，利于争取国家政策的支持。

②考虑好养殖污染物的无害化处理和有效地综合利用，实施"种养循环"养殖模式;实现生态环保和综合效益提升。

③立足实情，着眼发展。也就是说要适应社会发展要求定位在一定时间范围内要实现的总体发展目标，立足实情制定阶段性目标，分步实施，最后实目标。一个兔场的目标要定位在达到国家标准化示范场的要求。

④在设施与设备配备上注重环境控制能力和提高人工劳动效率，既为养殖兔只提供舒适的生活环境，又为劳动者营造好的工作环境，还为生产成绩提升打下坚实基础。

282. 兔场生产目标如何确定?

兔场生产目标也分近期目标、中期目标和远期目标等，近期目标分年度目标和季度目标等，兔场生产目标的确定应根据兔场的圈舍建设、笼位和设施设备配备、资金、技术力量和饲养种兔等综合因素确定在一定时间范围内，生产所要达到目的的指标。如兔场建成后实现饲养种母兔500只，兔场母兔年平均生产6胎，仔兔成活率达到95%以上，1只母兔年提供商品肉兔达到40只以上，年向社会提供商品肉兔20 000只以上。2017年12月底前场内生产品商品肉兔达到无公害标准并通过农业部产品认证等等。

283. 兔场生产成本控制关键点有哪些？

影响兔场生产成本的因素有兔场圈舍环境、饲料成本、疫病防控、饲养管理技术、饲养种兔品种、母兔年商品兔贡献率、肉兔及产品市场价格、员工工资、污染物的无害化处理与利用等诸多因素。关键点主要是：

（1）**场地** 选择好场地，建设好圈舍，配备好相关设施与设备，营造适宜肉兔繁殖、生长的环境，确保四季均衡地繁殖生产，提高生产水平、提高劳动效率，是降低成本和提高效益的基础。

（2）**品种** 选择好饲养肉兔的品种，是控制成本的第一要素。饲养品种的优劣、繁殖能力、1只母兔年商品贡献率的高低，直接影响商品肉兔的生产成本。

（3）**饲料** 科学地选择饲料及原料，是控制成本的第一要务。饲料等投入品占肉兔养殖投入过程中资金投入的70%左右，控制好饲料等投入品的成本，提高饲料报酬，是把控养殖成本的最关键的环节。

（4）**饲养** 精心地饲养与科学地管理，是投资最少，效益最好的措施。贯彻"养殖重于防、防重于治、养防结合"的方针，推行健康养殖技术，保持兔群健康的状态，是降低养殖成本的重要措施；实施科学的管理工作，把控好生产中的人、财、物，提高劳动效率，是降低成本的有效方法。

（5）**防病** 严密地疫病防控措施，确保兔场不发生重大疫病，使兔只少发或者不发生疫病，是提高养殖效益、降低生产成本的保障措施。

（6）**产品营销** 抓好市场和产品营销，是实现效益的重要抓手。

（7）**保护环境** 着力养殖污染物的无害化处理与利用，保护好生态环境，提升综合效益是兔场可持续发展的重要举措。

284. 怎样定位兔场经营方式？

（1）**概念** 首先，要弄清楚经营方式的概念。经营方式是指一定所有制中经营单位的具体组织形式和经营管理制度。如现在的股份责任有限公司、农村实行的专业合作社等。当前，我国兔场的经济形式主要有公有制的（包括国有、国有控股、集体或者合作的形式）、非公有（个体、私营或者外资）、混合所有制（指一个企业或者公司中有多种经济形式存在）三种所有制形式。

（2）**经营方式**　其次，要了解我国畜牧业现有的经营方式。我国畜牧业现有的经营方式有：

①国有或集体经济的统一经营方式：是指国家或者集体统一经营管理工作，产权结合的经营方式。

②国有或集体经济承包经营方式：是所有权与经营权分离的经营方式。

③国有或集体经济租赁的经营方式：指国家、集体的公司或者企业的经营权在一定的时期内转让给承租者经营。

④家庭经营方式：是以家庭为单位独立从事畜牧业生产与经营活动的一种具体方式。

⑤合作经济组织方式：是以家庭经营为主，为了共同的利益，在自愿、平等的基础上，联合特定的经济组织形成的的企业组织形式。

⑥多种企业组织方式：合伙制企业、个体企业或者私营企业、股份公司企业和专业合作社等。

⑦产业化经营方式：是一种新型的模式，也是一种最具有生命力的一种经营方式。

（3）**经营方式定位决策**　兔场的经营方式定位决策中要坚持以市场为导向，以经济效益为中心，以养殖企业与周边养殖业主的生产经营为基础，以产业化为手段，充分发挥好桥梁和纽带作用，团结、带领周边养殖业主与市场联系起来，将分散的农户小生产转化为社会化的大生产，将生产过程中的产前、产中、产后各个环节联结成为一个完整的产业链，实现产、供、销一体化的生产经营方式，努力适应市场需求，不断地提升养殖水平和经济效益。若兔场规模不大，需要加强行业的联系与合作，尽力将自己兔场融入肉兔社会大生产中，适应社会和市场需要，成为行业利益的共同体之一，促使兔场生产、经营正常运转，确保获得稳定的收入。

285. 怎样定位产品市场?

（1）**理解市场的概念** 市场起源于古时人类对于固定时段或地点进行交易的场所的称呼，指买卖双方进行交易的场所。发展到现在，市场具备了两种意义，一个意义是交易场所，如传统的农贸市场、牲畜交易市场、工业品市场、股票市场、期货市场等等；另一意义为交易行为的总称。即市场一词不仅仅指交易场所，还包括了所有的交易行为。故当谈论到市场大小时，并不仅仅指场所的大小，还包括了消费行为是否活跃。广义上，所有产权发生转移和交换的关系都可以成为市场。市场是社会分工和商品生产的产物，哪里有社会分工和商品交换，哪里就有市场。

（2）**把握市场的特点** 决定市场规模和容量的三要素：购买者，购买力，购买欲望。同时，市场在其发育和壮大过程中，也推动着社会分工和商品经济的进一步发展。市场通过信息反馈，直接影响着人们生产什么、生产多少以及上市时间、产品销售状况等。联结商品经济发展过程中产、供、销各方，为产、供、销各方提供交换场所、交换时间和其他交换条件，以此实现商品生产者、经营者和消费者各自的经济利益。

（3）**适应市场需求** 肉兔场的产品包括商品肉兔、商品兔肉、肉兔加工产品、无害化处理后的粪污等，定位好肉兔场产品市场，是抓好兔场经营管理的重要措施。

一是要定位好商品肉兔和兔肉产品的购买者和消费群体，针对购买者和消费群体的需求，生产市场最需要的产品，策划并创立自己的产品品牌是首要任务；肉兔养殖业主要根据自身实力、消耗市场、消耗前景等综合因素定位好自己产品市场。根据兔肉及产品特点，应该将目标市场面向社会大多数人群，开发中、高端人群需要的产品。

二是定位无害化处理的养殖污染物是用于自己兔场实施农牧循环生产用或者销售给种植业主作有机肥料或者是通过加工、生产市场需要的有机肥料，注重提升企业的综合效益是必不可少的环节。

三是加强市场开发和营销，立足实际情况，着眼不断地拓展产品市场，以市场拉动生产，确保生产持续、健康有序地进行。

286. 兔场如何实施生态循环养殖技术?

养殖业主要根据自己养殖规模和场地周边环境，因地制宜地选择好循环模式，综合利用好相关技术，开展循环养殖。

(1) 在建设养殖场时，要选择好建设场地，有消纳利用无害化养殖粪污的场地，在养殖场周边有开展其他动物养殖或者是种植业的场所。利于形成养殖→无害化处理粪污→其他养殖→种植业→养殖业的循环模式。

(2) 在专业技术人员的指导下，因地制宜地选择好种植或其他养殖等（如养殖蚯蚓、蟮鱼，种植牧草、藕、果树）特色循环项目，充公利用好无害化的养殖粪污，实现养殖增收、种植增效、粪污有效综合利用，实现种植与养殖相结合、互为依托的生态循环关系。重要级是因地制宜，切忌盲目照抄照搬。

(3) 将无害化处理后的养殖粪污，用专业的设备和工艺，生产成有机肥系列产品，为种植业提供有机肥料，实现提升养殖综合效益。

287. 怎样提高兔场的综合效益?

不管兔场的经济形式是国营、集体、个体或者是股份制，他们都属于企业类型，所有的企业他们的终极目标都是赢利，如何提高兔场的综合经济效益是所有养兔从业者普遍关心的问题，要解决好这个问题，首要的是弄清楚影响兔场的综合经济效益的因素有哪些是很重要的。

从现代畜牧业的综合技术构成的因素看，现代畜牧业综合技术包括：规——论证规划；圈——圈舍场地选择、设计与建设，设施与设备的选择等；种——选择好饲养的品种；料——饲料与原料的采购、饲料配方设计、饲料加工等；养——饲养技术；管——经营与管理技术；防——疫病防控技术；环——养殖粪污的处理与利用、环保保护等技术；产——产品生产、加工与产品的品牌打造等；销——市场网络建设与产品营销策划等，最终形成产、加、销一体化的产业化生产格局。

综上所述，兔场要提高综合经济效益，应该做好以下几个方面的工作：

（1）**基础建设** 选择好建设场地，建设好圈舍笼位，完善相关配套设施，给养殖的动物提供舒适的繁育和生长环境，是提升综合效益的前置条件。这样利于劳动效率提高，利于生产水平提升；同时考虑养殖粪污消纳与利用的场所，利于循环养殖、利于持续发展。

（2）**优良品种** 选择好优良的品种是关键。也是发展现代工业兔产业的基础，同时，也是转变生产方式，提升产业高度的关键环节。请参考第二章品种与繁殖技术，认真抓好品种引进、良种繁育和良种规模养殖等3个重要环节。

（3）**饲料饲养** 选择优质的饲料，精心地饲养。尤其是饲料，饲料的投入占养殖场投入的70%以上。请参考第三章饲料与营养和第四章饲养管理相关技术。

（4）**疫病防控** 坚持"养重于防，防重于治，养殖防结合"原则，制定严密的疫病防控措施，达到防疫制度化。请参考第五章疫病防控技术落实。

（5）**产品品质** 提升产品质量，打造产品品牌。兔产品质量除在生产过程中严格投入品购买和使用环节的把关而外，同时要抓好兔产品加工这个重要环节，兔肉产品深加工是兔产业化发展的关键所在。当前，我国兔产品加工基本是初级产品的加工，而副产品加工基本是空白。兔肉产品应根据市场需求和消费者习惯有针对性地进行研发和加工，以提高兔产品附加值，实现尽可能大的经济效益。

（6）**市场营销** 建立市场网络，强化产品营销。兔产品的市场需求量是兔产业化发展的根本依据，因此，兔产业发展首先要考虑市场的空间与发展潜力，在市场开发与网络建设上，要充分考虑人口地区分布、地理位置、消费特点等综合因素，市场网络包括市场供求信息、销售网络系统、售后服务系统与信息反馈系统等方面。建立好市场网络系统，有利于开发兔产品市场，拓展产品市场占有率。

（7）**生产管理** 强化生产成本管理，经营与管理是养殖场投入最少，收益最大的手段。养殖场要建立健全人、财、物等的管理制度，实施目标管理，达到管理规范化。

①无论兔场规模大小、条件优劣，都离不开人去管理。管理好人员，实现人尽其才，才能有效地提高劳动效率。

②产品的生产必须有物资去转化，管理与利用好各项物资，尽力避免人为地浪费，物尽其用是降低生产成本，提高生产成绩的关键。

③加强财务管理，强化成本核算与控制，全面掌控生产情况，及时总结、分析生产中的数据，是改进兔场生产与管理手段的第一手资料，也是最科学的依据。综合做好以上三个方面的工作，方能有效地降低成本，达到高效的宏观效果。

288. 兔场如何实现产业化？

肉兔是畜牧业的组成部分，根据农业产业化的特征，兔场要实现产业化，应该紧密联系自己的生产实际，扎实做好以下几个方面的工作：

（1）**科学地定位产业** 对于大规模肉兔养殖场，它是一个综合型的企业，在生产与经营上实行区域化布局、专业化生产、一体化经营、社会化服务和企业化管理，形成贸工农一体化、产加销一条龙的格局和产业组织形式。在经营中，要瞄准市场需要，开发生产市场需要的产品，创立并打造品牌，努力拓展市场，以市场需求拉动生产发展。对于中小规模养殖企业，要尽力将自己的生产与经营活动融入社会化大生产中，积极参与产业化生产与经营中。

（2）**提升养殖水平** 不断地提升养殖水平和效益，使自己兔场生产与社会化大生产接轨。

（3）**提升产品质量** 不断地提升产品质量，在保证质量的前提下，努力适应市场需求。

（4）**拓展产品市场** 注册自己的产品，打造自身品牌，不断地拓展产品市场，以市场拉动生产，使生产与市场形成良性互动。

（5）**形成产业体化格局** 使生产、加工、销售形成一体化格局。

289. 我国肉兔养殖生产模式有哪些类型?

肉兔在我国的养殖生产模式主要有三种类型：

（1）**集约化规模生产模式** 集约化规模养殖场，一般饲养基础母兔1 000只以上，年出栏商品兔40 000只以上。

（2）**合作组织生产模式** 在农村以乡或村为单位，成立养兔专业合作社或养兔协会等组织，建立兔源生产基地，提高生产组织化程度。各地推广了不同形式的组织生产方式，如"企业+园区+农户""协会+企业+农户""企业+养殖小区+农户""企业+农村专业合作社+农户""联合社+养殖场户"等多种形式。通过统一供应良种、统一供应饲料、统一技术指导、统一疫病防治、统一销售产品的方式，带动千万农户，向区域、规模、规模、标准化方向发展，团结、带领广大养殖从业者实现农户与大市场对接，提高抵御市场 风险能力，使养殖效益最大化。

（3）**农户庭院生产模式** 主要根据当地市场的需求，兔产品的市场销量等情况，利用自家的庭院和房前屋后空闲地建造兔舍，一般饲养基础母兔100～300只。农户庭院生产模式养兔在全国占40%～50%，也是现阶段养兔业的主要生产形式。与此同时，农户庭院养兔还探索了"养兔→种藕→养鱼→种草"、"养兔→种树→种草"、"兔→沼→菜（果）→草"等循环养殖模式，这对生态环境保护，提高养殖经济效益，起到良好的示范推动作用。

290. 肉兔产业化的主要模式有哪些?

总结我国兔产业生产实践,从产业链各环节的关系来看,可概括为如下几种主要模式。

(1) **龙头带动型** 通过"龙头企业+农户"的组织方式,把一家一户分散养殖的"小农户"联结起来。这种经营模式始于20世纪80年代,它在农民学习生产技术、规避市场风险和规模经营增收等方面发挥了积极作用。

"龙头带动型"主要是龙头企业与农户以合同或者契约的形式建立互惠互利的供销关系,即具有实力的加工、销售型企业为龙头,与农户在自愿、平等、互利的基础上签订合同,明确各自的权利和义务及违约责任,通过契约机制结成利益共同体,企业向农户提供产前、产中和产后服务,按合同规定收购农户生产的产品,建立稳定供销关系的合作模式。公司和农户之间在开拓市场,打造品牌方面存在一种互动力,形成了良性循环。

国内一些大型的种兔养殖企业、兔产品加工、出口企业等都积极采取"龙头企业+农户"形式,稳定其与农户的关系,既保证了企业的原料来源或客户群体,又在一定程度上保证了农户的利益。

当然,在"龙头带动型"的模式中,龙头企业与农户之间实质上还是一种买卖关系,没有形成紧密的经济利益共同体,甚至还存在经济利益纷争。由于农户与公司之间实力悬殊,不是完全平等的市场关系,又缺少其他力量予以平衡,导致这一模式在操作过程中稍有不慎,就容易暴露出其与生俱来的缺陷,即农户在生产经营过程中没有话语权、自主意志得不到体现,农户与公司的权责不对等,签订的合同有时有失公允,甚至利益分配主要由公司决定、向公司倾斜等,这势必影响到这一模式的实际效果。

(2) **专业合作社** "专业合作社"实质上是肉兔养殖从业者在自愿、平等的基础上,联合起来进行生产与经营活动的一个组织,也是社员自愿联合、民主管理的互助性经济组织。他可分为养殖、加工与销售等类型的合作社。规范的合作社一般遵循以下原则：

①自愿和开放原则：所有的社员在自愿的基础上加入合作社，入社后能获得合作社的服务并对合作社承担相应的责任，同时，社员有退社自由。

②民主管理原则：合作社是由社员自我管理的民主的组织，社员积极参加政策的制定。合作社成员均有同等的投票权，即一人一票。

③利益的分配实行惠顾原则：合作社的经营收入、财产所得或其他收入，根据社员对合作社的惠顾额按比例返还。

④教育、培训和信息：合作社对内部相关人员进行培训以便使合作社有更好的发展。

⑤合作社之间的协作：合作社要通过协作形成地方性的、全国性的乃至国际性的组织结构。

⑥关心社区发展：合作社通过社员批准的政策，为社区的发展服务。

正是由于合作社的上述原则，保证了合作社和农民（其社员）的紧密的利益关系。一些合作社还创办兔产品加工等企业，使合作社更具经济实力。当然在我国，合作社的发展还处于起步阶段，2007年颁布实施的《中华人民共和国农民专业合作社法》为合作社的规范化、健康发展提供了重要的保障。

近年来，我国养兔合作社逐渐发展了起来，他们在帮助养殖户统一采购原料、统一提供技术服务、统一销售兔产品等方面做出了很大的贡献。

（3）肉兔养殖小区 "养殖小区"是为了解决一家一户分散养殖、庭院养殖传统生产方式污染环境、缺乏标准化和不利于疫病控制等问题，政府扶持一些企业建立"养殖小区"，鼓励养殖户自愿进入小区进行饲养的模式，最初是在对环境污染比较大的大牲畜（如：牛等）的养殖中推广。它是畜牧业适应新形势发展的要求和农民扩大养殖规模的新需求，也是优化、美化农村生产、生活环境的新要求。畜牧养殖小区，集规模化、集约化、标准化为一体，是畜牧业发展由分散型向规模化、由小规模向集约化、由庭院型向现代化转变的措施之一，是畜牧业生产、经营方式的一种变革。

目前，标准化、规范化养殖小区建设在其他的畜种养殖中，已经得到很好的推广，而肉兔产业发展中的规范化和标准化养殖小区的建设，目前还仅在一些地区（比如四川、山东、吉林、重庆等）得到一定推广。

（4）市场链接型 "市场链接型"的特点是以专业市场或专业交易中心为依托，与分散的养殖业主直接沟通，以合同形式或联合体型式等方式将农户纳入市场体系，实现产加销一体化经营，从而拓宽商品流通渠道，带动区域专业化生产，扩大生产规模，从而形成产业优势。"市场链接型"是现代农业产业化的重要特征。这种模式随着市场范围的扩大，市场的力量超越了行政力量划定的区域，形成了区域之间的有机分工和协调。从全社会的角度而言，社会资源在市场的作用下得到了最优配置。同时，在每个区域的内部，围绕特定的农产品生产，产业内部的垂直分工不断深化，会出现专业的批发商、销售商、生产资料供应商等，使得产业链不断延长，并将各环节通过市场建立联系，通过市场的协调耦合形成一套较为完整的产业组织体系，构建起"市场+农户"式的农业产业化模式。

河北省沧州尚村形成了全国性的动物毛皮交易市场，围绕此市场涌现出了大量覆盖多省市的獭兔皮收购商，通过这些收购商，把农户和市场联系起来；同时，尚村市场也和当地的獭兔养殖户形成了一种稳定的"市场+农户"的模式，通过市场带动了农户的獭兔养殖，从而使河北省在全国的獭兔养殖中居于重要的地位。

（5）混合模式 混合模式是上述几种模式的不同组合，包括："公司+合作社+农户""市场+合作社+农户"等等，在实际中各种模式丰富多样，适应了不同地区的实践，同时大大推进了兔产业的产业化发展。从发展趋势来看，通过"合作社"形式的模式，包括"公司+合作社+农户"或"合作社+农户"等，将是未来中国兔产业产业化发展的趋势。这主要是由中国分散的小规模和大群体的农户决定的，小规模的农户只有通过合作社联合起来，才能更好地适应千变万化的大市场格局。

第二节　**兔场的生产管理**

291. 什么是兔场的组织结构?

现代企业经营管理论经常提到的管理七要素，人员是排在第一位的。作为一个养殖企业，不管设备如何先进，怎么智能，都必须要人员去控制和操作，吸纳、管理、发挥好人才是企业管理的第一要务。要管理好人员，企业必须建立健全人才招聘、培养、使用、升迁、淘汰等各个环节的制度，保障老板与员工的沟通渠道畅通，为员工生活、学习、工作提供好的环境，建立激励机制，鼓励员工知识更新、技能提高、责任心增强是企业发展、壮大和效益提升的重要措施。

组织结构图是最常见的表现雇员、职衔和群体关系的一种图表，它形象地反映了组织内各机构、岗位上下左右相互之间的关系，是企业的流程运转、部门设置及职能规划等最基本的结构依据，常见的组织结构形式包括中央集权制、分权制、直线式以及矩阵式等。

一个养殖场，要根据自身的实际情况，建立和完善组织构架，确保生产与经营活动正常运行。管理者在进行组织结构图设计时，必须考虑工作专门化、部门化、命令链、控制跨度、集权与分权、正规化等6个关键因素。兔场常见的组织构架有：

（1）**直线制**　最简单的集权式组织结构形式，又称军队式结构，其领导关系按垂直系统建立，不设专门的职能机构，自上而下形同直线。直线制是一种最早也是最简单的组织形式。它的特点是企业各级行政单位从上到下实行垂直领导，下属部门只接受一个上级的指令，各级主管负责人对所属单位的一切问题负责。场部不另设职能机构（可设职能人员协助主管人工作），一切管理职能基本上都由行政主管自己执行。

直线制组织结构的优点是结构比较简单，责任分明，命令统一；缺点是它要求行政负责人通晓多种知识和技能，亲自处理各种业务。因此，直线制只适用于规模较小，生产技术比较简单的企业，对生产技术和经营管理比较复杂的企业并不适宜。这种组织结构的指挥与管理职能基本上由场长自己执行，机构简单、职权明确，但是对场长在管理知识和专业技能方面都有较高的要求。而在大规模的现代化生产的企业中，由于管理任务繁重而复杂，把所有管理职能都集中到最高主管一人身上，显然是难以胜任的，例如：场长→组（队）→车间→工厂→部门→部。这种结构就不适宜了。

（2）**职能型组织构架**　又称分职制或分部制，指行政组织同一层级横向划分为若干个部门，每个部门业务性质和基本职能相同，但互不统属、相互分工合作的组织体制。

职能制的优点：行政组织按职能或业务性质分工管理，选聘专业人才，发挥专业特长的作用；利于业务专精，思考周密，提高管理水平；同类业务划归同一部门，职有专司，责任确定；利于建立有效的工作秩序，防止顾此失彼和互相推诿，能适应现代化工业企业生产技术比较复杂，管理工作比较精细的特点；能充分发挥职能机构的专业管理作用，减轻直线领导人员的工作负担。

但缺点也很明显：它妨碍了必要的集中领导和统一指挥，形成了多头领导；不利于建立和健全各级行政负责人和职能科室的责任制，在中间管理层往往会出现有功大家抢，有过大家推的现象；在上级行政领导和职能机构的指导和命令发生矛盾时，下级就无所适从，影响工作的正常进行，容易造成纪律松弛，生产管理秩序混乱；不便于行政组织间各部门的整体协作，容易形成部门间各自为政的现象，使行政领导难于协调。

（3）**直线职能制组织结构** 是现实中运用得最为广泛的一个组织形态，它把直线制结构与职能制结构结合起来，以直线为基础，在各级行政负责人之下设置相应的职能部门，分别从事专业管理，作为该领导的参谋，实行主管统一指挥与职能部门参谋、指导相结合的组织结构形式。其特点为：以直线为基础，在各级行政负责人之下设置相应的职能部门，分别从事专业管理，作为该级领导者的参谋，实行主管统一指挥与职能部门参谋、指导相结合的组织结构形式。职能参谋部门拟订的计划、方案以及有关指令，由直线主管批准下达；职能部门参谋只起业务指导作用，无权直接下达命令，各级行政领导人实行逐级负责，实行高度集权。

优点：把直线制组织结构和职能制组织结构的优点结合起来，既能保持统一指挥，又能发挥参谋人员的作用；分工精细，责任清楚，各部门仅对自己应做的工作负责，效率较高；组织稳定性较高，在外部环境变化不大的情况下，易于发挥组织的集团效率。

缺点：部门间缺乏信息交流，不利于集思广益地作出决策；直线部门与职能部门（参谋部门）之间目标不易统一，职能部门之间横向联系较差，信息传递路线较长，矛盾较多，上层主管的协调工作量大；难以从组织内部培养熟悉全面情况的管理人才；系统刚性大，适应性差，容易因循守旧，对新情况不易及时做出反应。

292. 兔场怎样进行人员配备？

对于兔场人员配备问题，养殖场要根据企业组织构架方式、养殖场规模大小等综合因素，考虑人员配备问题。

（1）**岗位结构** 对于养殖母兔在500只以下的养殖场，要设置场长、技术人员、保管员、饲养人员、财务人员、文秘人员等岗位，规模不大的场可以考虑1人多职。若生产规模较大，根据组织架构，副场长可以设置2～3人，其中1人主管生产，1人主管经营，另1名副场长负责后勤保障工作，同时根据企业养殖规模，配备相应的技术人员、饲养人员、销售人员和后勤服务人员。使每个工作人员有相应的职能职责是十分重要的。

（2）**人员结构** 一是要注重企业人员的文化结构、专业技术操作能力，没有这个基础，是难以提高专业水平、操作技能和兔场的生产水平的；二是要注重员工的年龄结构、性别比例，形成老、中、青的梯队伍形结构，利于能提高生产中的活力，利于人员的更新换代。

293. 兔场工作岗位怎么设置?

肉兔养殖场工作岗位的设置与岗位人员的多少，取决于兔场生产规模大小、生产方式和产业化程度等多方面的因素。总体上讲，应该设置管理岗位、技术岗位、一线生产人员岗位、后勤服务、购销岗位等。

（1）**管理岗位** 要设置行政管理和技术管理两个方面的岗位。纯商品肉兔养殖场，尽可能地选择既懂肉兔养殖专业技术，又会经营管理的人员当场长，这样的人员当场长，能提高养殖的生产水平和经济效益。若以产业化形式的养殖场，要设置行政领导和业务领导。使管理队伍中既有养殖专业技术人员、又有相关产业的技术人员，既有经营管理方面的专业人员，又有在实战中积累了丰富经验的一线生产人员。

（2）**技术岗位** 养殖中要有畜牧专业技术人员，同时也有兽医方面的技术人员，同时还要有设备运行与维护方面的技术人员，现代养殖企业要按照科学技术是第一生产力的观点配备技术人员，不断地提升养殖水平、操作技能和养殖效益。

（3）**一线生产人员岗位** 占企业员工的绝大多数，分布在生产中的各个环节，是养殖企业的主力军。根据现代养殖企业的相关要求和企业的生产规模，设置配备好一线的生产人员，是企业发展中的重要环节。

（4）**后勤服务与购销岗位** 根据企业发展的实际需要设置相应的工作岗位。

294. 怎样打造兔场核心团队？

一个兔场效益的好坏，在抓好其他环节的基础上，扎实抓好兔场生产与管理的核心团队，是确保兔场持续发展的重要抓手。打造兔场核心团队应该扎实做好以下几个方面的工作。

（1）**科学地确立组织构架** 根据兔场的生产与经营情况实际，确定本兔场的组织构架是首要任务。使兔场的管理者与生产、经营者形成自上而下的利益共同体，使团队成员目标一致，工作中相互依托、相互配合，成员的收益与企业的效益紧密结合。

（2）**定期交流工作** 企业团队成员每周要召开1次例会，交流上周工作的经验和教训，讨论、布置本周工作的具体任务，及时修正工作中存在的问题和不足之处，确保工作高效运转。每月汇总工作成效，找出本月工作的经验和教训；每季度、半年、年终都要认真总结和沟通生产、经营与管理工作中的成效，及时发现和修正工作中的不足，制定和完善相应的管理措施，不断提升成效。

（3）**定期岗位轮换** 在保证工作正常运转的前提下，有目的地对管理人员和技术岗位进行轮换，提升实际工作技能。

（4）**强化知识更新培训** 采取送出去和请进来的方式，对团队成员进行知识更新培训，不断提升专业水平和业务技能，从而提升养殖水平和效益。

（5）**建立健全激励机制** 全面贯彻"按劳分配，多劳多得"的分配原则，充分发挥团队成员的主动性、积极性和创造力；建立能者上的激励机制，把工作认真负责、成效显著的员工提到领导或管理岗位。

（6）**开展才艺比拼活动** 每年开展一次才艺比拼活动，树立业务标兵、工作能手，并给予精神和物资的奖励，营造学先进，争能手的氛围。

295. 兔场制定技术操作规程有哪些内容?

肉兔养殖场有专业技术要求的岗位，都要制定技术操作规程，也就是要使每个有技术要求岗位的工作人员知道自己工作的步骤和具体的操作方法。肉兔养殖生产岗位主要有繁殖配种、种兔饲养、商品兔养殖、卫生消毒、疫病防控、粪污处理、设备维护等方面的技术操作规程。如在配种繁殖方面，要制定"兔人工授精操作技术规程"，包括设备与器械的准备、种公兔与台兔的准备、采精操作、精液处理、输精操作步骤与方法及善后工作等等。生产实践中，肉兔养殖场要制定配种员、消毒人员、饲养人员、设备运行与维护人员、粪污无害化处理工人员、产品加工岗位的操作人员等方面的技术操作规程。

技术操作规程的制定，能规范生产技术岗位工作人员操作的行为，有利于推行标准化生产、规范化管理，利于产品质量的监督与管理。

肉兔场各项技术操作规程详见附录1。

296. 兔场为什么要建立养殖档案? 养殖档案应载明哪些内容?

畜禽养殖档案是《中华人民共和国畜牧法》强制执行的一项养殖行为。建立养殖档案是落实畜禽产品质量责任追究制度，保障畜禽产品质量的重要基础，是加强畜禽养殖场管理，建立和完善动物标识及疫病可追溯体系的基本手段。肉兔养殖场建立和完善养殖档案，详细记录肉兔配种繁殖、生长发育、投入品使用等情况，对规范肉兔生产行为，保障兔肉及其产品安全，总结分析养殖中的经验教训等都具有十分重要的意义。同时，养殖档案也能为加强和制定肉兔生产中的管理措施提供第一手最科学的基础资料。

兔场养殖档案主要有引种记录、日常生产记录、投入品购买及使用记录、疫病防控记录等四个大的方面。各类记录表格格式详见附录2。

日常生产情况包括：

（1）**引种记录** 主要记录种兔引进时间、引种的生产厂家、引进的品种名称、数量、遗传系谱、及引种相关资料等；

（2）**日常生产记录** 包括配种记录、产仔记录、兔群转移、存栏或出栏情况、疫病诊疗等情况等。

（3）**消毒记录** 记录消毒时间、消毒药名称、用药剂量、消毒方法、操作人员等。

（4）**无害化处理记录** 详细记录病死兔只的数量、死亡原因和无害化处理时间及方式；养殖粪污无害化处理设备、技术及方法等。

（5）**投入品使用记录** 主要记录饲料、饲料原材料、饲料添加剂、兽药等购买和使用情况，包括产品名称、来源、数量、生产厂商、批号及用法用量等。

（6）**疫病防控记录**

①免疫记录：记录疫苗名称、生产厂家、免疫方式、免疫时间、剂量及操作人员等。

②诊疗记录：记录兔只发病日龄、发病时间、数量、临床和要症状、诊疗方式、初步意见、处理方法、诊疗结果和诊疗人员等情况。

③防疫监测记录：记录采样时间、数量（头份）、采样单位和监测结果等。

（7）**产品销售记录** 详细记录兔场生产的商品兔、淘汰兔及兔肉产品等销售时间、数量、单价、购买商家等情况。

养殖档案保存时间：所有记录资料至少保留2年以备查询。

第三节 **兔场经营管理**

297.兔场经营管理主要内容有哪些?

兔场要紧密联系自身的实际情况,搞好经营管理。

(1)合理确定企业的经营形式和管理体制,设置管理机构,配备相应的管理人员。

(2)搞好市场调查,掌握市场经济信息,进行经营预测和经营决策,确定经营方针、经营目标和生产结构。

(3)精心编制兔场经营计划,签订好经济合同。

(4)建立、健全经济责任制和各种管理制度。

(5)搞好劳动力资源的利用和管理,做好思想政治工作,充分发挥员工的聪明才智、主动性和积极性。

(6)加强土地与其他自然资源的开发、利用和管理,因地制宜地开展循环养殖模式,处理好养殖污染物和生态环保问题,尽力提升养殖综合效益。

(7)搞好机器设备与设施管理、物资管理、生产管理、技术管理和产品质量管理,确保生产有序地进行。

(8)建立市场营销网络,合理组织产品销售,搞好销售管理。

(9)加强财务管理和成本管理,处理好收益和利润的分配。

(10)全面分析评价企业生产经营的经济效益,开展企业经营诊断等,不断地完善管理制度。

298.兔场要建立哪些管理制度?

建立健全兔场管理制度,是提高养殖经济效益投资最少,收益最大的手段。同时,也是科学管理兔场,充分调动员工积极性、创造力,提高生产力的重要保证。

生产兔场要紧密联系本场工作实际，建立和完善相关工作制度，分别制定管理人员、技术人员、生产人员和后勤服务人员的工作职责，使全体员工明白自己应该做什么，使各项管理有章可循。如场长工作职责、技术副场长职责、配种技术员工作职责、兽医人员职责、饲养员岗位职责、保管员职责、供销人员职责、饲料生产岗位职责、炊事员工作职责、门岗人员职责等，同时建立职工工作守则、员工请销假制度、财务管理制度、物资管理制度、卫生消毒制度、兔只免疫程序、粪污无害化处理制度等。

299. 制定兔场管理制度和岗位职责应遵循什么原则?

兔场在制定制度和岗位职责时，要遵循下列原则:

(1) 制定和完善管理制度，要坚持以人为本的原则　制度的建立与完善遵循目的性、可操作性、责权明确性和系统性的原则，使制度科学、合理、可行、有效，能涵盖生产与经营管理全过程，重点体现企业的经营理念、核心价值观和企业文化，并与国家的法律、法规和管理部门的要求相协调。目的是确定管理规矩、保证工作质量、提高生产效率，使所有的生产管理活动有据可依，有章可循，避免制度空洞无味、难以执行。

(2) 制度和岗位职责的建立，要因地制宜　制度的建立与完善，要紧密联系自己的生产实际和工作实际，有利于企业从传统的、粗放的、经验型的生产管理向现代化、标准化、集约型的生产管理转变；有利于改善企业运营状态，提升企业生产与管理水平；利于企业经济、社会、生态效益的提高；职责的确立要因地制宜，使员工的责、权、利相统一。

(3) 制度和岗位职责的建立，有利于确立职工的主人翁地位　确立职工的主人翁地位有利于调动员工的工作积极性、主动性和创造力，有利于企业增效、职工增收，有利于企业创新发展。

(4) 制度和职责的建立，有利于提高员工的素质和水平　要提倡全体员工刻苦学习科学技术、专业文化知识，不断地提高操作技能，并为企业员工提供学习、深造的条件和机会，努力提高员工的素质和水平，有利于造就一支思想和业务素质过硬的员工队伍。

（5）工作职责要落实到工作的具体岗位 不同的工作岗位要有不同的工作职能与职责，职责的制定能使每个员工明确自己在工作中应该完成的任务。

兔场岗位职责实例详见附录3。

300. 兔场管理制度应载明哪些内容?

肉兔养殖企业在建立制度时，要遵循国家的法律、法规与政策的规定，紧密联系自身实际，载明以下内容:

第一条 为了加强管理，完善各项工作制度，促进企业发展壮大，提高经济效益，根据国家有关法律、法规及企业章程的规定，特制订本管理细则。

第二条 全体员工都必须遵守企业章程，遵守企业的规章制度和各项决定。

第三条 养殖场的财产属企业所有。禁止任何组织、个人利用任何手段侵占或破坏企业财产。

第四条 禁止任何所属机构、个人损害企业的形象、声誉和市场稳定。

第五条 禁止任何所属机构、个人为小集体、个人利益而损害企业利益或破坏企业发展。

第六条 企业通过发挥全体员工的积极性、创造性和提高全体员工的技术、管理、经营水平，不断完善企业的经营、管理体系，实行多种形式的责任制，不断壮大企业实力和提高经济效益。

第七条 提倡全体员工刻苦学习科学技术文化知识，企业为员工提供学习、深造的条件和机会，努力提高员工的素质和水平，造就一支思想和业务过硬的员工队伍。

第八条 鼓励员工发挥才能，多作贡献。对有突出贡献者，予以奖励、表彰。

第九条 为员工提供平等的竞争环境和晋升机会，鼓励员工积极向上。

第十条 倡导员工团结互助，同舟共济，发扬集体合作和集体创造精神。

第十一条 鼓励员工积极参与企业的决策和管理，欢迎员工就养殖场事务及发展提出合理化建议，对作出贡献者予以奖励、表彰。

第十二条 尊重知识分子的辛勤劳动，为其创造良好的工作条件，提供应有的待遇，充分发挥其知识为企业多作贡献。

第十三条 企业为员工提供收入、住房和福利保证，并随着经济效益的提高而提高员工各方面的待遇。

第十四条 实行"按劳取酬"、"多劳多得"的分配制度。

第十五条 推行岗位责任制，实行考勤、考核制度，端正工作作风和提高工作效率，反对办事拖拉和不负责任的工作态度。

第十六条 提倡厉行节约，反对铺张浪费；降低消耗，增加收入，提高效益。

第十七条 维护企业纪律，对任何人违反企业章程和各项制度的行为，都要予以追究。

301. 兔场如何开展绩效管理?

兔场实施绩效管理就是要把养殖场的生产成绩与员工的业绩、效益紧密地联系在一起，通过绩效管理充分调动全体员工的主动性、积极性和创造力，不断地提高兔场生产水平和经济效益。具体做好以下几个方面的工作：

（1）**制定目标** 紧密联系兔场的生产实际，制定本场年度工作目标任务，全面落实各项经济指标。如母兔年提供商品肉兔40只以上，商品兔断奶成活率在95%以上，年出栏肉兔3万只等等。

（2）**分解落实任务** 把兔场的各项工作任务分解落实在每一个

员工头上，可以设定技术岗位、管理岗位、生产岗位，使每个员工明白自己的职能职责，年度工作任务，同时，制定技术操作规程，在具体工作中员工知道怎样去操作。

（3）**制定奖惩制度** 把员工的工作业绩与经济效益紧密联系在一起，管理人员的效益与其联系的部门生产成绩联系在一起，技术人员的收益与全场的生产成绩联系在一起，后勤服务人员与全场生产成绩联系在一起，使全体员工都成为利益共同体。因地制宜地制定工作业绩与劳动收益直接挂钩的奖惩制度，对工作认真负责，生产成绩好，对本企业贡献大的员工，其劳动报酬就高；对工作不负责任，生产成绩差，对企业贡献少的员工，经济收入就低，分配上全面放行上不封顶，下不保底，多劳多得的分配原则，并落实专人进行考核。

（4）**兑现奖惩** 兔场根据考核结果，可以分月、季、年的形式兑现奖惩制度，同时，对考核成绩优秀的员工，可以将其调整到管理岗位上，体现能者上的用人制度，调动员工的工作激情。

（5）**总结提升** 每年要对全场的生产、经营、管理等各个方面进行认真的总结，优胜劣汰，增添措施，细化管理，提升效益。

302. 影响兔场生产成本的重要因素有哪些?

（1）**生产成本的概念** 生产成本亦称制造成本，是指生产活动的成本，即企业为生产产品而发生的成本。生产成本是生产过程中各种资源利用情况的货币表示，是衡量企业技术和管理水平的重要指标。

（2）**生产成本包含的具体内容** 生产成本是生产单位为生产产品或提供劳务而发生的各项生产费用，包括各项直接支出和制造费用。直接支出包括直接材料（原材料、辅助材料、备品备件、燃料及动力等）、直接工资（生产人员的工资、补贴）、其他直接支出（如福利费）；制造费用是指企业内的分厂、车间为组织和管理生产所发生的各项费用，包括分厂、车间管理人员工资、折旧费、维修费、修理费及其他制造费用（办公费、差旅费、劳保费等）。

（3）影响兔场生产成本的重要因素

①饲料、饲料原料、兽用药物等投入品费用。

②生产及管理人员的工资、福利等费用。

③设施设备运行中的水、电、能源、耗材与维护的费用。

④办公、差旅、运输、公务接待等费用。

⑤固定资产折旧费用分摊。

303. 兔场经济效益分析指标有哪些?

（1）概念 兔场经济效益分析指标，对于一般的公司而言，经济效益通常从企业的收益性、成长性、流动性、安全性及生产性来分析。这也称为经济效益的五性分析。但是在我国养兔企业主要以中小规模兔场为主，相对于现代化公司存在一定的特殊性，因此，对养兔企业的经济效益分析，着重关注养兔企业的收益性。

养兔企业的经济效益分析是在成本和收益核算基础上，分析养兔企业获得收益或者利润的能力。养兔企业成本核算，主要是发生在当期的各项成本的总和，即是当期生产的产品成本（工资福利费、饲料费、兽医兽药费、固定资产折旧费、制造费）以及期间费用(管理费用、财务费用、销售费用）的合计；而养兔企业的收益主要是从其产品（兔肉、兔毛和兔皮）以及副产品（如兔粪）和其他下脚料的销售中获得的收益的总和。

（2）分析指标 养兔企业经济效益的核算方法，根据企业的实际情况，按照年度或者产品批次进行核算，反映养兔企业经济效益水平主要为以下指标：

①利润＝总销售收入－总成本。即当期各种兔产品销售总收入与当期总成本之间的差额。反映养兔企业利润水平，利润越高，兔场经营越好。

②利润率＝销售利润/销售额，销售额指主产品和副产品等的全部销售收入。利润率是反映企业盈利能力的一项重要指标，利润率越高，兔场效益越好。

③总资产报酬率＝利润/资产总额。养兔场资产总额指其拥有或控制的全部资产。包括流动资产，长期投资、固定资产等。这一指标反映养兔企业资产获得报酬的能力，资产报酬率越高，兔场的获利能力越高，经济效益越好。

④成本利润率＝利润总额/成本费用总额。成本利润率，比资产报酬率反映的内容更全面，表明每付出一元成本可获得多少利润，体现了经营耗费所带来的经营成果。该项指标越高，利润就越大，反映兔场的经济效益越好。

304. 提高兔场经济效益的途径有哪些?

影响兔场经济效益的因素主要有生产成本、经营成本、兔肉及产品市场价格等几个方面。要提高兔场经济效益，要在以下几个方面下功夫。

(1) 生产环节

①严把饲料、兽药等投入品的成本关。尤其是饲料，饲料成本占养兔成本的70%左右，饲料及原料的行情变化对养兔企业的效益影响很大。牧草、农作物秸秆和农业产品下脚料是家兔饲料中的主要原料，养殖企业可在收获季节原料集中上市、价格较低时收购储备，同时选择价格平稳的粮食副产品作饲料原料。在关注原料价格的同时，千万不能忽视产品的质量，在确保质量和安全的前提下选购、储备饲料原料。

②加强饲养管理，不断地提升养殖技术，提高养殖水平，提高商品兔成活率，增加母兔商品贡献率，降低生产成本。

③制定好激励机制，实施精细化管理，努力提高劳动生产效率，降低工资成本。

④增收节支，降低物耗与能耗，处理、利用好养殖粪污，实施生态、循环养殖，尽力提高养殖综合效益。

(2) 管理环节 即时把握市场信息，调节生产节律，管理好人、财、物，做到人尽其才，物尽其用，努力降低经营成本。

（3）**营销环节** 建立和完善市场营销网络，不断地拓展产品市场。生产适应市场需求的产品，以市场拉动生产持续发展。

305. 我国兔产业联盟开展了哪些工作?

中国畜牧业协会兔业分会为保护我国养兔产业有序、健康、可持续发展，推广家兔优良品种，提高产业效益，推动全国兔业生产、加工与消费，根据国家和协会的有关规定，设立中国畜牧业协会兔业分会产业联盟，组建了全国兔产业委员会专家（36人）；毛兔产业联盟（17人）；肉兔产业联盟（19人）；皮（獭）兔产业联盟（15人）；兔用制品（饲料、设备、兽药、生物）产业联盟（14人）。并制定了《中国畜牧业协会兔业分会产业联盟工作规范》，明确了产业联盟的工作职责，制定了工作制度，为产业联盟的发展夯实了基础。

产业联盟工作规范和各联盟成员名单详见附录4。

第四节 兔场信息化

306. 兔场信息化建设内容包括哪些?

兔场信息化建设应具备种兔育种繁殖、生产管理、销售管理、采购管理、预警以及远程访问等必备功能。主要包括家兔生产管理和电子商务系统，通过建设肉兔信息化管理系统，实现对肉兔生产过程和市场营销的精细化统一管理。

（1）**建设生产管理系统** 主要包括配种繁育—选种育种—商品兔生产—市场销售一体化全过程的管理流程，掌握兔只繁育、饲养、防病等生产数据，形成生产管理、投入品管理、人员管理、财务管理、库存管理、销售管理、客户管理、渠道管理、办公自动化等等细节管理，实现肉兔生产中各环节生产指标的快速统计分析，提高工作效率，减少计算失误，避免养殖过程中信息的错乱和统计工作的繁琐。

（2）建立家兔生产过程动态预警监测机制　提供家兔配种、饲喂、控温、光照、淘汰、转舍等生产关键要素和环节的全面监测、预警，让养殖者及时掌握整个肉兔养殖场的全面动态生产情况，便于降低生产风险，减少生产成本。

（3）建设电子商务系统　将对家兔的市场营销、渠道和客户进行统一管理，利用"互联网＋"技术进行品牌推广和客户服务，开发市场促销活动，控制营销成本，优化市场策略。

307. 什么是ERP系统？农业企业实施ERP需要注意哪几个方面的问题？

ERP即Enterprise Resource Planning的缩写，意为企业资源计划系统，是指建立在信息技术基础上，以系统化的管理思想，为企业决策层及员工提供决策运行手段的管理平台。ERP就是一个系统，一个对企业资源进行有效共享与利用的系统。ERP系统集信息技术与先进管理思想于一身，成为现代企业的运行模式，反映时代对企业合理调配资源，最大化地创造社会财富的要求，成为企业在信息时代生存、发展的基石。它对于改善企业业务流程、提高企业核心竞争力具有显著作用。

在"信息化带动农业"的形势下，农业企业信息化建设势在必行。然而农业企业不同于其他行业，农业企业有自身的特点，所以不能照搬其他行业信息化的所谓成功模式。传统农业企业在实施ERP时，有以下一些注意事项：

（1）要明白企业实施ERP不是将一套软件买过来，部署完毕就算大功告成。那是一个长期的、不断摸索的过程，需要几年甚至十几年的时间。

（2）要有一套适合自己需求的软件，不能将其他企业的ERP软件拿来就用，要深入了解自身的需求，根据自己的需求委托成熟的软件开发公司进行开发，寻找一个合适的能够长期合作、能做好研发和售后服务等的合作伙伴。如果企业有能力的话可自行研发。

（3）要与相关开发人员进行深入的交流，只有做到很好的交流，才有可能让研发人员开发出来的软件是企业需要的软件。

（4）必须有熟悉相关工作的管理者专门抓该项工作。所谓隔行如隔山，所以管理者自身应该知道何为ERP，ERP能给企业带来什么，企业需要什么样的ERP。否则有可能事与愿违，企业的投入不仅没有体现预想的价值，甚至给企业带来额外的负担。

（5）必须对企业员工进行相应的培训，要让他们适应新的工作方式。培训不能只是组织员工进行几次集中授课，而是要让他们在思想上明白企业信息化的重要性，要让员工自觉地学习，熟练地使用，思想观念也要得到改变。还要加强人才的培养和吸纳，因为企业信息化终究需要具体的人去执行。

第九章　生产数据

第一节　　兔场原始数据收集

308. 为什么要进行原始数据收集?

（1）**兔场记录反映兔场生产经营活动的状况**　完善的记录可将整个兔场的动态与静态记录无遗。有了详细的兔场记录，管理者和饲养者通过记录不仅可以了解现阶段兔场的生产经营状况，而且可以了解过去兔场的生产经营情况。有利于对比分析，有利于进行正确的预测和决策。

（2）**兔场记录是经济核算的基础**　详细的兔场记录包括了各种消耗、兔群的周转及死亡淘汰等变动情况、产品的产出和销售情况、财务的支出和收入情况以及饲养管理情况等，这些都是进行经济核算的基本材料。没有详细的、原始的、全面的兔场记录材料，经济核算也是空谈，甚至会出现虚假的核算。

（3）**兔场记录是提高管理水平和效益的保证**　通过详细的兔场记录，并对记录进行整理、分析和必要的计算，可以不断发现生产和管理中的问题，并采取有效的措施来解决和改善，不断提高管理水平和经济效益。

309. 兔场原始数据记录管理应遵循哪些原则?

（1）**及时准确**　及时，是根据不同记录要求，在第一时间认真填写，不拖延、不积压，避免出现遗忘和虚假；准确，是按照兔场当时的实际情况进行记录，既不夸大，也不缩小，实实在在。特别是一些数据要真实，不能虚构。如果记录不精确，将失去记录的真实可靠性，这样的记录也是毫无价值的。

（2）**简洁完整**　记录工作繁琐就不易持之以恒地去实行。所以设置的各种记录簿册和表格力求简明扼要，通俗易懂，便于记录；记录要全面系统，最好设计成不同的记录册和表格，并且填写完全、工整、易于辨认。

（3）**便于分析**　记录的目的是为了分析鸡场生产经营活动的情况，因此在设计表格时，要考虑记录下来的资料便于整理、归类和统计、为了与其他兔场的横向比较和本兔场过去的纵向比较，还应注意记录内容的可比性和稳定性。

310. 兔场生产记录主要内容包括哪些?

兔场记录的内容因兔场的经营方式与所需的资料而有所不同，一般应包括以下内容。

（1）**生产记录**

①兔群生产情况记录：兔的品种、饲养数量、饲养日期、死亡淘汰、产品产量等。

②饲料记录：将每天不同兔群（以每栋或栏或群为单位）所消耗的饲料按其种类、数量及单价等记载下来。

③劳动记录：记载每天出勤情况，工作时间（小时）、工作类别以及完成的工作量、劳动报酬等。

（2）**财务记录**

①收支记录：包括出售产品的时间、数量、价格、去向及各项支出情况。

②资产记录：固定资产类，包括土地、建筑物、机器设备等的占用和消耗；库存物资类，包括饲料，兽药，在产品，产成品，易耗品、办公用品等的消耗数，库存数量及价值；现金及信用类，包

括现金、存款、债券、股票、应付款、应收款等。

（3）饲养管理记录

①饲养管理程序及操作记录：饲喂程序、光照程序、兔群的周转、环境控制等记录。

②疾病防治记录：包括隔离消毒情况、免疫情况、发病情况、诊断及治疗情况、用药情况、驱虫情况等。

第二节　兔场数据利用

311. 数据分析与利用对兔场有什么价值?

（1）**便于投资资金管理**　资金是一切投资的基础。养兔需要购买或者租用场地、建设兔舍、购买养殖设备、购买种兔等开支，还需要陆续投入购买饲料和养殖人员工资开支，一直要持续到有可供出售的家兔时投资才算告一段落。一般情况下，从建场、引种到第一批家兔出售需要7个月的时间，这期间的饲喂成本是主要开支，如果是出售皮毛的兔场，可能还要面对皮毛销售的淡季问题。从某种意义讲，兔场的业绩、效益和利润取决于生产统计体系的建设以及对数据的准确分析，生产统计和数据分析是兔场生产经营管理的方向盘。做好数据分析，使投资资金合理分配，有效使用，避免盲目上马，这样才能使养兔场正常运转，从而提高养殖场的整体经济效益。

（2）**提高养殖管理技术**　养兔本身就是技术性很强的工作，通过对统计数据深层次的分析能及早准确地发现生产管理中存在的系统问题，洞察问题的趋势性和严重程度。现在养兔与前些年截然不同，无论是家兔的品种、还是饲养管理都不一样了。以前是粗放式的，一家一户的庭院散养，家兔主要吃当地的草，家兔品种都是当地的品种，以吃肉为主，疾病也不复杂。而现在的家兔分类明确，有以产毛为主的长毛兔、有以产肉为主的肉兔、有以产皮为主的獭兔、有供人们养着玩的宠物兔等，养殖的品种大部分是国外引进的，饲养管理上以规模化笼养舍饲为主，繁殖、饲料配制、日常管理上需要投入大量的精力。规模化养兔对技术提出了更高的要求，无论是品种的选育和繁殖，还是饲料的选用和配方的设计，或是日常的饲养管理和防疫程序的制定与实施，都要求有很高的科技含量，要求有高素质的技术人员。因此，需要很多的养殖技术，如人工授精技术、同步发情技术、杂交技术、饲料配制技术、肥育技术、疾病防治技术、防疫消毒技术等，很多专业性的技术都必须掌握，并能够熟练地运用到生产实践当中，才能取得好的养殖效益。

312. 怎样利用生产原始数据进行统计分析?

通过对生产结果数量和业绩、性能、消耗指标的统计开展生产趋势分析，与计划生产量对比计算达成率，与计划指标进行偏差分析，进行环比、同比、内部横比，与行业标杆企业对比找差距。

（1）做好年度、季度、月度生产计划量达成率分析　生产计划量主要包括年总产仔数、生产种兔存栏数、备用兔补充数、配种数、分娩窝数、产仔数、哺乳仔死淘数、断奶合格仔数，保育仔兔死淘数、初生窝重、母兔泌乳力、断乳仔兔窝重等。根据月报、季报、半年报、年报计算达成率，分析原因，制定纠偏措施。

（2）同比、环比、横比　同比就是与往年同月进行比较，环比就是与本年度往期比较。与往年同月比较是考虑每年的气候相对恒定，理论上生产成绩受气候的影响是一致的，从而看出今年的生产水平优劣，与前几个月比是考虑生产的延续性，可大致判断生产的走势。

横比是与兄弟单位对比，很容易发现本单位的不足，也能快速找到生产操作中存在的问题，明确未来努力的方向，并学习优秀单位的做法，快速改进本单位的生产成绩。

（3）与社会同行对比　一个公司常常代表一个系统，其操作方法与运行模式是固定的，一般来说其生产水平是局限的。如果知道社会同行的生产水平，常常可以提醒局内人跳出圈子看问题，及时发现问题，明确努力方向，挖掘生产潜力，学习同行的先进管理经历，从而提高生产水平。

313. 统计分析基本内容应包括哪些?

（1）**收集数据**　收集数据是进行统计分析的前提和基础。主要包括兔场基本情况、生产情况、饲养成本、经济效益等。其中"基本情况"包括：总资产、总人数、贷款总额、养殖品种、繁殖母兔数；"生产情况"包括平均年产胎数、平均胎产仔数、平均断奶仔兔数、年产商品兔数、种兔公母比例、商品兔饲养周期；"饲养成本"包括兔场平均每产一只商品兔的饲料成本、兽药防疫成本、工资福利成本、能源水电、折旧维修、待摊成本；"经济效益"包括每出栏一只商品兔的销售收入和卖兔粪等其他收入情况。

（2）**整理数据**　整理数据就是按一定的标准对收集到的数据进行归类汇总的过程。由于收集到的数据大多是无序的、零散的、不系统的，在进入统计运算之前，需要按照研究的目的和要求对数据进行核实，剔除其中不真实的部分，再分组汇总或列表，从而使原始资料简单化、形象化、系统化，并能初步反映数据的分布特征。

（3）**分析数据**　分析数据指在整理数据的基础上，通过统计运算，得出结论的过程，它是统计分析的核心和关键。数据分析通常可分为两个层次：第一个层次是用描述统计的方法计算出反映数据集中趋势、离散程度和相关强度的具有外在代表性的指标；第二个层次是在描述统计基础上，用推断统计的方法对数据进行处理，以样本信息推断总体情况，并分析和推测总体的特征和规律。

314. 数据分析类型有哪些?

选择用 Excel 表格来设计报表体系，用起来工作量少，方便快捷，便于数据分析利用。各类数据报表的上报根据需求及用途等分为即时上报、日报、周报、月报、季报、年报等不同类型。

（1）即时上报主要是疫情、急淘、异常淘售、异常淘埋、超正常死亡等。

（2）日报主要是购入、销售数量及生产统计情况"日快报"；"日快报"是兔场每天关键数据汇总快报。

（3）周报是关注死亡率情况外，关注周配种数、分娩数、当期妊娠检查阳性率，周批次分娩率、周批次窝均产仔情况及存栏密度情况等。

（4）月报、季报、年报报表格式基本相同，季报是月报的累计，年报是季报的累计。月报主要包括生产数量统计、业绩指标统计、消耗指标统计及一部分性能指标统计。年报除了月报内容外还包括全部的性能指标统计等。

315. 怎样综合分析饲养效果？

数据收集与分析在兔场建设中占有重要地位，它是做好生产计划，确保生产并然有序的先决条件，也是兔场重大决策的支撑点，体现生产成果的载体，对生产过程进行控制的着手点，分析成本与效率的依据，挖掘生产潜力的有力工具。建立完善的数据库并进行正确地分析十分重要，它可以及时发现存在的风险从而化险为夷，也可以引领兔场场不断积极进步，还可以帮助兔场发现无形的浪费，可谓好处多多。就疾病控制而言，恰当的数据分析还能预警疾病的发生发展，防患于未然，从而极大地减少疾病损失。但目标的实现绝不容易，数据收集、核对与录入耗时费力，数据的处理繁琐而重复，而种种数据分析方法各有利弊，一些数据算法专业性较强常常令人望而却步。未来的兔场应该实现数据输入简单化（应用一些电子终端现场录入，减少中间环节与核对环节），支持异步数据通信，支持异步数据交互，支持跨平台访问，无论是个人电脑、PDA或者智能手机，可以通过短信、3G移动网和国际互联网轻松在线工作，数据分析多样化，分析结果通俗化，数据应用方便化，充分发挥数据的指挥与导向作用，不断引领从业者走向一个又一个辉煌。

参 考 文 献

杨正，1999.仔兔饲养与疾病防治问答[M].北京：中国农业出版社.

徐立德，蔡流灵，2002.养兔法[M].北京：中国农业出版社.

王建民，2002.简明养兔手册[M].北京：中国农业大学出版社.

张守法，宋建臣，2003.肉兔无公害饲养综合技术[M].北京：中国农业出版社.

谷子林，李新民，2003.家兔标准化生产技术[M].北京：中国农业大学出版社.

任克良，秦应和，2010.轻轻松松学养兔[M].北京：中国农业出版社.

谷子林，秦应和，任克良，2013.中国养兔学[M].北京：中国农业出版社.

谷子林，2013.规模化生态养兔技术[M].北京：中国农业大学出版社.

谷子林，秦应和，任克良，等，2013.中国养兔学[M].北京：中国农业出版社.

王永康，等，2011.优质家兔产业化生产与经营[M].重庆：重庆出版社.

任克良，秦应和，等，2010.轻轻松松学养兔[M].北京：中国农业出版社.

谷子林，等，2008.肉兔健康养殖400问[M].北京：中国农业出版社.

郭德杰，吴华山，马艳，等，集约化养殖场羊与兔粪尿产生量的监测[J].生态与农村环境学报，2011，27(1):44-48.

M. E. Ensminger.中国养兔杂志[J].1990（4）.

臧素敏，张宝庆，等，2000.养兔与兔病防治[M].北京：中国农业大学出版社.

附录1 肉兔养殖场饲养管理操作规程

一、引种

1. 引种前，应将隔离兔舍（包括兔笼、笼底板、食槽等）清洗、消毒，并到当地防疫监督和行业主管部门报批，同意引种后，做好车辆和笼具联系、消毒、检查等工作。

2. 引种时，必须按照种兔的外貌特征、种用价值进行仔细挑选，并索要繁育系谱、防疫记录和生产性能等技术资料。按每只种兔一周饲料量配备饲料，以满足饲料逐步更换需要。

3. 种兔引进的当日，按照技术要求做好抗应激工作，并到本地防疫监督部门报检、报验。隔离观察15天以上，确认无传染病方可并群饲养。

二、配种

1. 夏季配种一般在清晨或夜间，冬季配种一般在中午，春秋季节一般在日落或日出前后。

2. 将发情母兔放入公兔笼中进行交配，笼内不能有障碍物，笼底平坦舒适。

3. 交配前半小时和交配后半小时以内不要饲喂。

4. 每次配种后都必须如实填报配种记录。

5. 复配：在第一次交配完成后5～6小时再用同一只公兔交配一次，一般用于种群繁育来提高受胎率。

6. 重配：同一只母兔连续与两只公兔进行交配，间隔不超过30分钟。此种方式只可用于商品兔繁育。

7. 公兔嗅闻母兔外阴后，略加追逐，前肢扒上母兔后躯并揉搓其腹部，母兔抬高臀部举尾迎合，公兔阴茎插入后即射精，随后卷缩后肢倒向一侧，爬起来顿足表示交配顺利完成。完成交配后轻拍母兔臀部，令其下身收缩可防止精液倒流。

三、人工授精

1. 安装光刺激发情装置。在种兔舍过道中间安装36瓦日光灯，灯线的长度以达到第二块笼底板为宜，位置在兔笼侧板，每隔一个侧板安装一个灯。如三层兔笼都有种兔，则需要调整灯线的高度，保证种兔得到充足的光刺激。可用测光仪在晚上测定各兔笼的光照强度，强度不低于65勒克斯。

2. 对全群种兔进行检查，将体质好、无病且达到配种要求的种兔集中放置。生病的种兔（如脚皮炎、乳房炎、腹泻等疾病），过肥过瘦的种兔（通过触摸种兔的脊背来确定），体重达不到3.5千克不能同期发情。

3. 对集中放置的种兔进行光刺激。持续时间6天，每天16小时，光照强度不低于65勒克斯。第7天输精。光照天数可由于生理阶段等原因而有所差异，具体以大多数种兔均发情为准。

4. 输精前后一天及当天加广谱抗生素，饮水或加药料，个别母兔阴道流血的个体抗生素治疗，不影响受胎。

5. 输完精后，所有人员全部撤出兔舍，保证兔子在安静的环境中，利于受胎。输精前喂完饲料，输精后5小时内不能进兔舍。该加料时迅速加完后撤出，保证水料充足。切忌在输精前和采精前加料。

6. 输完精后3天内仍加光16小时，光照强度为65勒克斯。3天后至摸胎光照时间减至12小时。

四、种公兔饲养管理

1. 后备种公兔未达到成年体重的70%不能配种。

2. 种公兔在非配种季节，应保证营养全面，控制公兔体况，不能过肥或过瘦；在配种前1个月应补饲胡萝卜、麦芽、黄豆或多种维生素；配种期要增加10%～25%饲料量，同时补饲多种维生素。

3. 配种公兔每天配种1次，每交配两天后应休息1天。

4. 单笼饲养，有条件的情况下可定期放入运动场活动，尽可能远离母兔群。

5. 经常检查公兔的健康状况特别是生殖器，发现疾病立即停止配种，送隔离区治疗、观察。

五、种母兔饲养管理

1. 空怀母兔应保持七八成膘。对过瘦的母兔应增加精料喂量，迅速恢复体膘；过肥的母兔要减少精料喂量，增加运动。

2. 定期开展发情鉴定工作。空怀母兔发情周期8～15天，持续期在2～3天，无季节性。发现有发情表现的母兔要及时安排配种。对长期不发情的母兔可采用异性诱导法或光照刺激等方法进行催情。

3. 母兔妊娠后，不要无故捕捉，摸胎时动作要轻；饲料要清洁、新鲜；发现有病母兔应查明原因，及时治疗。在临产前3～4天准备好产仔箱，清洗消毒后在箱底铺上一层垫草。临产前1～2天将产仔箱放入笼内，供母兔拉毛筑巢。产房要有专人负责，冬季室内要防寒保温，夏季要防暑防蚊。保持兔舍内空气流通，保证兔笼及兔体的清洁卫生。

4. 保证哺乳母兔每天有充足的饮水、饲料。哺乳时将仔兔放入母兔笼中，哺乳后将仔兔从母兔笼中取出。分娩初期可每天哺乳2次，每次10～15分钟；20日龄后可每天哺乳1次。

5. 经常检查母兔的乳头、乳房，了解母兔的泌乳情况，若发现乳房有硬块，乳头有红肿、破伤情况，要及时治疗。

6. 保持兔舍、兔笼的清洁干燥，应每天清扫兔笼，洗刷饲具和尿粪板，并要定期进行消毒。

六、产仔兔饲养管理

1. 做好种母兔产仔前的絮窝工作。要求垫草柔软、厚薄适度，并对垫草用灭菌可灵进行消毒；放入产仔箱时要对产仔箱进行消毒。

2. 出生后及时清理产箱，检查仔兔健康状况，清理死兔、病兔和弱兔。

3. 出生后24小时内让仔兔吃好、吃饱初乳。若出现母兔护仔性不强，产仔后拒绝哺乳的情况，要将母兔固定在产箱内，使其保持安静，然后将仔兔放在母兔乳头旁，让其自由吮吸，每天进行1～2次，直到母兔自动哺乳。

4. 母兔产仔过多或产后不能喂乳时，应将仔兔及时寄养给产仔日期相差不超过3天的母兔。寄养前应先在仔兔身上涂抹寄养母兔乳汁或尿液。

5. 仔兔在15日龄左右开始每天补饲5～6次营养丰富且容易消化的饲料。35日龄断奶，35～40日龄注射兔病毒性出血症（兔瘟）灭活疫苗或兔病毒性出血症、多杀性巴氏杆菌病二联灭活疫苗后转群。

6. 在产箱内加厚垫草或放置加热设备进行保温，并加强灭鼠和防鼠工作。

7. 保持兔舍和兔笼干燥清洁，定期打扫清洁卫生和消毒。

七、商品兔饲养管理

1. 按日龄、体重和强弱分群饲养；每个兔笼饲养商品兔2～3只。

2. 每日定时定量投放2～3次全价颗粒料，供给充足的饮水。

3. 定时投放药物预防兔球虫病、大肠杆菌病。

4. 保持兔舍通风、足够的采光、适宜的温度和湿度。

5. 体重达到1.75～2.5千克出栏。

附录2 肉兔养殖场养殖档案

单位名称：

畜禽标识代码：

动物防疫合格证编号：

畜禽种类：

年　　月　　日建

（一）肉兔养殖场平面图

由肉兔养殖场自行绘制。

（二）肉兔养殖场免疫程序

由肉兔养殖场在本场防疫人员的指导下填写。

（三）生产记录（按日或变动记录）

圈舍号	时间	变动情况（数量）				存栏数	备注
		出生	调入	调出	死淘		

注：1.圈舍号：填写畜禽饲养的圈、舍、栏的编号或名称。不分圈、舍、栏的此栏不填。

2.时间：填写出生、调入、调出和死淘的时间。

3.变动情况（数量）：填写出生、调入、调出和死淘的数量。调入的需要在备注栏注明动物检疫合格证明编号，并将检疫证明原件粘贴在记录背面。调出的需要在备注栏注明详细的去向。死亡的需要在备注栏注明死亡和淘汰的原因。

4.存栏数：填写存栏总数，为上次存栏数和变动数量之和。

（四）饲料、饲料添加剂和兽药使用记录

开始使用时间	投入产品名称	生产厂家/产品来源	生产批号/产品规格	用法用量	停用时间	备注

注：1.养殖场外购的饲料应在备注栏注明原料组成。

2.养殖场自加工的饲料在生产厂家栏填写自加工，并在备注栏定明使用的药物饲料添加剂的详细成分。

（五）消毒记录

日期	消毒场所	消毒药名称	用药剂量	消毒方法	操作员签字

注：1.时间：填写实施消毒的时间。

2.消毒场所：填写圈舍、人员出入通道和附属设施等场所。

3.消毒药名称：填写消毒药的化学名称。

4.用药剂量：填写消毒药的使用量和使用浓度。

5.消毒方法：填写熏蒸、喷洒、浸泡、焚烧等。

（六）免疫记录

时间	圈舍号	存栏数量	疫苗名称	生产厂	批号（有效期）	免疫方法	免疫剂量	免疫人员	备注

注：1.时间：填写实施免疫的时间。

2.圈舍号：填写动物饲养的圈、舍、栏的编号或名称。不分圈、舍、栏的此栏不填。

3.批号：填写疫苗的批号。

4.数量：填写同批次免疫畜禽的数量，单位为头、只。

5.免疫方法：填写免疫的具体方法，如喷雾、饮水、滴鼻点眼、注射部位等方法。

6.备注：记录本次免疫中未免疫动物的耳标号。

（七）诊疗记录

时间	畜禽标识编码	圈舍号	日龄	发病数	病因	诊疗人员	用药名称	用药方法	诊疗结果

注：1.畜禽标识编码：填写15位畜禽标识编码中的标识顺序号，按批次统一填写。猪、牛、羊以外的肉兔养殖场此栏不填。

2.圈舍号：填写动物饲养的圈、舍、栏的编号或名称。不分圈、舍、栏的此栏不填。

3.诊疗人员：填写做出诊断结果的单位，如某某动物疫病预防控制中心。执业兽医填写执业兽医的姓名。

4.用药名称：填写使用药物的名称。

5.用药方法：填写药物使用的具体方法，如口服、肌内注射、静脉注射等。

（八）防疫监测记录

采样日期	圈舍号	采样数量	监测项目	监测单位	监测结果	处理情况	备注

1. 圈舍号：填写动物饲养的圈、舍、栏的编号或名称。不分圈、舍、栏的此栏不填。

2. 监测项目：填写具体的内容。

3. 监测单位：填写实施监测的单位名称，如：某某动物疫病预防控制中心。企业自行监测的填写自检。企业委托社会检测机构监测的填写受委托机构的名称。

4. 监测结果：填写具体的监测结果，如阴性、阳性、抗体效价数等。

5. 处理情况：填写针对监测结果对畜禽采取的处理方法。如针对抗体效价低于正常保护水平，可填写为对畜禽进行重新免疫。

（九）病死畜禽无害化处理记录

日期	数量	处理或死亡原因	处理方法	处理单位（或责任人）	备注

1. 日期：填写病死畜禽无害化处理的日期。

2. 数量：填写同批次处理的病死畜禽的数量，单位为头、只。

3. 处理或死亡原因：填写实施无害化处理的原因，如染疫、正常死亡、死因不明等。

4. 畜禽标识编码：填写15位畜禽标识编码中的标识顺序号，按批次统一填写。猪、牛、羊以外的肉兔养殖场此栏不填。

5. 处理方法：填写《畜禽病害肉尸及其产品无害化处理规程》GB16548规定的无害化处理方法。

6. 处理单位：委托实施无害化处理的填写处理单位名称；由本场自行实施无害化处理的由实施无害化处理的人员签字。

（十）肉兔引种记录

引进品种	圈号	数量	来源地及单位	进场日期	出场日期	检疫情况	备注

（十一）兔养殖场配种、产仔记录

耳号	配种时间		胎次	产仔时间	产活仔只	留活只数	断奶只数	记录人
	1次配种	2次配种						

（十二）兔场产品销售记录

年度

销售时间		产品名称	数量	单价	金额	购方单位
月	日					

附录3　肉兔养殖场岗位职责

一、场长职责

1. 主持肉兔养殖场全面工作，负责上下联系，精心组织生产，保证全面完成年度生产任务。

2. 根据生产需要，安排全场职工的工作，对全场人员的工作要有安排、有布置、有检查、有考核、有奖惩，发现问题及时纠正。

3. 以身作则，廉洁自律、公平公正，处理好领导班子、干部、职工的工作关系及考核、奖惩、人事安排，落实各项管理制度。

4. 加强自身学习，学习最新养殖技术和管理办法，提高业务技能和管理水平，不断地提升养殖水平和经济效益。

5. 建立和完善场内各项管理制度，并严格执行各项管理制度，主持对职工严格考核，决定奖惩、招聘、辞退、开除等重大问题。

6. 随时掌握场内硬件设施状况，库存饲料、药品、种兔的存栏、出栏数据，安排供销部门组织供应销售，绝对不能因缺饲料、药物影响生产，不能造成产品积压。

7. 掌握养殖场生产经营情况，管理好财务，带头并督促相关人员及时报销账务，严禁违反财务制度管理。

二、门卫岗位职责

1. 负责兔场治安保卫工作，依法护场，确保兔场有一个良好的治安环境。

2. 服从兔场办公室的领导，负责与当地派出所的工作联系。

3. 工作时间内不准离场，坚守岗位，除场内巡逻时间外，平时在正门门卫室值班，请假须报办公室或场长批准。

4. 主要责任范围：

负责对来访人员的询问和登记；

禁止社会闲散人员进入兔场；

禁止非生产人员进入生产区；

禁止村民到兔场附近放牧；

禁止场外人员到兔场寻衅滋事；

禁止打架斗殴，禁止"黄、赌、毒"；

保卫兔场的财产安全，做到"三防"（防火、防盗、防破坏）；

协助办公室、场长调解兔场与当地村民的矛盾；

严重问题及时向场部汇报，或请求当地派出所处理。

三、畜牧技术人员岗位职责

1. 负责畜牧技术培训、指导和技术操作规程的贯彻执行。

2. 编制与执行经济合理的种兔淘汰更新计划，组建优质、高产的种兔群。

3. 建立生产资料档案管理制度，收集、记录、整理、分析生产技术资料，定期对生产情况进行统计和分析，及时报告、处理发现的问题；每月上报生产及兔只存栏情况。

4. 编制以周为单位的兔群运转计划，负责兔群的转移与调整，确保生产正常运行。

5. 负责饲料饲喂技术指导及饲喂效果观察，在保证种兔正常生产的同时力求经济节约。

6. 分月、季、年向场部报告生产情况，半年和年终报送生产情况分析、提出对策与建议，写出书面总结材料。

7. 积极参与兔场的售后服务，完成场部安排的工作任务。

四、兽医技术人员岗位职责

1. 负责场内疫病防治、医疗保健技术指导与技术操作规程的贯彻执行。建立和完善兽医、防疫技术操作规程。

2. 建立兔场卫生防疫制度，确保兔场生产正常运行。①制定并执行合理有效的兔场环境、圈舍及兔只消毒制度。②根据种兔、仔兔免疫要求，结合本地疫病情况，制定合理有效的疫病免疫程序，并通过抗体含量监测等技术检查免疫效果。③制定并执行严格兽医卫生防疫制度和兔只定期驱虫制度。④负责建立并完善兽医防疫、治疗档案。

3. 掌握兔群健康状况，及时诊疗疫病，对重大疫情和疑难病症及时报告，并组织力量会诊、扑灭。

4. 作好兔群健康水平监测和疫病预报工作：①每天检查兔群健康状况，对发病兔只拟定治疗方案，并组织实施；登记死亡兔只耳号。②月底分析兽医工作情况，对下步工作提出建议意见。③每季向领导报告一次兔群疫病、死亡统计资料及健康状况，并提出建议方案。④半年和年终报送兽医防疫、疫病诊疗情况分析总结书面材料。

5. 积极指导饲养员做好接产工作，及时处理难产，确保母仔安全。

6. 协助兔场做好售后服务，完成好兔场安排的工作任务。

五、配种技术员工作职责

1. 负责兔场的配种工作，严格执行场部制定的配种计划。

2. 每天上、下午对空怀母兔进行查情，掌握好母兔情期和最佳配种时期，及时配种并做好配种记录。

3. 情期内的母兔必须配种2次以上，确保母兔情期受胎率达到80%以上。

4. 负责种兔的调教，监督检查种兔的饲养管理，确保种兔正常配种。

5. 掌握种兔健康情况。每天观察种兔的健康状况，每月至少检测一次种兔的精液质量并做好记录，发现异常情况及时报告相关领导；每季、半年、一年分析和总结种兔的配种、产仔情况，年评选出优秀种兔。

6. 协助饲养员做好兔只的转入和转出工作。

7. 服从场部负责人安排，完成单位安排的工作任务。

六、保管员职责

1. 负责单位物资的登记、保管与发放。上班时间除发饲料外，其余时间应在药品仓库上班。

2. 保管好单位物资，做好防鼠、防盗和库存物资账务，做到账实相符；每月向场部上报物资库存月报表。

3. 对购进的物资、原料验收入库，并填写好入库单，拒绝发霉、腐烂的饲料（含原料）和过期、失效的药品入库。

4. 长期保持库房、更衣室及周边环境的清洁卫生，库存货物及原料应分类堆码，整齐有序。

5. 掌握好库存饲料、原料、药品状况。货物呈现短缺、3个月内失效药品、原料等要及时向相关人员报告；发霉、变质的饲料及原料和过期、失效的药品不能发出使用。

6. 库存物资发出，必须有相关负责人同意，并做好登记，填写出库单，领用人必须签字。

7. 服从场部负责人安排，完成单位交办的工作任务。

七、饲养员岗位职责

1. 负责兔场的饲养管理。做好圈舍内外、兔只的清洁卫生和消毒工作，保持干净、优美的环境。

2. 按照技术操作规程，定时对兔只进行精心饲养和管理，切实做好兔只的夏季防暑和冬季的保暖工作。

3. 每天观察兔只吃食、排粪等情况，若有异常，及时报告兽医人员；协助兽医人员做好兔只的防疫、保健和治疗工作，按照兽医人员的技术要求，定时给兔只打针、服药。

4. 协助配种技术员定期检查兔场精液品质，协助配种工作。

5. 协助相关饲养人员做好兔群的转出和转入工作，并填写好兔只异动表和月报表；兔只转出后，及时做好圈舍的清洁卫生和消毒工作，保持空圈清洁卫生。

6. 服从场部负责人安排，完成单位安排的工作任务。

附录4 中国畜牧业协会兔业分会 产业联盟工作规范

第一条 为保护我国养兔产业有序、健康、可持续发展,推广家兔优良品种,提高产业效益,推动全国兔业生产、加工与消费,根据国家和中国畜牧业协会的有关规定,设立中国畜牧业协会兔业分会产业联盟,特制定以下工作规范。

第二条 兔产业联盟由中国畜牧业协会会员组成,主要涵盖兔业生产、育种、产品加工(含餐饮)、营销、兔用饲料、兔用兽药、养兔设备、科研院校、行政事业及推广机构等单位或个人。

为科学推进兔产业联盟工作的开展,联盟现设立全国行业专家委员会、毛兔产业联盟、肉兔产业联盟、皮兔产业联盟和兔饲料、设备、兽药、生物制品产业联盟(非会员申请参加兔产业联盟,必须先取得中国畜牧业协会会员资格)。

第三条 工作职责

兔产业联盟的主要任务是:不断推进家兔品种遗传改良,推广优良品种,提升产品质量,促进行业内"产、学、研"的结合和"产、加、销"产业链的完善,推动全国家兔产业高效和谐发展。

主要工作:

1. 开展兔产业链之间的交流与合作,宣传兔文化,推广兔产品,加强行业自律,推动产业健康发展;

2. 有计划、有步骤地组织开展农户养兔技术培训,提高繁殖成活率;开展建设养兔生态小区,完善动物福利、保护环境、加工优质有机肥等试验示范;

3. 推广养兔专业合作社模式,引入政府指导、督促和监管,形成企业和农户利益共同体;建设兔产品生产基地,建立健全企业规模化、标准化、商品化生产体系；

4. 组织完成无特殊疫病区、HACCP认证、无公害、有机食品的养殖区和屠宰企业认证；

5. 组织家兔饲养、屠宰加工、兔产品质量及种兔出场等标准的起草和制订；有计划地培训专业技术和管理人才，积极推进兔业生产和产品质量与国际接轨，大力拓展国内外消费市场。

6. 组织编制各类家兔品种（含地方品种资源）选育目标，推动联合育种，促进国内家兔种业健康发展，增强市场竞争力。

7. 积极开展优良种兔的谱系登记，新品种的培育选育工作，建立并组织实施耳标溯源（检疫和血统）管理制度，加快与国际标准接轨，为企业创立品牌提供可靠依据；

8. 积极开展兔业的国际合作和交流，提高科技创新力和产品竞争力。在国际金融一体化的进程中，为建立我国知识产权的企业而努力；

9. 轮值主席定期主持召开兔产业联盟工作会议，调研行业的焦点、热点问题，提出合理化建议，报送中国畜牧业协会兔业分会，由中国畜牧业协会代表行业企业向政府相关部门上报。

第四条　工作制度

1. 兔产业联盟为中国畜牧业协会兔业分会（以下简称分会）的内设分支，挂靠兔业分会秘书处，具有分会的一切权利和义务。

2. 兔产业联盟一届为二年，第一届任期为2012年6月1日至2014年5月31日。

3. 轮值主席由从事兔业生产的核心企业会员单位担任（之后按年度循环），每年轮值主席主持召开工作会议，研究产业问题，确定工作方案，并将会议情况报兔业分会备案。

4. 兔业分会每年定期或不定期，组织召开兔产业联盟的联席会议。

5. 兔产业联盟设置的轮值主席、委员会专家等均为兼职，其兼职人员的情况应在兔业分会秘书处详细备案。

6. 兔产业联盟可根据客观实际情况提出特别条款，但须报兔业分会批准和备案。

第五条 本工作规范有关条款内容，由中国畜牧业协会兔业分会负责解释。

全国兔产业委员会专家（36人）

任职	姓名	单　位	职务	研究方向
轮值主席	唐良美	四川省畜牧科学研究院	研究员	饲养管理、遗传育种
副主席	朱满兴	江苏省畜牧总站	副站长	饲养管理、遗传育种
	张玉笙	山东省农业科学院畜牧所	研究员	饲养管理、遗传育种
	秦应和	中国农业大学动物科技学院	教　授	饲养管理、遗传育种
委　员	白秀娟	东北农业大学动物科技学院	教　授	特种经济动物养殖
	任克良	山西省农科院畜牧兽医研究所	副所长	饲养管理、兔病防治
	任战军	西北农林科技大学动科院	副教授	饲养、动物遗传资源学
	刘汉中	四川省草原科学研究院	研究员	饲养管理、遗传育种
	朱秀柏	安徽省农科院畜牧所	研究员	饲养管理、遗传育种
	朱俊峰	中国农业大学经济管理学院	副教授	养兔经济
	吴中红	中国农业大学动物科技学院	副教授	养殖设施与环境调控
	吴信生	扬州大学动物科学与技术学院	教　授	饲养管理、遗传育种
	吴淑琴	河北北方学院动物科技学院	系主任	饲养管理、遗传育种
	李　明	河南农业大学	教　授	养兔技术
	李福昌	山东农业大学动物科技学院	教　授	动物营养与饲料科学
	杨丽萍	山东省农业科学院畜牧所	副研究员	饲养管理、遗传育种
	谷子林	河北农业大学农村发展学院	院　长	饲养管理、遗传育种
	陈方德	宁波市兔业协会	秘书长	饲养管理、遗传育种
	林　毅	四川省畜科院兽医研究所	研究员	兔病防治
	武拉平	中国农业大学经济管理学院	教　授	经济管理
	姜文学	山东农业科学院	研究员	饲养管理
	赵辉玲	安徽省农科院畜牧兽医研究所	研究员	饲养管理、遗传育种
	高柏绿	浙江省新昌县长毛兔研究所	研究员	长毛兔

（续）

任职	姓名	单　位	职务	研究方向
委　员	高淑霞	山东省农业科学院畜牧兽医研究所	副研究员	兔病防治
	阎英凯	青岛康大食品有限公司	技术总监	养殖管理、遗传育种
	麻剑雄	浙江省嵊州市畜产品有限公司	副总经理	长毛兔
	董仲生	云南农业职业技术学院	副教授	饲养管理、兔病防治
	谢晓红	四川省畜牧科学研究院	研究员	饲养管理、遗传育种
	谢喜平	福建省农科院畜牧兽医研究所	副主任	饲养管理、遗传育种
	赖松家	四川农业大学动物科技学院	教　授	饲养管理、遗传育种
	鲍国连	浙江省农院畜牧兽医研究所	所　长	兔病防治
	翟　频	江苏省农科院畜牧研究所	副研究员	饲养管理、遗传育种
	樊新忠	山东农业大学动物科技学院	系副主任	饲养管理、遗传育种
	潘雨来	江苏省金陵种兔场	场　长	饲养管理、遗传育种
	薛帮群	河南科技大学动物科技学院	系副主任	兔病防治
	薛家宾	江苏省农科院兽医研究所	研究员	兔病防治
秘　书	谢晓红	四川省畜牧科学研究院	研究员	

毛兔产业联盟（17人）

任职	姓名	单　位	职务	研究方向
轮值主席	钱庆祥	浙江省嵊州市畜产品有限公司	董事长	饲养管理、繁殖育种
副主席	张刚追	宁波市巨高兔业发展有限公司	总经理	饲养管理、繁殖育种
	谢传胜	浙江省平阳县全盛兔业有限公司	董事长	饲养管理及营销
委　员	王向阳	山东省蒙阴县朝阳种兔场	场　长	饲养管理、繁殖育种
	王艳英	四川荥经县畜牧种兔场	场　长	种兔管理、兔毛加工
	张　毅	天津工业大学	副教授	兔毛加工
	李　斌	安徽兴隆兔业有限责任公司	经　理	饲养管理、繁殖育种

（续）

任职	姓名	单位	职务	研究方向
委 员	李忠东	山东费县蒙雪畜产品养殖加工有限公司	董事长	饲养管理及营销
	陈卫东	宁波市镇海德信兔毛加工厂	场 长	兔毛收购、加工、营销
	陈伯堂	山东滨州市兴合兔业专业合作社	社 长	种兔、兔毛收购
	范亚珍	浙江新昌县圣泰土畜产有限公司	经 理	技术推广、兔毛经营
	姜前运	山东省蒙阴县畜牧局	副局长	行业管理
	赵凤传	安徽省固镇县种兔场	场 长	饲养管理、繁殖育种
	赵志高	四川广元市高鑫兔业有限责任公司	总经理	技术管理、育种
	高柏绿	浙江省新昌县长毛兔研究所	研究员	饲养管理、遗传育种
	麻剑雄	浙江省嵊州市畜产品有限公司	副总经理	饲养管理、遗传育种
	潘朝霞	四川成都市欣欣兔业有限公司	总经理	饲养管理、繁殖育种
秘书	麻剑雄	浙江省嵊州市畜产品有限公司	总经理	

肉兔产业联盟（19人）

任职	姓名	单位	职务	研究方向
轮值主席	高岩绪	青岛康大食品有限公司	董事长	养殖管理、产品加工
副主席	荣笠棚	四川哈哥集团有限公司	总经理	养殖管理、产品加工
	郑中福	重庆阿兴记食品有限公司	总经理	餐饮
委 员	于忠良	青岛大良食品有限公司	总经理	饲养管理
	王永康	重庆迪康肉兔有限公司	总经理	养殖管理、选育、设备
	任旭平	四川省旭平兔业有限责任公司	董事长	养殖管理、繁育选育

（续）

任职	姓名	单　位	职务	研究方向
委员	刘本明	山东诸城市本明兔业开发有限公司	总经理	养殖管理、产品加工
	孙雅丽	陕西天鑫食品有限责任公司	董事长	养殖、产品加工
	许建书	福建龙岩万象兔业发展有限公司	总经理	养殖管理、繁育选育
	张　云	山西省长治市云海外贸肉食有限公司	董事长	产品加工
	张新岭	山东海达食品有限公司	董事长	产品加工
	陈国远	重庆绿家源生态农业有限公司	董事长	养殖、产品加工
	郑真珠	福建省福州玉华山种兔场	场　长	养殖管理、繁育选育
	段天奎	河南省济源市阳光兔业科技有限公司	董事长	养殖管理、选育、饲料
	胡书璞	河北书璞仙客来调味品有限公司	总经理	餐饮
	梁燕辉	四川绵阳奇地农业开发有限公司	董事长	养殖、餐饮、产品加工
	阎英凯	青岛康大兔业发展有限公司	技术总监	饲养管理、良种选育
	廖春桃	福建龙岩通贤兔业发展有限公司	董事长	养殖管理、繁育选育
秘书	杨丽萍	山东省农业科学院畜牧所	副研究员	

皮(獭)兔产业联盟（15人）

职务	姓名	单　位	职务	研究方向
轮值主席	贾宏武	山西省高平市南阳兔业有限责任公司	总经理	养殖管理、产品加工
副主席	叶红霞	浙江省慈溪市绿兴獭兔养殖场	董事长	养殖、兔皮产品加工
	纪东平	北京市东平獭兔养殖场	场　长	养殖管理、繁育选育
	翁巧琴	浙江省余姚市科农獭兔有限公司	总经理	养殖、兔皮加工

（续）

职务	姓名	单 位	职务	研究方向
委 员	王文艺	四川省仪陇县养兔产业协会	理事长	行业管理
	王本财	吉林省四平市种兔场	场 长	养殖管理、繁育选育
	安慧敏	河北承德怡阳牧业公司	总经理	服装加工
	严宏生	江苏省太仓市金星獭兔有限公司	总经理	养殖、饲料、裘皮加工
	何 彬	云南省曲靖利民獭兔开发有限公司	董事长	养殖管理、繁育选育
	余志菊	四川省草原科学研究院	副研究员	饲养管理、遗传育种
	李树森	河北塞上源兔业有限公司	董事长	养殖、饲料、产品加工
	李雪辉	四川西澳集团	董事长	饲养管理、裘皮加工
	周钺能	四川江油兔业协会		行业管理
	侯常波	山东省寿光市吉润兔业有限公司	董事长	养殖管理、饲料加工
	曹守江	山东科华兔业有限公司	董事长	养殖管理、产品加工
秘 书	纪东平	北京市东平獭兔养殖场	场 长	

兔用制品（饲料、设备、兽药、生物）产业联盟（14人）

任职	姓名	单 位	职务	研究方向
轮值主席	段天奎	河南省济源市阳光兔业科技有限公司	董事长	养殖管理、选育、饲料
副主席	张 航	山东伟诺集团有限公司	董事长	养殖管理、饲料
	沈志强	山东绿都生物科技有限公司	董事长	兔用疫苗
	黄柱荣	广西亿丰新宇农业发展有限公司	总经理	养殖管理、饲料、笼具
委 员	王献德	济南一邦笼具研究所	经理	
	李二胖	河北二胖养殖设备厂	董事长	
	李桂甫	河南省济源市阳光兔业科技有限公司	技术总监	养殖管理、选育、饲料
	李褰旭	北京东方天合生物技术有限责任公司	总经理	

（续）

任职	姓名	单　位	职务	研究方向
委　员	庞　本	河南开封市兔业工程开发研究所	所　长	工程
	罗宜熟	成都市新津金阳饲料有限公司	副总经理	饲料
	赵文革	黑龙江省畜牧业协会兔业分会	秘书长	行业管理
	郝敏智	陕西省西安养兔技术经济研究所	所　长	养兔生产咨询服务
	蒋　刚	郑州百瑞动物药业	总经理	兔药
秘　书	茹宝瑞	河南省畜禽推广总站	副站长	

图书在版编目（CIP）数据

规模化肉兔养殖场生产经营全程关键技术 / 王永康
主编.—北京：中国农业出版社，2019.1（2020.4重印）
（新型职业农民创业致富技能宝典.规模化养殖场生
产经营全程关键技术丛书）
ISBN 978-7-109-24415-3

Ⅰ．①规…　Ⅱ．①王…　Ⅲ．①肉兔-饲养管理-问
题解答　Ⅳ.①S829.1-44

中国版本图书馆CIP数据核字（2018）第166548号

中国农业出版社出版
（北京市朝阳区麦子店街18号楼）
（邮政编码 100125）
责任编辑　刘宗慧　黄向阳

北京万友印刷有限公司印刷　新华书店北京发行所发行
2019年1月第1版　2020年4月北京第2次印刷

开本：910mm×1280mm　1/32　印张：11.25
字数：295千字
定价：39.00元
（凡本版图书出现印刷、装订错误，请向出版社发行部调换）